碳达峰和碳中和的科学基础

袁文平　魏　静 等　编著

科 学 出 版 社
北　京

内 容 简 介

本书将系统讲授实现国家碳达峰和碳中和目标所需的基础科学知识，主要包括我国“双碳”目标提出的科学和时代背景、碳减排计划和预期气候效应、化石燃料燃烧和土地利用变化碳排放源核算、陆地和海洋生态系统碳汇核算、中国“双碳”目标的实施路径，以及甲烷和氧化亚氮两种非二氧化碳温室气体源汇特征和核算方法。

本书适合作为高等学校本科生和硕士研究生教材，也可作为“双碳”领域科研人员的参考书。

审图号：GS 京（2024）0645 号

图书在版编目（CIP）数据

碳达峰和碳中和的科学基础/袁文平等编著. —北京：科学出版社，2024.4

ISBN 978-7-03-077484-2

Ⅰ. ①碳…　Ⅱ. ①袁…　Ⅲ. ①二氧化碳-节能减排-研究　Ⅳ. ①X511

中国国家版本馆 CIP 数据核字（2023）第 254613 号

责任编辑：崔　妍　柴良木 / 责任校对：樊雅琼

责任印制：肖　兴 / 封面设计：图阅盛世

科 学 出 版 社 出版

北京东黄城根北街 16 号

邮政编码：100717

http://www.sciencep.com

北京九州迅驰传媒文化有限公司印刷

科学出版社发行　各地新华书店经销

*

2024 年 4 月第　一　版　开本：787×1092　1/16

2025 年 2 月第二次印刷　印张：12 3/4

字数：300 000

定价：138.00 元

（如有印装质量问题，我社负责调换）

作者名单

袁文平　魏　静　覃章才

王　凡　孙庆龄　陈修治

王大菊　邓小鹏　罗晓帆

苏　娟

前　言

2020 年 9 月 22 日，中国国家主席习近平同志在第七十五届联合国大会一般性辩论上发表重要讲话："中国将提高国家自主贡献力度，采取更加有力的政策和措施，二氧化碳排放力争于 2030 年前达到峰值，努力争取 2060 年前实现碳中和"。碳达峰指 CO_2 排放总量达到峰值，而碳中和指人类社会经济活动所产生的 CO_2 排放量，通过陆地和海洋生态系统吸收、CO_2 捕集和封存、循环利用等自然和人为途径，使排放到大气中的 CO_2 净增量为零，从而达到 CO_2 的相对净零排放。

中国碳达峰、碳中和（简称"双碳"）目标的提出，在国内外引发关注。"双碳"目标是党中央经过深思熟虑做出的重大部署，也是有世界意义的应对气候变化的庄严承诺。实现"双碳"目标，需要对现行社会经济体系进行一场广泛而深刻的系统性变革，它不单单是中国参与全球环境治理、应对气候变化的政治承诺，也是一场广泛而深刻的经济社会发展模式的系统性变革，更是一场新的科学技术革命。"双碳"目标的提出将把我国的绿色发展之路提升到新的高度，成为我国未来数十年内社会经济发展的主基调之一。

自改革开放以来，中国的碳排放总量迅速增长，现已跃居世界前列。我们需要系统全面地了解中国的碳排放现状、自然生态系统碳汇潜力，从而预估"双碳"行动的社会经济影响，建立合理的碳减排增汇方案。基于这一需求，本书将系统阐释碳排放与气候变化之间的内在关系，并聚焦"碳源"和"碳汇"两大要素，讲解化石燃料燃烧、土地利用变化等人类活动碳排放的核算方法，以及陆地和海洋两大自然生态系统碳源汇的评估方法；基于我国碳排放现状，提出能源、工业、交通和建筑等主要碳排放部门的减排路径，评估碳捕集、利用与封存的实施路径及成本，预测自然生态系统的增汇潜力。

作为本科生和研究生教材，本书致力于引导学生从本科和研究生教育中理解我国提出"双碳"目标的背景和意义、机遇和挑战，以及科学实现路径，让学生掌握国家"双碳"目标的科学基础，从而为能力和经验各异的本科生提供未来学习和深入研究"双碳"目标与路径所必需的眼界、理论和方法，培养对推动构建人类命运共同体具有担当责任和为实现可持续发展做出贡献的面向国家社会需要的新型技术人才。

在本书的撰写过程中，中国科学院大气物理研究所周天军研究员、中国气象科学研究院翟盘茂研究员、中国科学院沈阳应用生态研究所方运霆研究员、国家发展和改革委员会能源研究所姜克隽研究员、清华大学王灿教授、中南林业科技大学刘曙光教授、西北农林科技大学岳超教授、清华大学关大博教授、清华大学周丰教授、中国科学院植物研究所杨元合研究员、清华大学深圳国际研究生院郑博助理教授、清华大学气候变化与可持续发展研究院杨秀副研究员、广东省科学院广州地理研究所苏泳娴研究员、中国科学院生态环境研究中心石浩副研究员、北京大学张博教授、北京师范大学文理学院陆海波副研究员、厦门大学张博教授和中山大学卢骁副教授等诸多专家给予了热情指导和大力帮助，特此致谢。

目　录

1 碳达峰和碳中和目标的实施背景

魏静

工业革命[①]以来，人类活动正在以前所未有的速度推动着地球系统的发展，在过去二百多年里，世界人口增加了10倍，达到2023年的79亿人[②]。为了满足迅速增长的生活生产需要，化石燃料被大量消耗，大气中二氧化碳浓度升高到了前所未有的程度，引发了一系列的气候环境生态问题。2000年，诺贝尔化学奖得主保罗·约瑟夫·克鲁岑（Paul Jozef Crutzen）指出，自18世纪晚期的工业革命开始，地球进入了全新的"人类世"时代，人类活动已经对地球系统造成巨大的、不可忽视的影响，并是将来很长一段时间内地球系统发展的重要推动力。

气候变化及其应对策略是当前时代的重要议题。从1991年启动国际气候公约谈判至今，国际社会围绕"如何设定减排目标、如何分配各国的减排责任"开启了漫长的气候谈判历程。化石燃料是社会经济发展的重要能源，因此碳排放权同时也是人口生存权和发展权。中国是一个拥有14亿多人口的发展中国家，同时也是全球大的CO_2排放国之一，既承担着满足全球18%的人口生存发展的责任，又需要履行温室气体（GHG）减排缓解气候变化的义务。2020年9月，习近平主席在第七十五届联合国大会一般性辩论上发表重要讲话："中国将提高国家自主贡献力度，采取更加有力的政策和措施，二氧化碳排放力争2030年前达到峰值，努力争取2060年前实现碳中和"。碳达峰和碳中和（简称"双碳"）目标是中国政府经过深思熟虑做出的重大部署，也是具有世界意义的应对气候变化的庄严承诺。"双碳"目标的提出把我国的绿色发展之路提升到了新的高度，成为我国未来数十年内社会经济发展的主基调之一。本章将通过讲述气候变化的事实与影响、碳排放与气候变化的关系、全球及主要国家的碳排放，阐明我国提出"双碳"目标的时代背景和科学基础。

1.1 气候变化的事实与影响

1975年美国哥伦比亚大学华莱士·史密斯·布勒克（Wallace Smith Broecker）教授在"气候变化：我们正处于明显的全球变暖的边缘吗"一文中首次提出了全球变暖（global

① 本书中的工业革命均指第一次工业革命。
② 世界实时统计数据（www.worldometers.info[2023-05-15]）。

warming）这一概念，并指出大气中 CO_2 含量的上升会导致全球变暖。1979 年 2 月，在日内瓦召开的第一次世界气候大会正式使用了全球变暖这一概念，从此全球变暖引起广泛的社会关注。为了应对全球变暖及其引发的一系列全球气候变化问题，1988 年在世界气象组织（World Meteorological Organization，WMO）和联合国环境规划署（United Nations Environment Programme，UNEP）的推动下，政府间气候变化专门委员会（Intergovernmental Panel on Climate Change，IPCC）正式成立。IPCC 致力于提供有关气候变化的科学技术和社会经济认知状况、气候变化原因、潜在影响和应对策略的综合评估，于 1990～2023 年先后发布的六次评估报告和多本特别报告为全球应对气候变化提供了充分的观测事实和理论依据。

知识卡片：

IPCC 的三个工作组分别负责气候变化的科学基础、适应以及减缓专题，另设有一个温室气体清单专题组和一个技术支持组，每个工作组和专题组设两名联合主席，分别来自发展中国家和发达国家。IPCC 向联合国环境规划署和世界气象组织所有成员国开放，使用六种联合国官方语言。IPCC 的工作成果包括评估报告、特别报告、方法报告和技术报告，迄今为止共发布了六次评估报告，为《联合国气候变化框架公约》（UNFCCC）、《京都议定书》和《巴黎协定》的制定提供了重要科学依据。2007 年 IPCC 与美国前副总统艾伯特・戈尔（Albert Arnold Gore Jr.）因“建立和传播气候变化的人为诱因相关知识，并为采取必要应对措施奠定基础”被授予诺贝尔和平奖（https://www.nobelprize.org/prizes/peace/2007/summary/[2023-10-12]）。

1.1.1 全球气候变化事实

在几十亿年的时间长河里，地球经历了数次冷暖交替，直至约 2000 年前地表温度进入极为缓慢的下降期（Westerhold et al.，2020）。然而，20 世纪 70 年代，气象学家开始注意到，自工业革命以来全球平均地表温度有明显的上升趋势（图 1-1），1990 年 IPCC

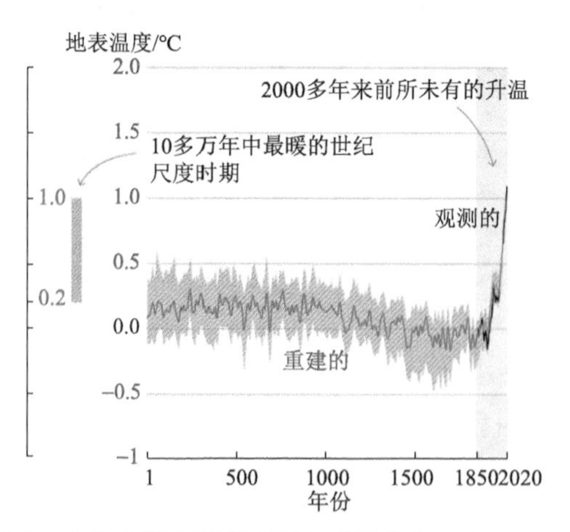

图 1-1　全球地表温度变迁历史（修改自 IPCC，2021）

第一工作组报告（WG1）中指出全球“有可能”正在经历着变暖过程。随着人们对全球气候变化问题越来越多的研究，科学家掌握了越来越多的观测资料。2021 年 8 月 IPCC 发布的第六次气候变化评估报告（AR6）中明确指出，与 1850～1900 年全球地表平均气温相比，目前全球平均气温升高了 1.1℃（IPCC，2021），全球变暖问题从最初的“有可能”逐步被证实为“毋庸置疑”的事实。

概念卡片：

全球变暖（global warming）：指全球地表温度相对于某一基准值的升高，通常将 1850～1900 年全球平均地表温度作为全球气温基准值。

气候变化（climate change）：指温度、降水等气候要素的平均状态在统计学意义上的显著改变或者在较长一段时间（典型的为 30 年或更长）内的持续变动。

全球变暖是地表温度在短期冷暖波动中不断增加的总体结果，全球变暖怀疑论者极易被短期气温的下降所蒙蔽。IPCC（2021）的短期气温观测资料显示，1997～2013 年间全球地表温度的上升趋势比过去 50 年来要缓和得多，且远低于 IPCC 第五次评估报告的预测结果，因此当时有人提出全球变暖进入了停滞状态。然而，事实证明全球地表平均气温在 2014 年、2015 年和 2016 年连续创下历史新高。诸多现象表明全球变暖的长期趋势并未改变，全球地表平均温度仍然在不断攀升中。

全球变暖表现出明显的地区差异。陆地表面增温幅度通常为海洋表面增温幅度的 1.37～1.53 倍（Joshi et al.，2008），北极附近的增温幅度为全球平均增温值的 2～3 倍，而南极增温则相对缓慢（IPCC，2021）。在 1900～2017 年间中国大陆的增温趋势是处于北半球同一纬度的美国大陆的 1.53±0.10 倍（Li et al.，2022）。全球增温的地区差异改变了其温度对比，进而引起以季风环流为代表的大气环流的变化，使降水等气象要素的变化呈现明显的区域性。

地球气候系统包括大气圈、岩石圈、水圈、生物圈和冰冻圈，全球变暖使各圈层之间的相互作用发生改变，影响着地球气候系统状态，从而引起全球气候变化。海平面上升、冰川消融和极端天气事件增加等，均是气候变化的表象。全球海洋温度上升导致的热膨胀效应和冰川消融等使全球海平面从 1901～2018 年间平均增长了 0.15～0.25m，其中 1901～1971 年间的增长率为 0.6～2.1mm/a，1971～2006 年间的增长率为 0.8～2.9mm/a，而 2006～2018 年间的增长率则迅速增加至 3.2～4.2mm/a（IPCC，2021）。

概念卡片：

冰川消融（glacial ablation）：由冰的融化和蒸发引起冰川消耗的现象，全世界的冰川总面积大约为 1500 万 km^2，中国大约为 6 万 km^2，从 20 世纪 80 年代开始，全球变暖趋势加快，冰川的融化也在加快。观测资料显示，中国有近 5 万条冰川，其中的 80%都在退缩，科学家预计有些小冰川退缩得越来越快，预计在十几年或者几十年内可能消失。

极端天气（extreme weather）：极端天气事件总体可以分为极端高温、极端低温、极端干旱、极端降水等几类，如 2021 年 7 月我国河南郑州特大暴雨事件即为极端降水事件，随着全球气候变暖，极端天气气候事件的出现频率发生变化，呈现出增多增强的趋势。

1.1.2 气候变化的归因

太阳通过可见光为主的光辐射向地表输送能量，地表在吸收太阳辐射之后通过红外波段的光辐射向外释放能量，地球吸收、释放能量的平衡使地表温度维持在一定温度范围内。地表大气的主要成分包括氮气（N_2，78.084%）、氧气（O_2，20.946%）、氩气（Ar，0.934%）、二氧化碳（CO_2，0.032%）、氖气（Ne，0.0018%）、氦气（He，0.00052%）、甲烷（CH_4，0.0002%）、氪（Kr，0.0001%）、氢（H_2，0.00005%）、氙（Xe，0.000008%）、臭氧（O_3，0.000001%）和其他（0.001421%）。以 N_2 和 O_2 为主的大气成分既不能吸收太阳辐射到地表的可见光又不能吸收地表反射的红外光，因此不会对地表温度造成影响，而以 CO_2 为代表的一部分气体对红外光有良好的吸收作用，导致一部分热量滞留在地表，从而使地表温度上升，这一现象称为温室效应（图 1-2）。能够造成温室效应的气体称为温室气体，大气中的主要温室气体包括 H_2O、CO_2、CH_4、氧化亚氮（N_2O）、O_3 以及氯氟碳化物（又称氟利昂、氯氟烃）（chlorofluorocarbons，CFCs）等。

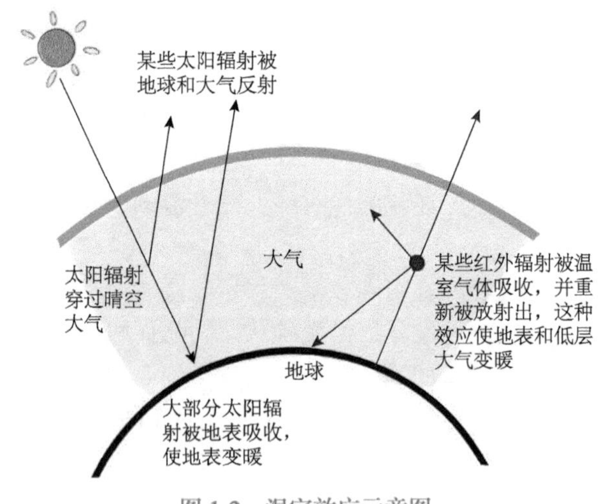

图 1-2 温室效应示意图

影响气候变化的因素可以大致归类为人为强迫（温室气体和气溶胶等人为因素）和自然强迫（太阳活动、火山、地震等）。为了找出全球变暖背后的驱动因素，美国科学家真锅淑郎（Syukuro Manabe）和德国科学家克劳斯·哈塞尔曼（Klaus Hasselmann）提出，在地球气候物理模型中将影响地表温度的太阳辐射、气溶胶、温室气体等因素标记为特定的人为和自然"指纹"，并以此成功证明了人类活动导致的大气中温室气体浓度升高是引起全球变暖的主要驱动因素（图 1-3）。1850～2020 年间人类活动排放的温室气体引起的增温效应约为+1.5℃，而二氧化硫和氮氧化物排放等其他人类活动引起的增温效应约

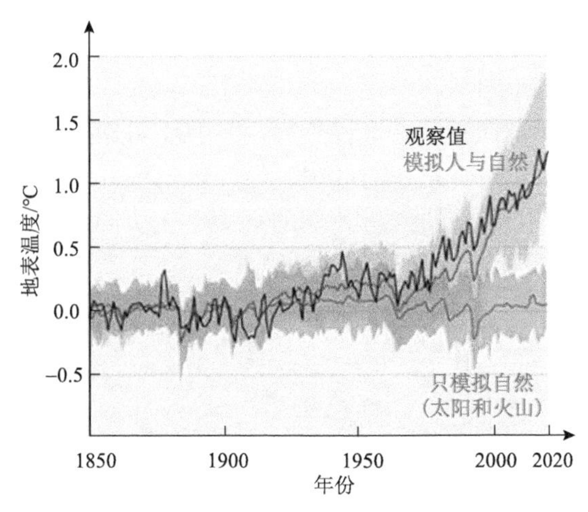

图 1-3 1850～2020 年地表温度变化成因（修改自 IPCC AR6 WG1）

为−0.4℃（IPCC，2021）。2021 年，诺贝尔物理学奖一半授予了气象学家真锅淑郎和克劳斯·哈塞尔曼，以表彰他们对地球气候的物理建模、量化可变性和可靠地预测全球变暖的贡献。

概念卡片：

太阳辐射（solar radiation）：指太阳以电磁波的形式向外传递能量，太阳辐射是一种短波辐射，地球所接收到的太阳辐射能量仅为太阳总辐射能量的二十二亿分之一，但却是地球光热能的主要来源。

气溶胶（aerosol）：气溶胶是指悬浮在气体介质中的固态或液态颗粒所组成的具有胶体性质的溶胶，气溶胶颗粒大小通常为 0.01～10μm，可影响云的凝结核、雨滴、冰晶形成，进而对降水的形成起重要作用。大部分气溶胶自身可反射太阳辐射，或通过影响水云并引起云反照效应，从而产生降温作用。

1.1.3 全球气候变化的影响

到 2019 年为止，人类活动造成了全球地表温度相较于工业化前水平高出 0.8～1.2℃，而北极升温幅度为全球平均升温幅度的 2～3 倍，如果继续以当前的速度增长，则在 2030～2052 年升温幅度很可能达到 1.5℃。1950 年以来的极端气候事件研究结果表明，全球升温显著加剧了极端气候和天气事件的发生强度和频率。全球升温已经在改变着许多陆地和海洋生态系统的供给、调节、文化和支持等生态服务功能。在过去的 27 年里，全球 67%的无脊椎动物的丰富度下降了 45%，德国飞行昆虫种群数量下降了 76%～82%。全球气候变化已经给地球生态系统带来了很大程度的危害。

20 年前，IPCC 提出了“气候临界点”（climate tipping point）这一概念，即全球或区域气候从一种稳定状态到另一种稳定状态的门槛。2018 年诺贝尔经济学奖得主威廉·诺德豪斯（William D. Nordhaus）在《气候赌场：全球变暖的风险、不确定性与经济学》中比喻道：将气候想象为一叶漂浮在水面上的独木舟，当其开始慢慢发生倾斜时尚能保持平衡，但一旦船体倾斜到一定程度，独木舟就会瞬间倾覆，而这一令独木舟瞬间倾覆的倾斜角度即为气候临界点。气候临界点具有不可逆性和难以预测性，到达临界点的累积时间可能很长，在这个累积时间段，避免触发临界点的努力是有意义的，一旦触发临界点，气候系统可能会很快地进入新的平衡，无法回到原来的状态（图 1-4）。

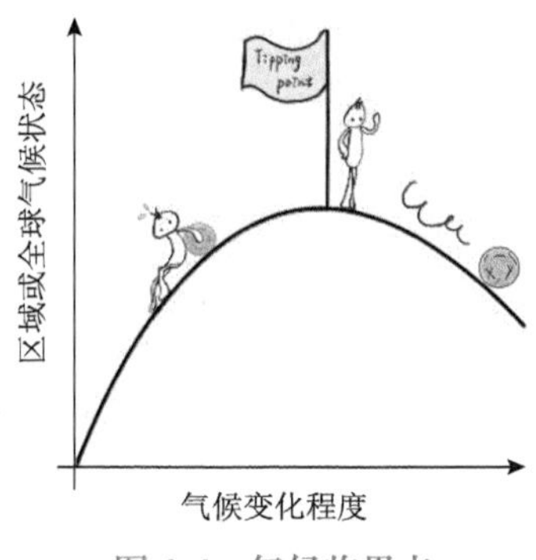

图 1-4　气候临界点

目前，气候学家已经识别出了影响地球系统平衡的九大气候临界点，即亚马孙热带雨林频繁干旱、北极海冰不断减少、大西洋经向翻转环流放缓、北方针叶林频繁火灾与虫害、暖水珊瑚礁大规模死亡、格陵兰冰区加速流失、永久冻土不断融化、西南极冰盖加速流失、东南极威尔克斯盆地加速流失（图 1-5）（Lenton et al.，2019）。

图 1-5　目前已识别出的九大气候临界点（Lenton et al.，2019）

过去 40 年来南极西部地区出现了一系列冰架崩解现象，2022 年 3 月中旬南极大陆气温与 1979～2000 年同期相比整体高出约 4.8℃，面积约为 1200km^2 的南极康格冰架发生完全崩解，海冰消融速度和规模达到了历史新高。美国国家冰雪数据研究中心报道称，2022 年 2 月下旬南极洲海冰面积减少至约 190 万 km^2，是 1979 年有相关记录以来首次跌破 200 万 km^2 关口。南极西部海域的冰川消失可能会带来多米诺效应，使南极其他冰盖遭到破坏，并可能引起未来全球海平面上升约 3m。与此同时，位于北极圈内的格陵兰冰盖也在以惊人的速度融化，2019 年 9 月 IPCC 发布的《气候变化中的海洋和冰冻圈特别报告》认为，升温 2℃就可能触发格陵兰冰盖大规模消融的临界点，而如果格陵兰冰盖全部融化，则可能使海平面升高 7m（IPCC，2019）。

地球两极和高山等永久冻土层中封存着大量有机碳，其数量可能高达当前大气中 CO_2 含量的两倍，一旦永久冻土层解冻，这些封存的有机碳将在微生物作用下持续转变为 CO_2 和 CH_4，并释放到大气中进一步加强温室效应，从而造成全球变暖的恶性循环。IPCC 报告中指出，按照当前的碳排放速度，全球约 70%的永久冻土将会在 21 世纪末消融（IPCC，2019）。

作为地球上最大的热带雨林，亚马孙热带雨林既是全球 10%已知物种的栖息地，也是地球最大的碳汇区域之一，亚马孙热带雨林储存的碳大概相当于全人类十年的排放总量。自 1970 年以来，在森林砍伐和气候变化的双重压力下，亚马孙热带雨林已有约 17%被毁，而当毁林率达到 20%～40%时，亚马孙热带雨林的临界点将会到来。一旦达到临界点，亚马孙热带雨林将进入非雨林气候，从而失去其强大的固碳作用，这可能将使全球二氧化碳浓度激增 10%。目前已有研究发现，世界各地的热带雨林在过去十几年间已经开始变成净碳排放源。科学家警告称：我们应该尽可能地将毁林率控制在远低于 20%，以避免触发亚马孙热带雨林的临界点。

各气候临界点之间并不是完全独立的，它们相互之间存在着正反馈机制。一个气候临界点的突破，不仅会使多个地球系统从碳汇迅速转变为碳源，也很可能通过改变地表反照率影响地表能量平衡，进一步加剧气候变化，推动更多气候临界点的突破。例如，地球两极覆盖的大面积冰雪能够反射太阳光，减少对太阳辐射的吸收，而当大面积冰雪消融发生时，地表裸露出的棕色土壤和深蓝色海洋都有利于太阳辐射的吸收，从而加剧气候变暖，导致更多的冰雪消融，形成正反馈循环。气候变化的多米诺骨牌一旦被推动，各气候临界点将逐一被迅速突破，从而触发气候系统的全球级联效应（global cascade），最终形成人类文明的全球性气候灾害。

气候变化不仅会引起生态环境的改变，而且会增加极端气候和突发性自然灾害的发生频率，并且引起海平面上升，对人类社会和经济发展造成严重损失。WMO 发表的 2020 年气候服务状况报告显示，过去 50 年中，全球气候变化导致的自然灾害超过 1.1 万起，致使二百多万人丧生，造成经济损失高达 3.6 万亿美元。据联合国减少灾害风险办公室统计，2020 年大型自然灾害发生数为 389 起，造成经济损失 1713 亿美元，其中约 90%的损失是气候原因造成的。2021 年 2 月中旬美国得克萨斯州的寒潮，就致使得克萨斯州最大的电力公司布拉索斯电力合作公司破产，经济损失高达 1950 亿美元。2021 年上半年，极端天气让全球保险公司损失 400 亿美元，是 2011 年上半年（发生了日本地震和新西兰地震）以来最严重的同期保险损失，也是有记录以来的同期第二大损失。海平面的上升可淹没一些低洼的沿海地区，加强海水向海岸线的侵蚀，变“桑田”为“沧海”。在中国，受海平面上升影响严重的地区主要是渤海湾地区、长江三角洲地区和珠江三角洲地区。海水入侵可导致破坏性侵蚀的发生，造成土壤盐碱化和农业减产，同时使湿地和沿岸的动植物失去栖息地。当海平面上升 1m 时，意大利著名的水上城市威尼斯将沉没在海下，若格陵兰冰盖全部融化，海平面将上升 7m，届时包括纽约、伦敦和台北在内的临海城市将被海水淹没（图 1-6）。此外，海平面上升还可增加台风或飓风灾害，1963～2012 年期间，大西洋飓风造成的死亡人数中，近一半是风暴潮造成的。

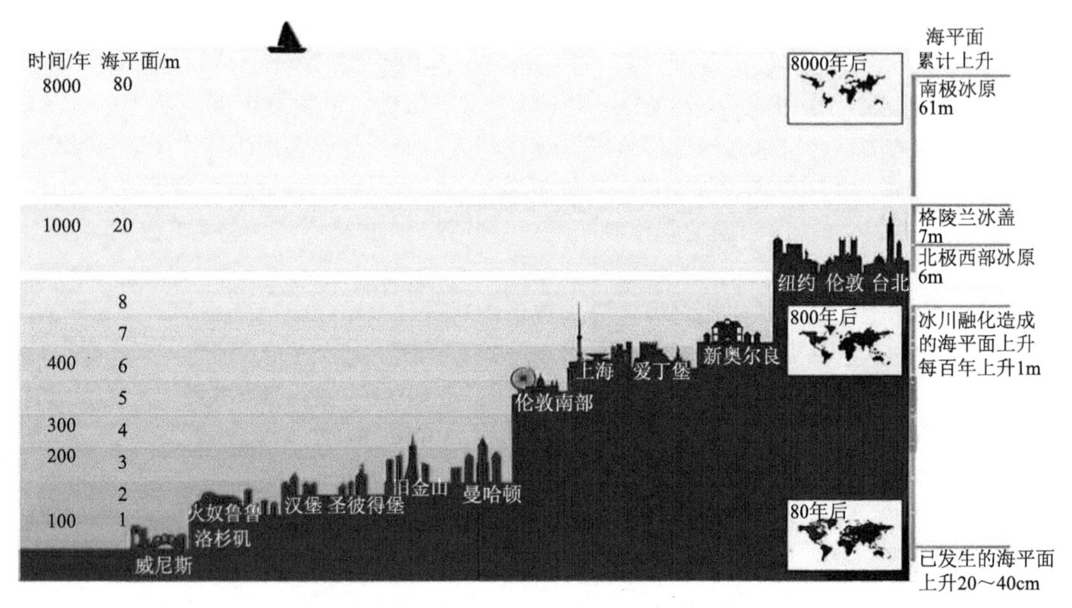

图 1-6 海平面上升将会淹没的城市

1.2 碳排放与气候变化的关系

1.2.1 CO_2 排放与全球气温的关系

大气中温室气体浓度的增加被认为是全球气温上升的主要因素。1990～2018 年长生命期的温室气体（LLGHGs）引起的全球辐射强迫增加了 43%，其中大气 CO_2 浓度升高对这一现象的贡献高达 81%（WMO，2019）。CO_2 是植物进行光合作用的必要原料，是大气重要组成部分。但是自工业革命以来，人类活动过度排放 CO_2 等温室气体，使全球气候变暖日益严重。自 1850 年有观测记录以来，大气中的 CO_2 浓度由 280ppmv①升高到了 2018 年的 419ppmv，增加了将近 50%，同时，温度测量表明在过去的 150 年中全球温度升高了 1.1℃，CO_2 累计排放量与地表温度的升高具有明显的正相关关系（图 1-7）。

若人类一直维持现在的碳排放水平，到 2100 年，全球平均气温很有可能将上升 4℃，届时，南北极冰川融化导致海平面大幅上升，全球四十多个岛屿国家和世界人口最密集的沿海城市都将面临被淹没的风险，甚至产生全球性的生态平衡紊乱。IPCC 认为，到

① 1ppmv=10^{-6}。

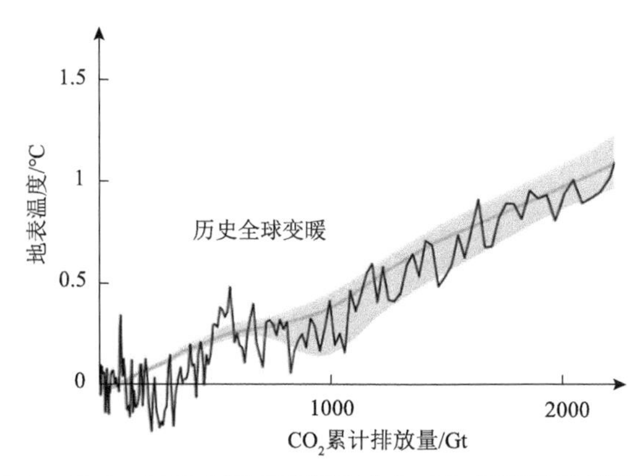

图 1-7　1850～2020 年地表温度变化与 CO_2 累计排放量的关系

2050 年需要实现全球温室气体净零排放，才可能避免发生不可逆的气候变化灾难，因此寻求 CO_2 减排和治理的有效办法是当前世界各国共同承担全球气候变化责任的重中之重。

1.2.2　全球碳循环与主要碳汇

全球碳循环（global carbon cycle）是指碳元素在地球生物、岩石、水以及大气各圈层之间不断交换、循环的过程，是地球上最主要的生物地球化学循环过程。由于 CO_2 是全球气候变化的主要诱因，全球碳循环研究是解决全球尺度气候变化归因与应对方案的关键，也是判断地球气候系统是否健康的重要依据。工业革命以来，全球碳循环模式受到了严重干扰，化石燃料燃烧（第 3 章）和土地利用变化（第 4 章）成为主要的人为 CO_2 排放源，且完全超出了陆地和海洋的吸收能力（第 5 章），多余的 CO_2 则在大气中积累，产生温室效应（表 1-1）。一方面，为了满足工业生产和交通运输等需要，化石燃料燃烧每年释放 7～8 Pg C[①]的 CO_2 到大气中；另一方面，随着生产力的增加和医疗条件的改善，全球人口激增。为了满足激增的人口对粮食生产的需要，人类大面积伐树毁林开垦农业用地，土地利用方式的改变导致每年 1.5～2Pg C 的 CO_2 排放。陆地和海洋生态系统吸收之后，仍然有 4～5Pg C/a CO_2 在大气中累积，形成强烈的温室效应，从而引发一系列的全球气候变化问题。

表 1-1　全球自工业革命（1750 年开始）以来累计 CO_2 源汇以及 1980～2019 年每 10 年的增长率
（Friedlingstein et al.，2020）

项目		1750～2019 年累计 CO_2 源汇/Pg C	1850～2019 年累计 CO_2 源汇/Pg C	1980～1989 年增长率/（Pg C/a）	1990～1999 年增长率/（Pg C/a）	2000～2009 年增长率/（Pg C/a）	2010～2019 年增长率/（Pg C/a）
碳源	化石燃料燃烧和水泥生产	445 ± 20	445±20	5.4±0.3	6.3±0.3	7.7±0.4	9.4±0.5
	净土地利用变化	240 ± 70	210±60	1.3±0.7	1.4±0.7	1.4±0.7	1.6±0.7
	总排放	685 ± 75	655±65	6.7±0.8	7.7±0.8	9.1±0.8	10.9±0.9

① 1Pg C = 10^{15}g C，相当于 3.667Gt CO_2。

续表

项目		1750～2019年累计 CO_2 源汇/Pg C	1850～2019年累计 CO_2 源汇/Pg C	1980～1989年增长率/（Pg C/a）	1990～1999年增长率/（Pg C/a）	2000～2009年增长率/（Pg C/a）	2010～2019年增长率/（Pg C/a）
碳汇	大气增长	285 ± 5	265±5	3.4±0.02	3.2±0.02	4.1±0.02	5.1±0.02
	海洋碳汇	170 ± 20	160±20	1.7±0.4	2.0±0.5	2.1±0.5	2.5±0.6
	陆地碳汇	230 ± 60	210±55	2.0±0.7	2.6±0.7	2.9±0.8	3.4±0.9
失衡		0	20	−0.4	−0.1	0	−0.1

人类活动排放的 CO_2 并不全部累积在大气中，其中一部分被陆地和海洋生态系统吸收，并不会使大气 CO_2 浓度升高，在人类活动排放的 CO_2 中，无法被吸收固定的、对大气 CO_2 浓度升高有直接贡献的那部分排放量为“贡献排放量”（contributed emission to increased atmospheric CO_2，CEIC）。从对全球气候变化具有直接贡献的角度出发，贡献排放量是一种比单纯计量人类活动 CO_2 总排放量更为科学合理的计量方法。

概念卡片：

生态系统（ecosystem）：指在自然界的一定的空间内，生物与环境构成的统一整体，在这个统一整体中，生物与环境之间相互影响、相互制约，并在一定时期内处于相对稳定的动态平衡状态。

碳源（carbon source）：指将碳释放到大气中的过程、活动或机制。

碳汇（carbon sink）：指通过各种措施吸收大气中的二氧化碳，从而降低温室气体浓度的过程、活动或机制。

1.2.3 非 CO_2 温室气体排放与全球气候变化的关系

除 CO_2 外，CH_4、N_2O 以及氯氟烃类等温室气体对全球气候变化的贡献也不容小觑。美国国家海洋和大气管理局（NOAA）于 2006 年引入年度温室气体指数（annual greenhouse gas index，AGGI）这一概念，用于衡量温室气体直接影响气候变暖的指数。年度温室气体指数根据美国国家海洋和大气管理局地球系统研究实验室（ESRL）全球大气采样网络（global air sampling network）采集的大气样本数据计算。该指数跟踪的 CO_2、CH_4、N_2O 和氯氟化碳[二氟二氯甲烷（CFC-12）和一氟三氯甲烷（CFC-11）]等主要温室气体贡献了 1750 年以来全球直接辐射强迫增加的 96%，其他 15 种氯氟烷烃类温室气体贡献了剩余的 4%（图 1-8）。

概念卡片：

辐射强迫（radiative forcing）：指由于气候系统内部变化，如温室气体浓度或太阳辐射强度的变化等引起的对流层顶垂直方向上的净辐射变化。辐射强迫反映了某种因子在气候变化机制中的重要性，正强迫使地球表面增暖，负强迫则使地球表面降温。某种气体对气候变化辐射强迫的贡献，取决于该气体的分子辐射特性、大气中浓度增加量以及释放到大气之后的存留时间等。

全球增温潜势（global warming potential）：指在一定时间范围内其他温室气体或者过程与大气 CO_2 浓度上升相比对于辐射强迫的影响强度，其是基于充分混合的温室气体辐射特性的指标。

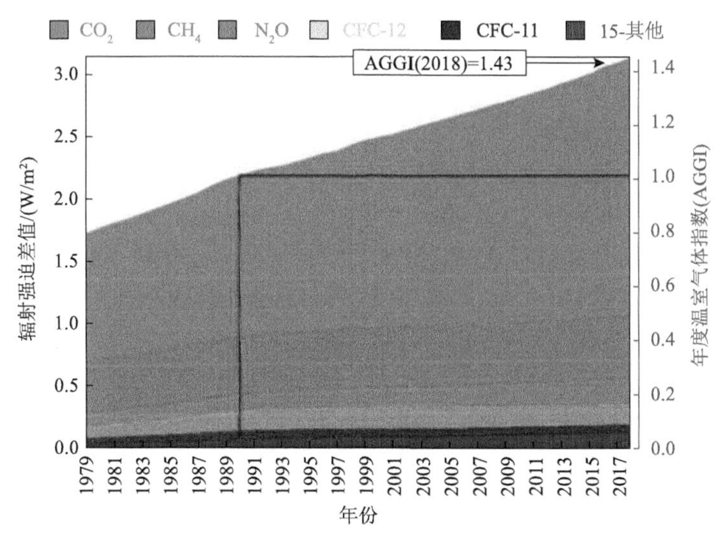

图 1-8　相对于 1750 年的辐射强迫差值与年度温室气体指数（WMO，2019）

CFC-12 为二氟二氯甲烷；CFC-11 为一氟三氯甲烷；15-其他为其他 15 种氯氟烷烃类温室气体

CH_4 是仅次于 CO_2 的第二大温室气体，虽然大气 CH_4 浓度要远远低于 CO_2，但是在 20 年尺度范围内，CH_4 的全球增温潜势是 CO_2 的 84 倍。一方面，天然气的主要成分就是 CH_4，而很多国家和地区将扩大天然气供应和使用作为减少煤炭消费总量、降低煤烟污染的重要举措。另一方面，工业革命后随着生产力的提高，人口的增长，牛羊等大型反刍牲畜的养殖规模迅速扩大，而反刍牲畜可通过打嗝和放屁排放大量的 CH_4 到大气中。随着化石燃料的开采和使用，以及畜牧业的发展，大气中 CH_4 浓度也在不断升高，从工业革命前到 2018 年，大气 CH_4 浓度从 722ppbv[①]上升到了 1869ppbv[图 1-9（a）]，贡献了约 17% 的全球辐射（WMO，2019）。关于 CH_4 的源汇过程及其排放核算方法详见本书第 7 章。

N_2O 是仅次于 CO_2 和 CH_4 的第三种重要的温室气体，在 100 年尺度上其全球增温潜势是 CO_2 的 273 倍，对全球辐射强度的贡献率约为 6%。除了具有显著的温室效应以外，对流层中的 N_2O 扩散到平流层后还会与臭氧发生光化学反应，破坏臭氧层，《关于消耗臭氧层物质的蒙特利尔议定书》禁止使用氯氟烷烃以后，N_2O 取而代之成为目前最主要的臭氧层破坏物（Wei et al.，2017）。随着全球人口的迅速增长，人类对农业生产的需求也在急剧扩大，而氮肥的施加是当前增加农业生产的必要手段。农业生产中施用化学氮肥与畜禽粪便制成的有机肥所产生的 N_2O 排放约为总人为排放源的 70%。从工

① $1ppbv=10^{-9}$。

业革命前到 2018 年，大气 N_2O 浓度从 270ppbv 增长到了 331.1ppbv，并且还在以每年 0.95ppbv 的速度增长[图 1-9（b）]（WMO，2019）。有研究指出，人为 N_2O 排放的增长速度比预测的所有排放情景都要快，这将导致全球平均温度较前工业化时期上升幅度达到 3℃，远高于《巴黎协定》的目标（Tian et al.，2020）。然而，当前各国在控制 N_2O 排放方面所做的工作却远远不够。关于 N_2O 的源汇特征及其排放核算方法详见本书第 8 章。

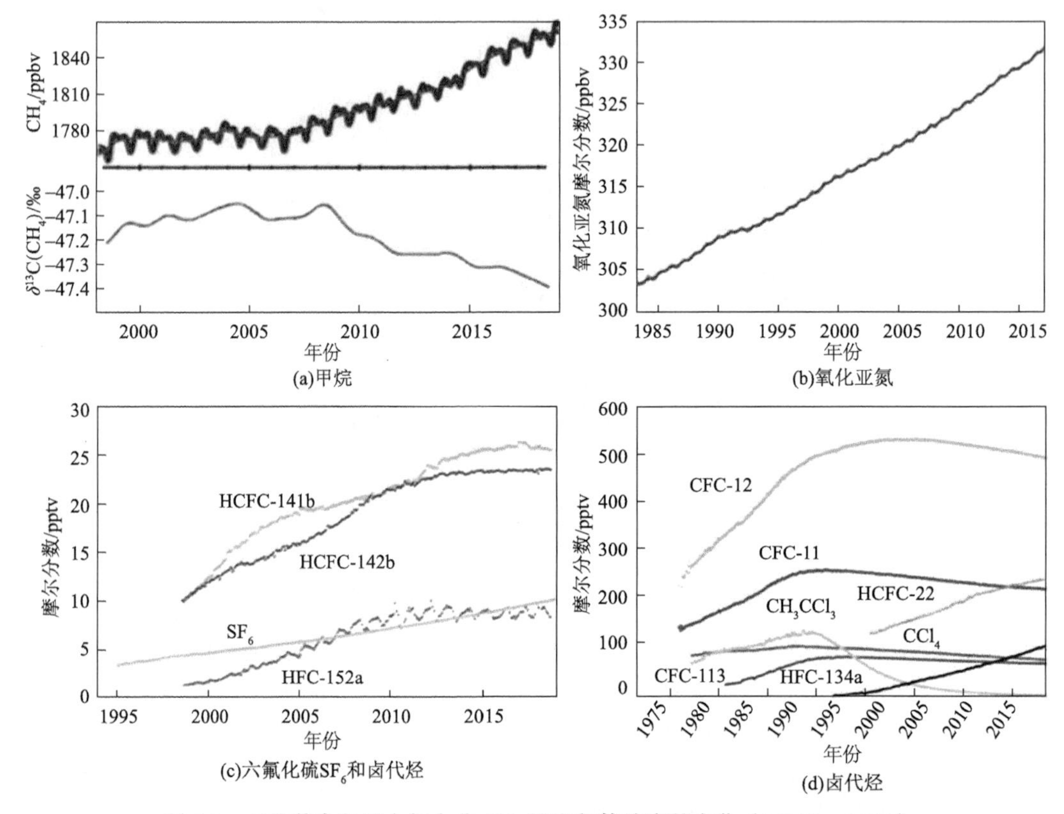

图 1-9　工业革命以后大气中非 CO_2 温室气体浓度的变化（WMO，2019）

1pptv=10^{-12}。HCFC-141b 为二氯一氟乙烷；HCFC-142b 为二氟一氯乙烷；HFC-152a 为 1,1-二氟乙烷；SF_6 为六氟化硫；CH_3CCl_3 为 1,1,1-三氯乙烷；HFC-134a 为 1,1,1,2-四氟乙烷；CFC-113 为三氯乙烷；HCFC-22 为氯二氟甲烷；CCl_4 为四氯甲烷

臭氧层破坏物氯氟烷烃及少量的卤化气体对全球辐射强度的贡献率约为 11%（图 1-8）。《关于消耗臭氧层物质的蒙特利尔议定书》生效后，以二氟二氯甲烷（CFC-12）、一氟三氯甲烷（CFC-11）和 1,1,1-三氯乙烷（CH_3CCl_3）为代表的氯氟烷烃浓度大幅下降[图 1-9（d）]，而以二氯一氟乙烷（HCFC-141b），二氟一氯乙烷（HCFC-142b）和 1,1-二氟乙烷（HFC-152a）为代表的氯氟烃类在大气中的含量却在急剧上升。同时，具有显著温室效应的六氟化硫（SF_6）在大气中的浓度也在迅速增加，与 20 世纪 90 年代中期相比，其含量增加了 2 倍以上[图 1-9（c）]。除了长生命期温室气体以外，对流层中的臭氧具有氯氟烷烃相似的辐射强迫，且一氧化碳、氮氧化合物、挥发性有机物和气溶胶等短生命期大气污染物对全球温室效应也具有一定直接或间接贡献。

1.3 全球及主要国家的碳排放

2015 年 190 多位国家领导人签署的《巴黎协定》中指出，把全球在 21 世纪末的平均气温升幅控制在工业化前的 2℃之内，并努力将气温升幅限制在工业化前水平以上的 1.5℃之内，是全球达成的共同应对气候变化的政治共识（详见第 2 章）。但迄今为止，各国的实际排放量与承诺的碳减排进度相去甚远，1.5℃的升温幅度很可能在 2030 年前就会被突破。2021 年 11 月《联合国气候变化框架公约》（UNFCCC）第二十六次缔约方大会（COP26）在英国格拉斯哥举行，就世界各国的碳减排责任进行了长达 13 天激烈的博弈，最终包括 196 个国家和欧盟在内的 197 个缔约方达成《格拉斯哥气候公约》（*The Glasgow Climate Pact*），再次强调了《巴黎协定》的全球控温目标，以避免世界遭遇灾难性气候变化。COP26 期间，国家主席习近平向世界领导人峰会发表书面致辞，致辞指出，如何应对气候变化、推动世界经济复苏，是我们面临的时代课题。印度作为全球第三大温室气体排放国，原来一直拒绝净零排放承诺，此次也宣布，到 2070 年实现净零碳排放，至此一百多个国家都已提出净零排放承诺，占全球排放总量的 88%、GDP 的 92% 和人口的 85%[①]。

1.3.1 全球及中国碳排放趋势

评估全球及不同国家碳排放历史、现状和趋势的指标包括年碳排放量、人均年碳排放量、累计碳排放量、人均累计碳排放量和单位 GDP 碳排放量，定义如下。

年碳排放量（E）：指某一年的碳排放量总和。

人均年碳排放量（E/P）：年碳排放量除以该年人口总数（P）即得到人均年碳排放量。

累计碳排放量：指某一时期内年碳排放量之和，如 1850～1990 年的累计碳排放量为 $\sum_{1850}^{1990} E_i$，其中 E_i 代表第 i 年的碳排放量。

人均累计碳排放量：指某一时期内人均年碳排放量之和，如 1850～1990 年的人均累计碳排放量为 $\sum_{1850}^{1990} E_i / P_i$。

单位 GDP 碳排放量（E/GDP）：又称碳排放强度，反映年度每单位 GDP 产生的碳排放量。

概念卡片：

G8+5（Group of Eight + Five）：八国集团（美国、加拿大、英国、法国、德国、意大利、日本和俄罗斯）及五国集团（中国、印度、南非、巴西、墨西哥）的合称。

① Net Zero Tracker. Data Explorer. https://zerotracker.net/[2023-10-13].

G20（Group of Twenty）：由八国集团和十一个重要新兴工业国家（中国、阿根廷、澳大利亚、巴西、印度、印度尼西亚、墨西哥、沙特阿拉伯、南非、韩国和土耳其）以及欧盟组成。G20 的 GDP 总量约占世界的 85%，人口约 40 亿人。

发达国家（developed country）：指经济和社会发展水准较高，人民生活水准较高的国家，又称高经济开发国家（MEDC）。发达国家的普遍特征是较高的人类发展指数、人均国内生产总值、工业化水准和生活品质。根据国际货币基金组织 2015 年的统计资料，发达国家的 GDP 占世界 60.8%，按购买力平价计算则占 42.9%，人口占世界比例约 16%。

发展中国家（developing country）：指经济、技术、人民生活水平程度较低的国家，与发达国家相对，通常指包括亚洲、非洲、拉丁美洲及其他地区的国家，占世界陆地面积和总人口的 70%以上。

工业革命以后，全球碳排放量持续增加，1950 年之后全球碳排放量更是呈线性急剧上升。以美国为首的发达国家的累计碳排放主要发生在 1850～1990 年，1990 年以前的累计碳排放量约为总累计碳排放量的 67%；而以中国、印度和巴西为代表的发展中国家的累计碳排放主要发生在 1990 年以后，1850～1990 年的累计碳排放量只占了总累计碳排放量的约 35%。1850～1990 年间，G8+5 国家的累计碳排放量占了全球总累计碳排放的 64%以上，而中国、印度、巴西、南非和墨西哥的累计碳排放量约为发展中国家累计碳排放总量的 59%（方精云等，2018）。发达国家的工业发展和碳排放比发展中国家起步早，较早地侵占了全球共同的碳排放空间，故理应承担不可推卸的历史碳排放责任。

世界各国人口差异显著，因此其累计碳排放量和人均碳排放量有很大区别。2010 年中国和印度人口为世界总人口的 37%，其累计碳排放量仅有不到 36Pg C；而人口总数仅为世界总人口 5%的美国，其累计碳排放量却高达 97Pg C。2010 年，总人口不到发展中国家 23%的发达国家的累计碳排放量却是发展中国家总累计碳排放量的 11 倍。美国和加拿大的人均累计碳排放量长期居于世界首位和次位。发展中国家中，中国的人均碳排放量处于较高水平，但仍远低于同期发达国家的人均碳排放量。所有国家和人口都对全球碳排放空间享有均等的支配权利，在全球生产和生活活动都仍然高度依赖化石燃料的现阶段，碳排放权在一定程度上代表了人口的生存权和发展权，因此，公平公正地确定各国碳减排责任和义务是世界各国共同应对气候变化的重要议题。鉴于此，1992 年《联合国气候变化框架公约》指出世界各国在控制碳排放减缓气候变化中具有“共同但有区别的责任”原则。“共同”责任是指地球气候的变化及其不利影响是人类共同关心的问题，各国都要根据各自的能力为保护全球气候做出努力；“区别”责任，主要是历史上和目前的全球温室气体排放的最大部分源自发达国家，发达国家应该率先控制温室气体的排放。该原则的确定，是基于污染者付费原则（polluter pays principle）这一国际社会广为接受的法律原则，也是迄今为止的全球气候治理的基本原则。

1.3.2 全球剩余碳排放空间

工业化以来的人为累计 CO_2 排放和全球表面升温之间存在近似线性的关系（图 1-10），这种关系被称为累计 CO_2 排放的瞬态气候响应（TCRE）。该指标被用来定量化描述每排放 1000Gt CO_2（1Gt CO_2=10^3 Mt CO_2=10^9t CO_2）所对应的全球表面平均气温的变化。TCRE 综合反映了累计 CO_2 排放最终余留在大气中的份额和瞬态全球平均气温对大气 CO_2 浓度的敏感性，即瞬态气候响应的信息。因此，对应特定的升温幅度，人为 CO_2 的总排放量是有限的，若要在某个时间段实现某个温控目标，则必须在一定时期实现 CO_2 的净零排放。准确估算《巴黎协定》1.5℃ 和 2℃ 温控目标下的未来 CO_2 排放空间，对于科学规划减排路径、及时出台有效的减排政策、推动国际气候变化谈判、最终实现温控目标，都具有重大意义（周天军和陈晓龙，2022）。

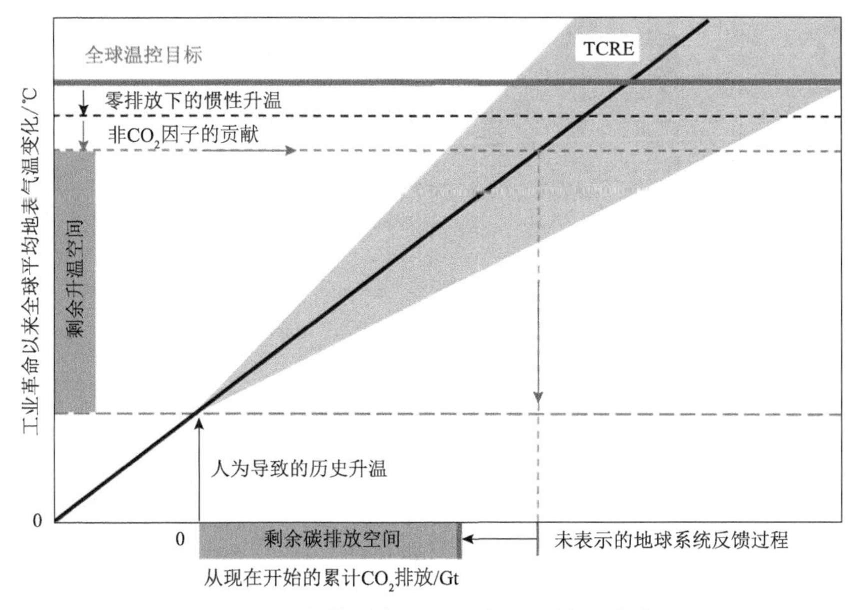

图 1-10 估算剩余 CO_2 排放空间的概念框架

自 IPCC《全球 1.5℃增暖特别报告》发布以来，科学界发展了新的框架来估算未来 CO_2 排放空间（图 1-10）。该框架以估算 TCRE 为基础，分别考虑历史升温、非 CO_2 温室气体的排放、达到净零排放后的惯性升温、地球系统反馈等因素的影响。通过单独评估这些因素的作用，最终得到未来 CO_2 排放空间的范围。据 IPCC AR6 估计，1850～2019 年，人类活动已经释放了 2390Gt CO_2，若在 21 世纪末把全球升温控制在 1.5℃ 以内，则 2020 年开始的未来碳排放空间是 400～500Gt CO_2；若把温控目标设定为 2℃，则 2020 年开始的未来碳排放空间是 1150～1350Gt CO_2。不管设定哪种目标，若以当前每年大约 40Gt CO_2 的速率排放，剩余的排放空间都将在几十年内耗尽（周天军和陈晓龙，2022）。

1.3.3 碳达峰和碳中和目标的提出

全球升温 1.5℃和 2℃模式路径下，特定自然生态系统、人工管理系统和人类系统将面临前所未有的风险（图 1-11）。未来气候变化引起的相关风险取决于全球升温的速度、峰值和持续时间。全球升温每增加 0.5℃，北冰洋夏季无冰的可能性将增加 10 倍，海平面将多上升 10cm。2019～2022 年间，北极圈内多次出现 30℃以上的罕见高温，冰川频繁崩裂，积雪大面积消融；英国多地持续高温，屡创 50 年来的干旱纪录；欧洲多地创下百年来的高温纪录，高温引发的森林火灾频发。IPCC 在 2019 年 11 月再次发出警告：全球升温幅度须控制在 1.5℃，否则地球在 2030 年之后会迎来毁灭性气候。

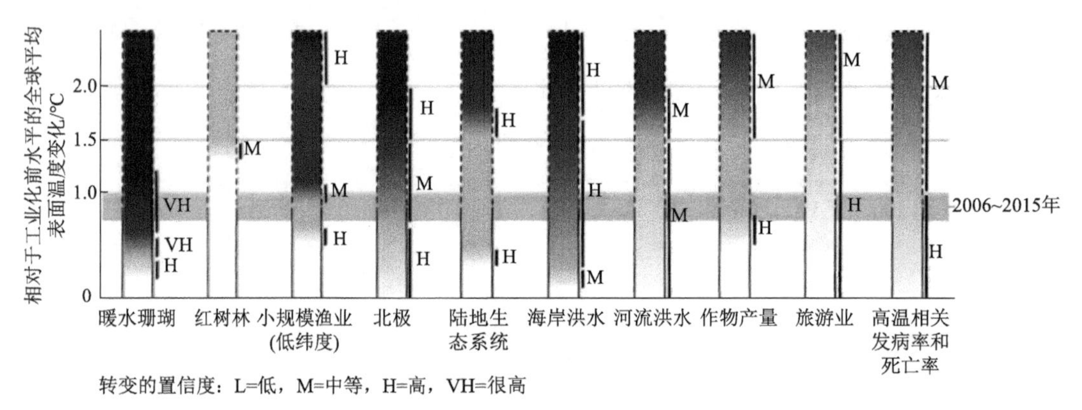

图 1-11 全球升温 1.5℃和 2℃模式路径下特定自然生态系统、人工管理系统和人类系统所受到的影响和风险（IPCC，2021）

在全球升温达到或接近 1.5℃升温目标的模式路径中，2030 年的全球总净人为 CO_2 排放量需在 2010 年的水平上降低 40%～60%，并在 2045～2055 年达到净零，且非 CO_2 温室气体的排放量需大幅下降。到 2021 年，已有 14 个政治体通过立法的形式承诺了碳排放的净零目标，39 个政治体将碳排放净零目标纳入国家政策中。在全球气候变化日益加剧的大背景下，我国基于科学研判，从中华民族永续发展需求和构建人类命运共同体出发做出庄严承诺：中国二氧化碳排放力争于 2030 年前达到峰值，努力争取 2060 年前实现碳中和。实现碳达峰、碳中和必须进行一系列系统性的社会经济变革，促进经济结构、能源结构、产业结构转型升级，推进生态文明建设和生态环境保护、持续改善生态环境质量的新发展格局。

1.3.4 “双碳”目标的科学评估框架

针对国家“双碳”目标，本书将系统讲授国家碳达峰和碳中和目标所涉及的科学基础，帮助读者及时了解和掌握与“双碳”目标相关的科学知识，提高读者的科学素养。本书共分为 8 章，第 1 章讲述我国“双碳”目标提出的科学和时代背景，介绍气候变化的归因和影响、气候变化与碳排放之间的关系，以及全球主要国家的碳排放特征及净零排放计划。基于此，第 2 章进一步阐述我国实施“双碳”目标的政策背景、碳减排计划和预期气候效应。第 3～5 章分别围绕主要 CO_2 排放源（化石燃料燃烧和土地利用变化）和汇（陆地、海洋等自然生态系统吸收）介绍碳源汇的核算方法及排放特征，为第 6 章介绍中国“双碳”目标的实施路径提供理论基础。第 7 章和第 8 章进一步扩展碳中和到净零排放，讲授甲烷和氧化亚氮两大非 CO_2 温室气体的源汇特征和核算方法。

课后思考

1. 国家碳达峰和碳中和目标的具体内容是指什么？
2. 我国提出“双碳”目标的历史背景和意义是什么？
3. 全球气候变化的诱因是什么？

参考文献

方精云, 朱江玲, 岳超, 等. 2018. 中国及全球碳排放——兼论碳排放与社会发展的关系. 北京: 科学出版社.

周天军, 陈晓龙. 2022.《巴黎协定》温控目标下未来碳排放空间的准确估算问题辨析. 中国科学院院刊, 37(2): 216-229.

Baccini A, Walker W, Carvalho L, et al. 2017. Tropical forests are a net carbon source based on aboveground measurements of gain and loss. Science, 358(6360): 230-234.

Canadell J G, Quéréet C L, Raupach M R, et al. 2007. Contributions to accelerating atmospheric CO_2 growth from economic activity, carbon intensity, and efficiency of natural sinks. The Proceedings of the National Academy of Sciences of the United States of America, 104(47): 18866-18870.

Friedlingstein P, O'Sullivan M, Jones M W, et al. 2020. Global Carbon Budget 2020. Earth System Science Data, 12(4): 3269-3340.

IPCC. 2019. Summary for Policymakers//Pörtner H O, Roberts D C, Masson-Delmotte V, et al. IPCC Special Report on the Ocean and Cryosphere in a Changing Climate. Cambridge, United Kingdom and New York, NY, USA: Cambridge University Press.

IPCC. 2021. Climate Change 2021: The Physical Science Basis. Cambridge, United Kingdom and New York, NY, USA: Cambridge University Press.

Joshi M M, Gregogy J M, Webb M J, et al. 2008. Mechanisms for the land/sea warming contrast exhibited by simulations of climate change. Climate Dynamics, 30(5): 455-465.

Lenton T M, Rockström J, Gaffney O, et al. 2019. Climate tipping points-too risky to bet against. Nature, 575(7784): 592-595.

Li Q X, Sheng B S, Huang J Y, et al. 2022. Different climate response persistence causes warming trend unevenness at continental scales. Nature Climate Change, 12(4): 343-349.

Lovejoy T E, Nobre C. 2018. Amazon Tipping Point. Science Advances, 4(2): eaat2340.

Masson-Delmotte V, et al. 2018. IPCC, 2018: Summary for Policymakers: Global Warming of 1.5℃. Cambridge, UK and New York, NY, USA: Cambridge University Press.

Masson-Delmotte V, et al. 2019. IPCC, 2019: Summary for Policymakers: IPCC Special Report on the Ocean and Cryosphere in a Changing Climate. Cambridge, UK and New York, NY, USA: Cambridge University

Press.

Masson-Delmotte V, et al. 2021. IPCC, 2021: Climate Change 2021: The Physical Science Basis. Contribution of Working Group I to the Sixth Assessment Report of the Intergovernmental Panel on Climate Change. Cambridge, UK and New York, NY, USA: Cambridge University Press.

Tian H Q, Xu R T, Canadell J G, et al. 2020. A comprehensive quantification of global nitrous oxide sources and sinks. Nature, 586: 248-256.

Wei J, Amelung W, Lehndorff E, et al. 2017. N_2O and NO_x emissions by reactions of nitrite with soil organic matter of a Norway spruce forest. Biogeochemistry, 132: 325-342.

Westerhold T, Marwan N, Drury A J, et al. 2020. An astronomically dated record of Earth's climate and its predictability over the last 66 million years. Science, 369(6509): 1383-1387.

WMO. 2019. WMO Greenhouse Gas Bulletin: the state of greenhouse gases in the atmosphere based on global observations through 2018. Genève: WMO.

2 碳达峰和碳中和目标

覃章才，邓小鹏

如第 1 章所述，气候变化对地球系统产生显著影响，例如温度升高、海平面上升、极端气候事件频发等，给人类生存和发展带来严峻挑战。在全球气候变化日益加剧的大背景下，如何有效应对气候变化已经成为国际社会和各国政府的一项重要议题，非政府组织和社会团体、环境组织也在各自的领域不断尝试和努力提出行之有效的应对策略。多年来，全球各国在《联合国气候变化框架公约》（本章简称《公约》）框架下，不断强化合作，开展一系列减排倡议和行动，以期缓解气候变化。

概念卡片：

《联合国气候变化框架公约》（UNFCCC）于 1992 年 5 月通过，1992 年 6 月在巴西里约热内卢召开的世界各国政府首脑参加的联合国环境与发展会议期间开放签署，1994 年 3 月 21 日生效。截至 2022 年 11 月，UNFCCC 现有 198 个缔约方（197 个国家和一个区域经济一体化组织）。这是世界上第一个为全面控制二氧化碳等温室气体排放，以应对全球气候变暖给人类经济和社会带来不利影响的国际公约，也是国际社会在应对气候变化问题上进行国际合作的基本框架。其核心内容为：明确应对气候变化的最终目标，即将大气中温室气体的浓度稳定在防止气候系统受到危险的人为干扰的水平上；确定国际合作应对气候变化的基本原则，即“共同但有区别的责任”原则、公平原则、各自能力原则和可持续发展原则；明确发达国家应承担率先减排和向发展中国家提供资金技术支持的义务以及承认发展中国家有消除贫困、发展经济的优先需要。

United Nations
Framework Convention on
Climate Change

我国是遭受气候变化不利影响严重的国家之一。中国气象局 2022 年发布的《中国气候变化蓝皮书（2022）》表明，中国温升速率高于同期全球平均水平，是全球气候变化

的敏感区（图 2-1）。1951～2021 年，中国地表年平均气温呈显著上升趋势，温升速率为 0.26℃/10a，高于同期全球平均温升水平（0.15℃/10a）。近 20 年是中国 20 世纪初以来的最暖时期；2021 年，中国地表平均气温较常年值偏高 0.97℃，为 1901 年以来的最高值。另外，中国沿海海平面变化总体呈波动上升趋势（图 2-1）。1980～2021 年，中国沿海海平面上升速率为 3.4mm/a，高于同期全球平均水平（3.3mm/a）。2021 年，中国沿海海平面较 1993～2011 年平均值高 84mm，为 1980 年以来最高。此外，中国范围内高温、强降水等极端天气气候事件趋多趋强、不同地区代表性植物春季物候期提前，秋季物候期年际波动较大等，诸如此类受气候变化影响的表现愈发显著（中国气象局气候变化中心，2022）。

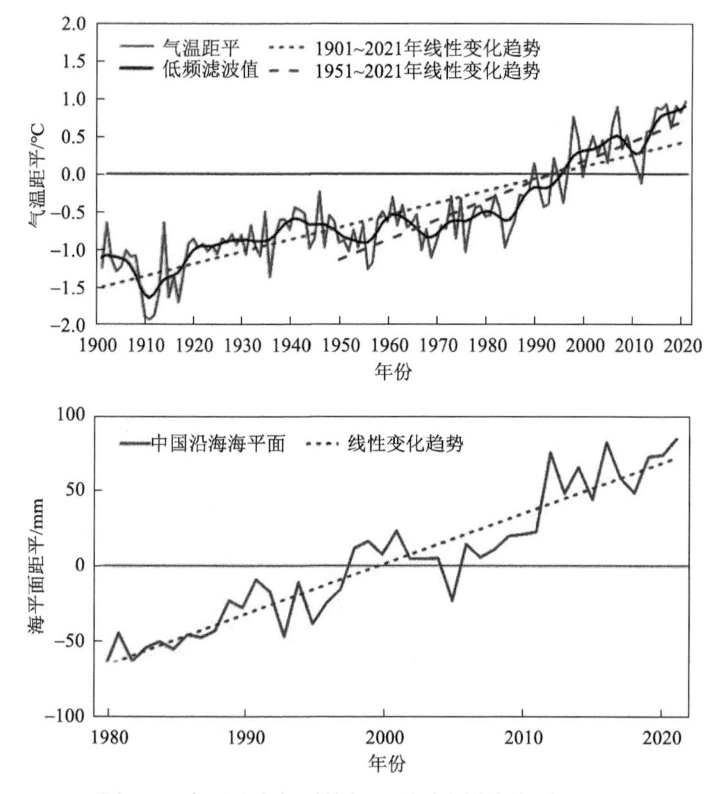

图 2-1　中国地表年平均气温距平和沿海海平面距平

上图为 1901～2021 年中国地表年平均气温距平（相对 1981～2010 年平均值）；下图为 1980～2021 年中国沿海海平面距平（相对 1993～2011 年平均值）。引自《中国气候变化蓝皮书（2022）》

长期以来，我国高度重视气候变化问题，将积极应对气候变化作为国家经济社会发展的重大战略，把绿色低碳发展作为生态文明建设的重要内容，为应对全球气候变化做出了重要贡献。2020 年 9 月，习近平主席在第七十五届联合国大会一般性辩论上发表讲话，中国将提高国家自主贡献力度，采取更加有力的政策和措施，二氧化碳排放力争于 2030 年前达到峰值（碳达峰），努力争取 2060 年前实现碳中和。碳达峰，指在某一个时点，二氧化碳的年排放不再增长，达到峰值，之后逐步回落；碳中和，指在一定时间内直接或间接产生的二氧化碳，与通过使用碳移除/吸收技术所减少的二氧化碳量相当，实现正负抵消，从而达到相对净零排放。主要的碳移除/吸收技术包括自然去除（见本书6.6节）和人为去除（见本书6.5节）。本章将主要介绍“双碳”目标的具体内容、相应措施及气候效应等。

2.1 政策背景

2.1.1 国际政策背景

《公约》是全球气候行动的重要依据和协作平台。各缔约方在《公约》的基本框架和要求下，开展气候变化评估和应对行动。《公约》分别为发达国家、发展中国家和不发达国家签署国规定了不同的责任，总体分为附件一国家、附件二国家、非附件国家和最不发达国家（图2-2）。附件一国家为发达国家，现由43个缔约方构成，包括美国及大部分欧盟国家。附件一国家被要求将其二氧化碳排放量恢复到1990年以前的水平，且必须每年提交温室气体清单（《公约》设定的首要任务之一就是让缔约方建立国家温室气体源汇清单，用于创建1990年的基准水平，以供制定温室气体减排的承诺参考标准）；附件二国家，指有特殊财政责任的发达国家，负责向发展中国家提供财政、技术等资源帮助；非附件国家，主要是低收入的发展中国家（包括中国），其主要任务是向联合国秘书处提供排放清单，在充分发达时也可自愿成为附件一国家；最不发达国家，包括46个缔约方，其适应气候变化影响的能力有限，在《公约》中被赋予特殊地位。

缔约方会议（COP）是《公约》的最高决策机构，根据要求每年召开一次，评估应对气候变化的进展情况（图2-3）。至2022年底，缔约方会议已举行27次，并达成一系列重要成果。1997年COP3起草了《京都议定书》，制定了首个具有约束力的发达国家温室气体减排目标，要求发达国家在2008～2012年期间减少其温室气体排放。2009年COP15《哥本哈根协议》提出全球气候温升应控制在2℃以内。2010年COP16《坎昆协议》提出加强对温升1.5℃的科学认识。在这之后，2014年IPCC第五次评估报告（AR5）指出，如果要在21世纪末实现2℃温控目标，需要2050年全球温室气体年排放量比2010年减少40%～70%，21世纪末温室气体的年排放水平要接近或者是低于零，即净零排放（IPCC，2014）。2015年COP21签订《巴黎协定》，提出的温度目标是将全球平均温度的上升幅度控制在远低于工业化前水平2℃的范围内，并最好限制在1.5℃范围内。为此，根据IPCC的2018年《全球1.5℃增暖特别报告》，实现2℃目标需要在2070～2080年达到二氧化碳净零排放，达到1.5℃目标则需在21世纪中叶达到净零排放、2030年排放量减少大约45%（IPCC，2018）。2021年在COP26上，各国就实现净零排放、2030年前加大减排力度和速度更新了承诺，同时提出应立足于自然的解决方案，利用自然之力缓解气候变化。

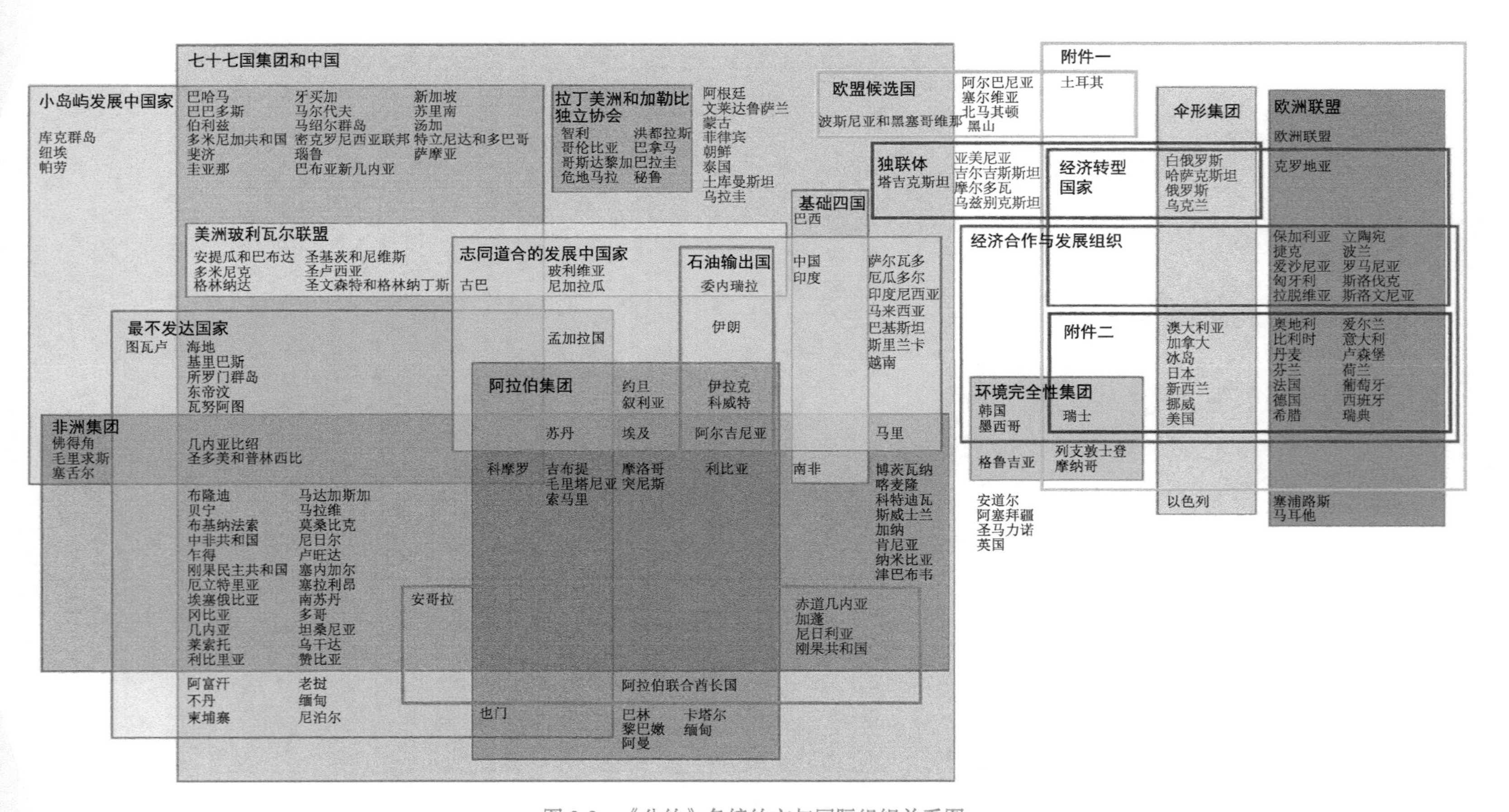

图 2-2　《公约》各缔约方与国际组织关系图

图中划定了各组织及《公约》各类别包含的国家范围，各方框左上角为所属组织的名称或类别

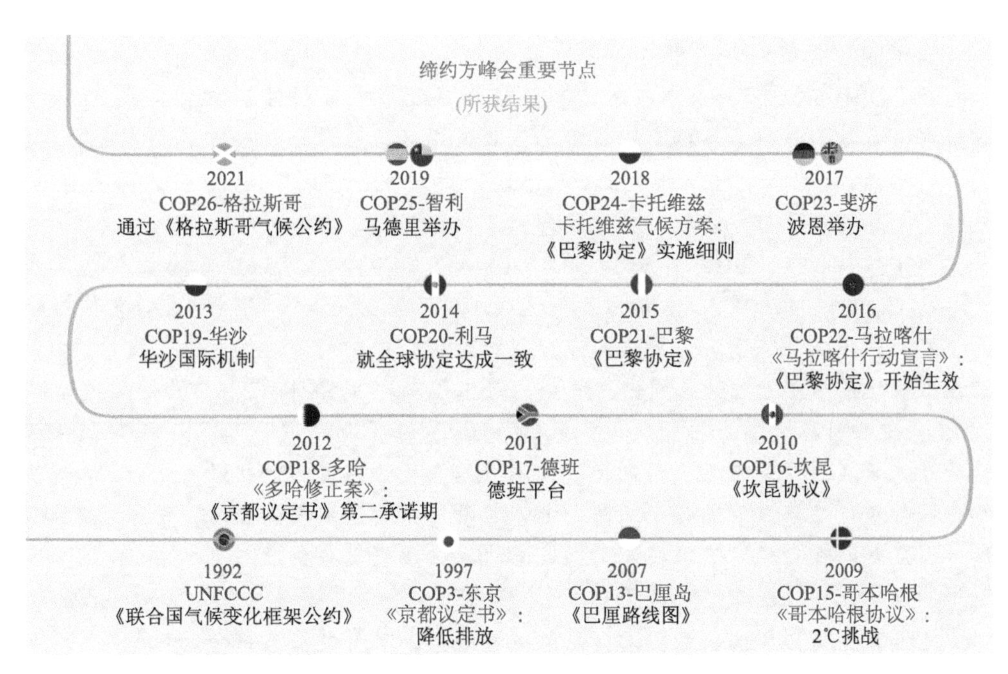

图 2-3　历届缔约方会议（COP）时间线

知识卡片：

COP1：柏林，1995 年

UNFCCC 生效一年后，在柏林主办了 COP1。代表们聚集在一起讨论《公约》细则，认为附件一国家到 2000 年将其排放量稳定在 1990 年水平的目标是不够的。

COP3：京都，1997 年

该次会议通过了《京都议定书》，为发达国家制定了第一个具有约束力的减排目标，使温室气体控制或减排成为发达国家的法律义务。《京都议定书》包括两个承诺期，第一个是要求发达国家在 2008～2012 年期间减少其温室气体排放；第二个是 2012 年在多哈举办 COP18 时通过的《多哈修正案》所规定的承诺期为 2013～2020 年。

COP13：巴厘岛，2007 年

该次会议通过了《巴厘路线图》，就《京都议定书》第一个承诺期结束后全球应对气候变化的新安排进行谈判——设定了两年的谈判时间，2009 年底的哥本哈根大会完成了 2012 年后新“协议”的谈判。

COP15：哥本哈根，2009 年

COP15 促成了《哥本哈根协议》的起草，延长了《巴厘路线图》生效时间，以保证谈判工作得以持续，最终达成具有法律约束力的协议。该协议声称气候变化是现代最大的挑战之一，并提出全球变暖应限制在 2℃。然而，《哥本哈根协议》不具有法律约束力，没有任何对各国具有约束力的减排承诺。

COP19：华沙，2013 年

在 COP19 创建了一个新机制，即 2015 年在巴黎举行 COP21 之前提交“预期的国家自主贡献”目标，各国自行决定为实现条约目标应做出哪些贡献，被赋予了自由和灵活性，以确保这些气候变化减缓和适应计划适合本国国情。该会议标志着《巴黎协定》后“国家自主贡献”机制的开始（“国家自主贡献”详见 2.2 节）。

COP21：巴黎，2015 年

在 COP21 上，197 个缔约方谈判达成了《巴黎协定》，取代《京都议定书》，希望能共同阻止全球变暖。提出的温度目标是将全球平均温度的上升幅度控制在远低于工业化前水平 2℃的范围内，并努力追求控制在 1.5℃以内。总的排放目标为，到 21 世纪中叶达到净零排放。为了追求将全球变暖控制在 1.5℃以下，到 2030 年碳排放量需要减少大约 50%。该次协定没有强迫各国设定具体的排放目标，但要求每个目标都应该超越以前的目标。与 1997 年的《京都议定书》相比，发达国家和发展中国家之间责任的界限很模糊，因此后者也必须提交减排计划。

COP26：格拉斯哥，2021 年

巴黎峰会与会各国一致同意，每隔五年进行一次有关人类社会应对气候变化的进展评估，回顾成就，发现问题，确定下一步方略。COP26 格拉斯哥峰会的重要议程之一就是这个评估。这是国际社会就应对气候变化达成公约后的首次考评。因为新冠疫情的影响，本该 2020 年做的工作总结推迟一年。在 COP26 会议上，各国就 21 世纪中叶实现零排放、2030 年前加大减排力度和速度做出更新的承诺，同时强调立足于自然的解决方案，利用自然之力缓解气候变化。

2.1.2 国内政策背景

我国碳减排和应对气候变化行动自上而下、由来已久。在国家领导层的推动下，逐步形成气候友好型思维，并非常坚决地实施有助于减少排放的政策，包括对国民经济和社会发展每五年做的长期规划中规定的强制性能源和排放强度目标。我国还实施了专门针对减排的政策，每项新政策都有严格的目标（表 2-1）。

表 2-1 我国重要低碳政策汇总表（Liu et al.，2022）

年份	低碳政策	范围/年	目标				
			主要污染物*	碳强度	能源强度	非化石燃料比重	森林
2001	“十五”计划	2001～2005	比 2000 年减少 10%	无	无	无	森林覆盖率提高到 18.2%
2006	“十一五”规划	2006～2010	比 2005 年减少 10%	无	比 2005 年降低 20%	无	森林覆盖率提高到 20%
2007	中国应对气候变化国家方案	2005～2010	无	无	比 2005 年降低 20%	提高至 10%	森林覆盖率提高到 20%

续表

年份	低碳政策	范围/年	目标				
			主要污染物*	碳强度	能源强度	非化石燃料比重	森林
2009	国家适当的缓解行动	2005～2020	无	比2005年水平降低40%～45%	无	提高至15%	增加森林面积4000万hm^2，增加森林蓄积量13亿m^3
2011	“十二五”规划	2011～2015	比2010年减少8%～10%	比2010年水平降低20%	比2010年降低18%	提高至11.4%	森林覆盖率达到21.66%，森林蓄积量达到143亿m^3
2015	预期的国家自主贡献	2005～2030	无	（尽快达峰）比2005年的水平降低60%～65%	无	提高至20%	森林蓄积量比2005年增加45亿m^3
2016	“十三五”规划	2016～2020	比2010年减少10%～15%	比2015年水平降低18%	比2015年降低15%	提高至15%	森林覆盖率达到23.04%，森林蓄积量达到165亿m^3
2020	习近平主席在第七十五届联合国大会上的讲话	至2060	无	2030年前碳达峰，2060年前碳中和	无	无	无
2021	“十四五”规划	2021～2025	无	比2020年水平降低18%	比2020年降低13.5%	提高至20%	森林覆盖率达到24.1%
2021	更新的国家自主贡献	至2060	无	比2005年水平降低65%以上	无	提高至25%	森林蓄积量比2005年增加60亿m^3

*主要污染物为二氧化硫和COD（去除有机污染物的化学需氧量）。

我国是《公约》缔约方的非附件国家之一，自21世纪初以来，经济飞速发展，同时二氧化碳排放量也快速上升，是全球排放量大国之一。在COP21之前，邹骥等（2015）著作了《论全球气候治理》一书，展示了主要经济体的库兹涅茨曲线（环境经济学家用来描述经济与环境之间关系的倒U形曲线），揭示了主要发达国家和发展中国家的历史二氧化碳排放量与收入之间的关系：人均排放量最初随着人均收入的增加而上升，超过某个点后开始下降。工业革命以来，还没有一个经济体的二氧化碳排放量能避免倒U形库兹涅茨曲线发展模式，但该书中表明发展中国家不用走发达国家相同的道路，可以开辟一条“创新发展轨迹”。在该轨迹下，中国等发展中国家的排放轨迹可以通过控制单位GDP能源强度和能源结构低碳转型，使国家以更低的门槛达到排放峰值。因此我国于巴黎COP21前，2015年6月30日提交了“预期的国家自主共享”目标，提出二氧化碳排放2030年左右达到峰值并争取尽早达峰（《强化应对气候变化行动——中国国家自主贡献》）。随后在2016年9月30日，将该目标沿用至第一份“国家自主贡献”计划。直至2021年10月28日，我国按要求提交了更新的“国家自主贡献”并再次加强减排雄心，正式将“双碳”目标写入其中，作为未来的减排目标（《中国落实国家自主贡献成效和新目标新举措》）。

知识卡片：

2012～2015 年，中国经济出现了前所未有的趋势：增速连续三年降至 10%及以下（图 2-4）。习近平主席提出中国经济发展进入“新常态”及其九大特征（中央经济工作会议阐释“新常态”九大趋势性变化：http://finance.people.com.cn/n/2014/1211/c1004-26192363.html[2023-11-7]），其中之一就是“环境承载能力已达到或接近上限，必须推动形成绿色低碳循环发展新方式”。这标志着中国正在进入一个不同于 30 年高速增长模式的新发展阶段。在这种情况下，中国经济需要寻找新的动能，这为低碳经济发展提供了契机，同时实现了加快向低碳经济转型以及经济结构调整与中国积极应对气候变化目标的高度一致。2018 年 5 月在北京召开的全国生态环境保护大会上，习近平主席代表中国政府总结了推进生态文明建设必须坚持的原则，其中包括“坚持人与自然和谐共生”、“绿水青山就是金山银山”和“共谋全球生态文明建设”等。此次会议将“习近平生态文明思想”正式纳入党的思想体系，为之后“双碳”目标等基于政策的减缓方法奠定基础，见表 2-1。

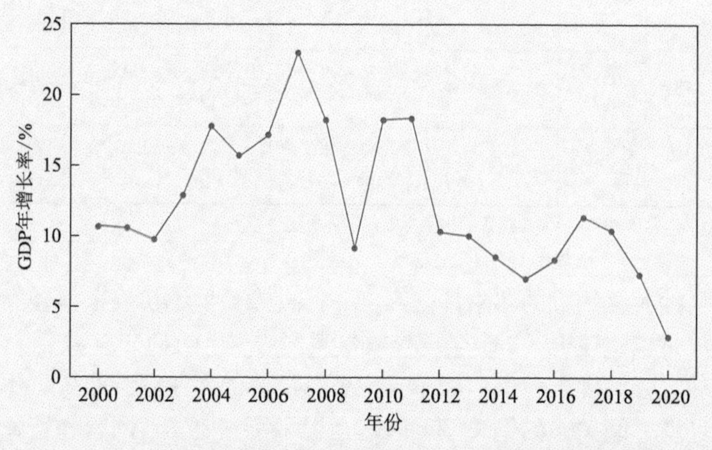

图 2-4　2000～2020 年中国的 GDP 年增长率（源自：《中国统计年鉴——2021》）

2.2　国家自主贡献

自《公约》签订以来，发达国家与发展中国家关于减排责任争议不断。直到 2013 年 COP19 举行，《公约》创建了一个自主减排的新机制：在 2015 年巴黎举行 COP21 之前提交“预期的国家自主贡献”（Intended Nationally Determined Contributions，INDCs），各国自行决定为实现目标应做出哪些贡献。INDCs 被赋予了自由和灵活性，以确保这些气候变化减缓和适应计划适合本国国情。COP21 签署的《巴黎协定》标志着“国家自主贡献”（National Determined Contributions，NDCs）机制的开始。

2.2.1 国家自主贡献内容解读

NDCs 包含减排目标和为减少排放而采取的步骤、为适应气候变化影响而采取的措施以及国家需要或将提供哪些支持来应对气候变化等内容，主要包括以下几个方面。

1）NDCs 版本

NDCs 或 INDCs 是一项不具约束力的国家计划，强调减缓气候变化，包括与气候相关的温室气体减排目标。虽由国家独立制定，但又被设置在一个具有约束力的迭代“棘轮”机制内（图 2-5）。INDCs 是 NDCs 的前身，一个国家被批准成为《巴黎协定》缔约方后，若不再向《公约》提交新的 NDCs，INDCs 则转为第一份 NDCs。此后每五年需要更新一次并接受评估，且每个目标都应该超越以前的目标，以体现更大的减排雄心，确保随着时间的推移加速气候行动。2021 年的 COP26 是国际社会就应对气候变化达成《巴黎协定》后的首次考评，同时各国需要尽量在这之前提交新的或更新的 NDCs 计划——对于第一份 NDCs 目标涵盖到 2025 年的国家，必须发布新的 NDCs 并更新 2030 年目标；而对于那些已经拥有 2030 年目标的国家，则须提交更新的 NDCs 以加强这一目标。

2）时间范围

NDCs 中近期的目标年大多是 2030 年，但也有部分指定到其他某一年或者某一范围，如 2025 年、2030 年前、2025～2030 年间等。开始时间除非在文件中特别说明，一般默认从文件提交的当年即生效实施，大多数的缔约方都将 2021 年 1 月 1 日确定为实施国家自主贡献的开始日期。

3）量化目标形式

为增加透明性，NDCs 需要以可量化的形式表述，以供评估和对比。但由于其制定的自主性，关于减排具体的量化目标表述形式通常不同，主要有以下几类。

（1）按减排目标是否具体化，可分为绝对目标和相对目标。

➢ 绝对目标

该类减排目标直接表述为在目标年的具体排放数值，如南非承诺 2030 年的温室气体排放水平在 350～420Mt CO_2e（二氧化碳当量）范围内。

➢ 相对目标

该类减排目标以某一基准值为参照，表述为相对基准排放数值的百分比。《公约》签订之初设定的首要任务之一就是让缔约方建立温室气体源汇的国家温室气体清单，用于创建每年的具体排放水平，以制定温室气体减排目标。基准值通常选取某一年的排放数值、基线情景的预测数值等。例如，美国制定了到 2030 年将其温室气体净排放量相较 2005 年减少 50%～52%的计划，泰国计划到 2030 年将其温室气体排放量从预计的基线水平减少 20%。

（2）按目标表述所指的指标可分为峰值目标、排放强度目标、累计排放目标。

➢ 峰值目标

该类目标表述为在某一个时间点，排放不再增长达到峰值，即所谓的达峰，如我国的 NDCs 中规定：中国将提高国家自主贡献力度，采取更加有力的政策和措施，二氧化碳排放力争于 2030 年前达到峰值。这类目标通常适用于排放尚未达峰的发展中国家，大多数发达国家排放已经实现了达峰。

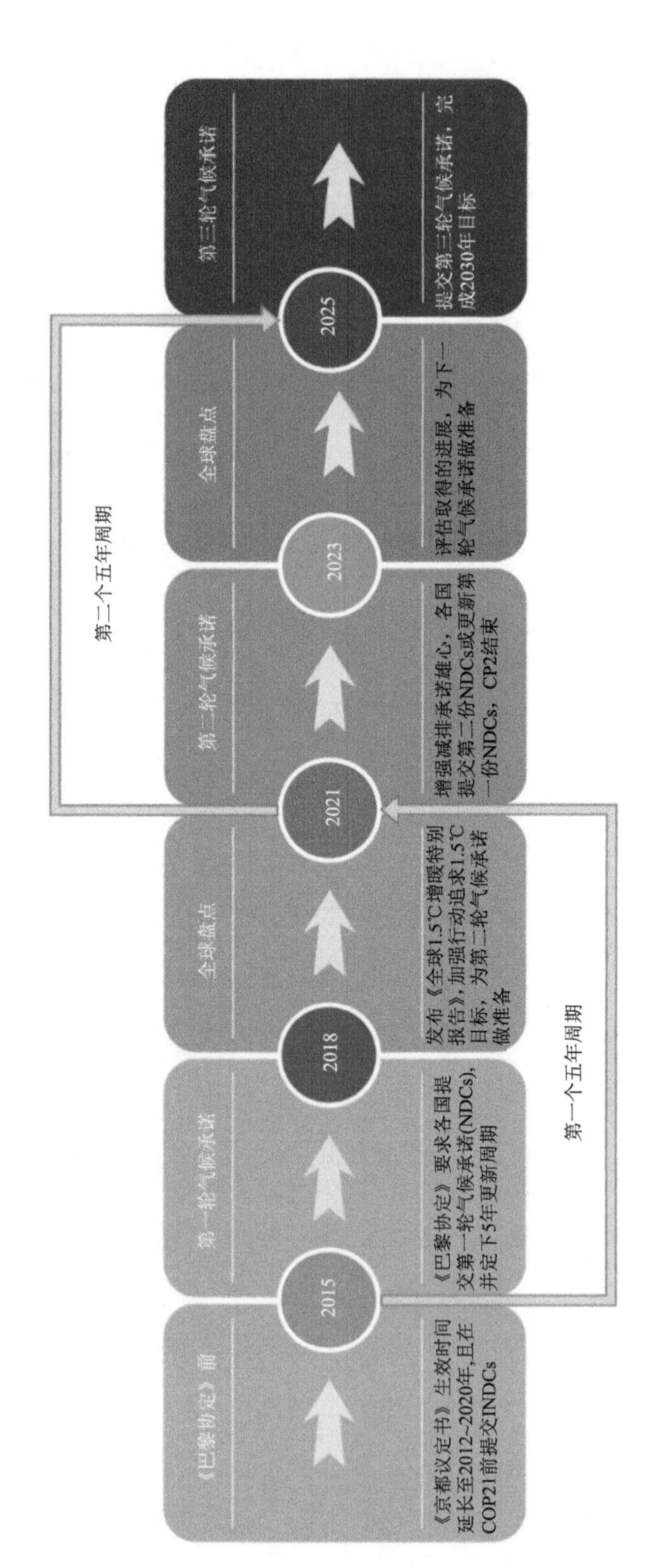

图 2-5 《巴黎协定》的全球减排行动规划路线

CP2 指《京都议定书》第二个承诺期

➢ 排放强度目标

排放强度为排放量与 GDP 的比值，该类型的目标与国内生产总值相关，将排放与经济发展结合起来，由于未来随着发展 GDP 呈现上升趋势，该类型通常代表更高的目标。例如，2020 年 12 月 12 日，习近平主席在气候雄心峰会上宣布：到 2030 年，中国单位国内生产总值二氧化碳排放将比 2005 年下降 65%以上。

➢ 累计排放目标

累计排放指的是某一气体在给定时间范围内排放数值的总和。该类型通常会给出起始年至目标年的一段范围，并以这段时间内的累计排放为指标给出目标。例如，菲律宾承诺预计在 2020～2030 年减少相较惯常情景（BAU）累计排放的 75%，其中 2.71%为无条件减排，72.29%则需要在获得国际支持的条件下实现。

4）涵盖范围

明确 NDCs 减排目标所指的部门范围、温室气体种类和数值范围，即目标是否包含经济覆盖的所有部门，是否包含所有温室气体，以及目标的具体量化值是否存在上下边界。

5）条件支持

对于富裕的发达国家，如附件一国家，被期望无条件地实现他们的 NDCs 目标，因为这些国家无须国际支持，且有足够的历史责任，也有能力率先减少排放。对于一些经济发达的发展中国家来说也是如此。对于许多欠发达的国家的减排行动，发达国家承诺提供技术和资金支持，如 COP16 设立了“绿色气候基金”，每年将拨款 1000 亿美元，帮助较贫穷国家适应气候变化的影响。这些受助国家在其 NDCs 方案中指定一个无条件的目标外还应制定一个更强力的有条件目标。

2.2.2 全球国家自主减排贡献计划

自《巴黎协议》签订至 2022 年 9 月 23 日，《公约》所有缔约方都签署或批准了《巴黎协定》，其中 4 个缔约方（伊朗、利比亚、也门、厄立特里亚）仅签署但未批准具体条约。由于厄立特里亚单独提交了 NDCs，伊朗和也门仅提交了 INDCs，利比亚尚未提交任何文件，所以共有 194 个缔约方（不包含梵蒂冈）提交了至少一份 NDCs，其中有 166 个缔约方已提交新的或更新的第二轮 NDCs 目标（图 2-6）。

在这 194 份 NDCs 中（UNEP，2022；UNFCCC，2022）：①NDCs 版本，166 个缔约方提交了新的或更新后的 NDCs，覆盖了 91.1%的全球温室气体排放量，这一数量高于 COP26 时的 152 个缔约方。其余 28 个未在第二阶段提交新的或更新的 NDCs，温室气体排放占比为 3.2%。②时间范围，几乎所有缔约方（92%）的 NDCs 执行期都到 2030 年，而少数缔约方（8%）到 2025 年、2035 年、2040 年等。55%的缔约方将 2021 年 1 月 1 日确定为其实施国家自主贡献的开始日期；另外有 31%表示将在 2020 年或之前开始实施 NDCs；还有 3%的缔约方会在 2022 年开始实施。③量化目标，90%的缔约方以明确的数字量化了目标，包括绝对目标和相对目标，剩余 10%的缔约方则将没有可量化的战略、政策、计划和行动作为其国家自主贡献的目标。在 166 份新的或更新的 NDCs

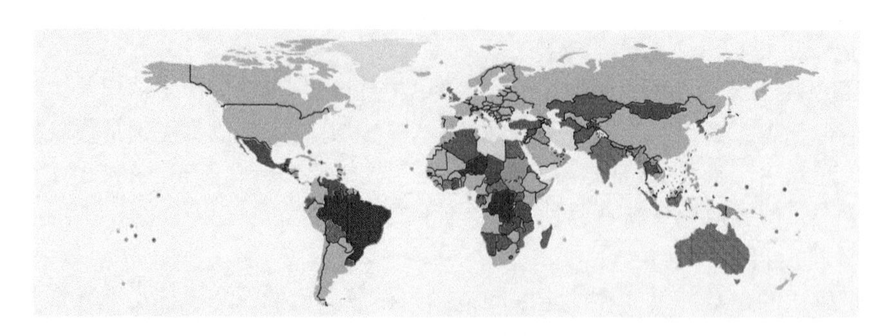

图 2-6　联合国环境规划署国家自主贡献（NDCs）提交情况统计（修改自《2022 年排放差距报告》）
"新的"和"更新的"分别指 new 和 updated

中，101 份的量化目标相对初始 NDCs 是增强的，其减排目标更具雄心；另有 23 份 NDCs 量化目标不符合《巴黎协定》的要求，未提高减排雄心；剩余 42 份 NDCs 无法与初始 NDCs 比较，这主要是由于早期的 NDCs 透明度不高，量化信息不足。④涵盖范围，80%的缔约方提交了所有或几乎所有部门的经济范围目标；24%的缔约方 NDCs 所指的对象包含所有温室气体，所有的 NDCs 都涉及二氧化碳，91%的 NDCs 包含 CH_4，89%的 NDCs 包含 N_2O，其余温室气体如氢氟烃（HFCs）、全氟碳（PFCs）、SF_6 等分别占 53%、36%、24%。⑤大多数（82%）的 NDCs 已经包含无条件部分，不以获得国际支持为条件（图 2-7）。以 G20 国家为例展示其截至 2022 年 9 月 23 日 NDCs 提交情况见表 2-2。

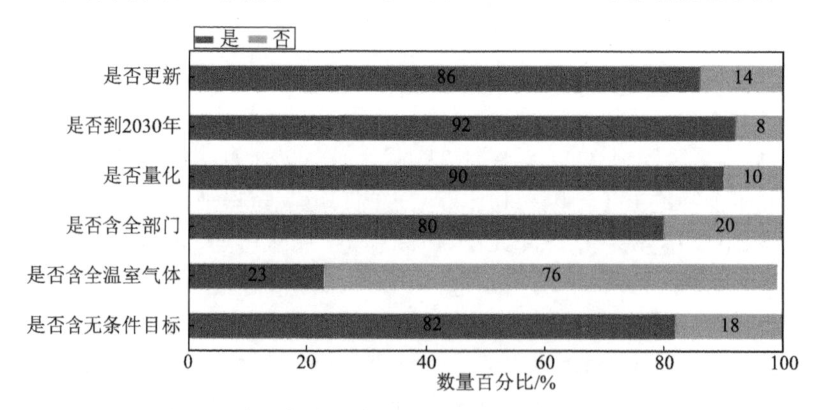

图 2-7　全球各类国家自主贡献（NDCs）统计情况

表 2-2　截至 2022 年 9 月 23 日 G20 国家 NDCs 提交情况表

国家	NDCs 版本	最新的 NDCs 目标	提交日期（年/月/日）	2021 年温室气体排放占比/%	温室气体达峰年份
加拿大	NDCs-1（1 更）	2030 年将温室气体排放量相比 2005 年水平减少 40%～45%	2021/07/12	1.49	2007
美国	NDCs-1（1 更）	2030 年将温室气体排放量相比 2005 年水平减少 50%～52%	2021/04/22	12.55	<1990

续表

国家	NDCs 版本	最新的 NDCs 目标	提交日期（年/月/日）	2021 年温室气体排放占比/%	温室气体达峰年份
英国	NDCs-1（1 更）	2030 年将温室气体排放量相比 1990 年水平至少减少 68%	2020/12/12	0.89	<1990
日本	NDCs-1（1 更）	2030 年将温室气体排放量相比 2013 年水平减少 46%，并且将继续加强努力减少至 25%	2021/10/22	2.87	2013
巴西	NDCs-1（2 更）	确认其在 2025 年将其温室气体排放量相比 2005 年减少 37%的承诺，并在 2030 年减少至 50%	2022/04/07	1.29	2005
俄罗斯	NDCs-1	2030 年将温室气体排放量相比 1990 年水平减少 30%	2020/11/25	5.13	<1990
印度	NDCs-1（1 更）	2030 年将其单位 GDP 排放强度比 2005 年的水平降低 45%	2022/08/26	7.00	>2030
中国	NDCs-1（1 更）	二氧化碳排放力争于 2030 年前达到峰值，到 2030 年，中国单位国内生产总值二氧化碳排放将比 2005 年下降 65%以上	2021/10/28	32.93	<2030（CO_2）
南非	NDCs-1（1 更）	2030 年的温室气体排放水平在 350～420Mt CO_2e 范围内	2021/09/27	1.15	2015
墨西哥	NDCs-1（1 更）	2030 年无条件地将其排放量比惯常情景（BAU）减少 22%，最多比 BAU 减少 36%，条件是获得财政、技术和能力建设支持	2020/12/30	1.11	>2030
阿根廷	NDCs-2（1 更）	2030 年将温室气体排放量限制在 359Mt CO_2e	2021/11/02	0.50	2005
土耳其	NDCs-1	2030 年将温室气体排放量比惯常情景（BAU）预测低 21%	2021/10/11	1.19	>2030
沙特阿拉伯	NDCs-1（1 更）	到 2030 年每年减少、避免和消除温室气体排放量 278Mt CO_2e，并将 2019 年指定为基准年	2021/10/23	1.55	>2030
韩国	NDCs-1（1 更）	2030 年将温室气体排放总量比 2018 年的水平减少 40%，即 727.6Mt CO_2e	2021/12/23	1.66	2018
印度尼西亚	NDCs-1（1 更）	2030 年将温室气体排放量比惯常情景（BAU）无条件下减排 31.89%，国际支持条件下减排 43.20%	2022/09/23	1.59	>2030
澳大利亚	NDCs-1（3 更）	2030 年将温室气体排放量比 2005 年水平减少 43%	2022/06/16	0.97	2007
欧盟国家	NDCs-1（1 更）	2030 年国内温室气体净排放量与 1990 年相比至少减少 55%	2020/12/18	7.33	<1990

资料来源：UNFCCC，https://unfccc.int/NDCREG[2023-10-16]。

2.2.3 我国的国家自主减排贡献计划

我国由于快速的经济发展和城市化，目前是世界上最大的碳排放国之一，在全球碳减排中有着举足轻重的作用。对比几项重大减排政策，国家适当减缓行动（NAMAs）、中国 2015 年预期的国家自主贡献（INDCs）和 2021 年更新的国家自主贡献 NDCs，前者目标为到 2020 年实现碳强度降低 40%～45%（相较于 2005 年的水平），而后两者旨在到 2030 年实现碳强度降低 60%～65%，甚至降低 65%以上（相较于 2005 年的水平）。详细内容和截至 2020 年取得的进展见表 2-3 和图 2-8。

表 2-3　我国减排政策对比及截至 2020 年取得的进展

指标	目标			进展
	NAMAs（2009 年）	INDCs（2015 年）	NDCs（2021 年）	2020 年
目标年	2020 年	2030 年	2060 年	—
碳达峰	无	2030 年左右	2030 年之前	—
碳中和	无	无	2060 年之前	—
二氧化碳排放强度下降比例（相较 2005 年）/%	40～45	60～65	>65	48.4
非化石能源占一次能源消费比重/%	15	20	25	15.9
森林蓄积量增加（相较 2005 年）/亿 m^3	13	45	60	50
风能和太阳能装机容量/GW	无	无	>1200	536*

*数据来自国际可再生能源机构（The International Renewable Energy Agency，IRENA）：https://www.irena.org/Data/View-data-by-topic/Capacity-and-Generation/Country-Rankings[2023-10-16]。

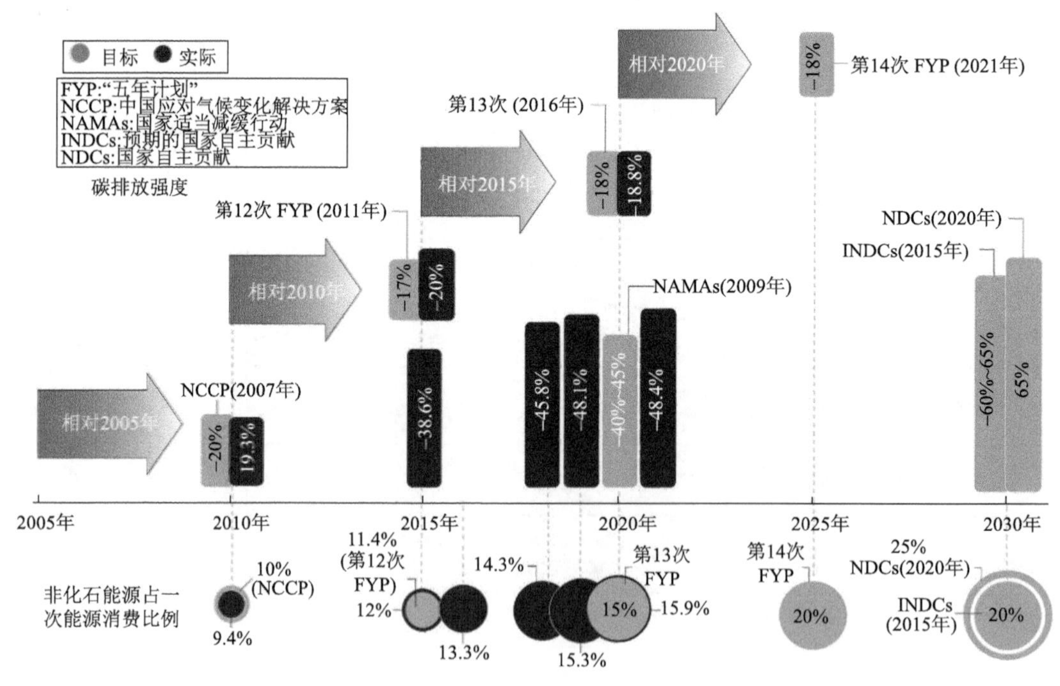

图 2-8　中国碳排放强度（条形）和非化石能源占一次能源消费比例（圆圈）的目标（浅蓝色）以及 2020 年进展（深蓝色）时间表（源自：Liu et al.，2022）

就 NAMAs 而言，2010～2020 年通过两个“五年计划”（five-year plan，FYP），顺利实现了制定的目标：二氧化碳排放强度相较 2005 年下降 48.4%、非化石能源占一次能源消费比例提高至15.9%，森林蓄积量达175亿m^3，相较2005年（124.56亿m^3）增加约50亿m^3等。

除此之外，与2015年设定的目标相比，最新的NDCs目标在时间框架上更加雄心勃勃：包括更大幅度地降低碳强度、非化石燃料占一次能源消费比例再增加5个百分点、非化石燃料装机容量新目标、增加15亿m^3的森林存量，并明确宣布在2060年前实现碳中和。大部分目标在2020年已经完成了一半以上进度，可再生能源产能目标为新增内容，对比2020年已有的装机总量，意味着中国承诺将风能和太阳能装机容量增加至2倍以上（表2-3）。

毫无疑问，我国提交了更具雄心的NDCs承诺。此外，为做好碳达峰、碳中和工作，中国制定出台了相关的政策文件，包括《中共中央 国务院关于完整准确全面贯彻新发展理念做好碳达峰碳中和工作的意见》和《2030年前碳达峰行动方案》及重点行业和领域的达峰方案与支撑方案，构建起“双碳”“1+*N*”政策体系，为如期实现碳达峰、碳中和目标提供有力支撑。习近平在格拉斯哥领导人峰会的书面声明中呼吁关注“务实行动”和“切实可行的目标和愿景”。他补充说：“行动，愿景才能变为现实”[①]。欧洲各国、美国等多国研究表明，中国是少数几个有望实现更新后NDCs承诺的国家之一，反映了我国与其他一些国家在国际承诺方面的主要区别（New Climate Institute，2021）。

值得一提的是，我国更新后的国家自主贡献还改变了其承诺实现国家气候目标的理由，更加强调自身的主动性而非国际责任。在第一次国家自主贡献中曾提到国情、发展阶段、可持续发展战略和国际责任，而最新的NDCs中直接引用了习近平主席的一句话：应对气候变化不是别人要我们做，而是我们自己要做[②]。

2.3 净零目标和碳中和

实现自2010年《坎昆协议》的“2℃”世纪末升温目标至2015年《巴黎协定》的“1.5℃”世纪末升温目标，依靠全球国家自主减排贡献中仅到2030年的近期目标显然是不足的，且具有极大不确定性。为此，亟须在21世纪下半叶实现温室气体的排放源与汇之间的平衡，即净零目标。根据IPCC的2018年《全球1.5℃增暖特别报告》指示（IPCC，2018），对于二氧化碳，保持温升2℃目标需要在2070～2080年达到碳中和，对1.5℃目标则需要在2050年左右实现碳中和（图2-9、图2-10）。2022年4月，IPCC第六次评估的第三工作组报告，再次强调了这一点（IPCC，2022）。长期净零目标兼具科学性及约束作用，对于未来减排方向至关重要。

---

① 习近平向《联合国气候变化框架公约》第二十六次缔约方大会世界领导人峰会发表书面致辞.http://politics.people.com.cn/n1/2021/1102/c1024-32270797.html[2023-11-7].

② 中国落实国家自主贡献成效和新目标新举措. https://unfccc.int/sites/default/files/NDC/2022-06/%E4%B8%AD%E5%9B%BD%E8%90%BD%E5%AE%9E%E5%9B%BD%E5%AE%B6%E8%87%AA%E4%B8%BB%E8%B4%A1%E7%8C%AE%E6%88%90%E6%95%88%E5%92%8C%E6%96%B0%E7%9B%AE%E6%A0%87%E6%96%B0%E4%B8%BE%E6%8E%AA.pdf[2023-11-9].

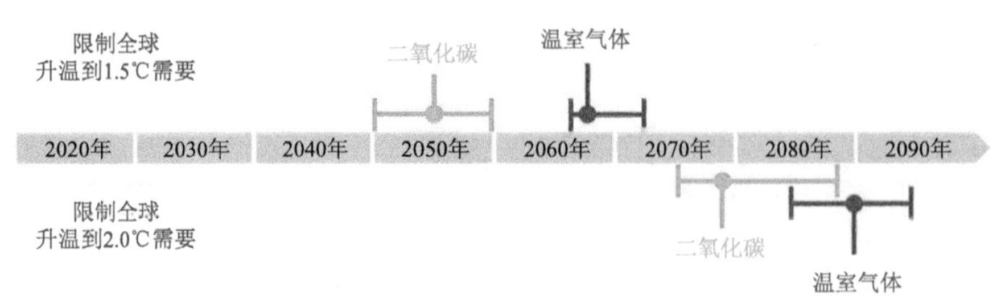

图 2-9 《全球 1.5℃增暖特别报告》关于净零目标的示意图

来源：IPCC 关于全球变暖 1.5℃的特别报告

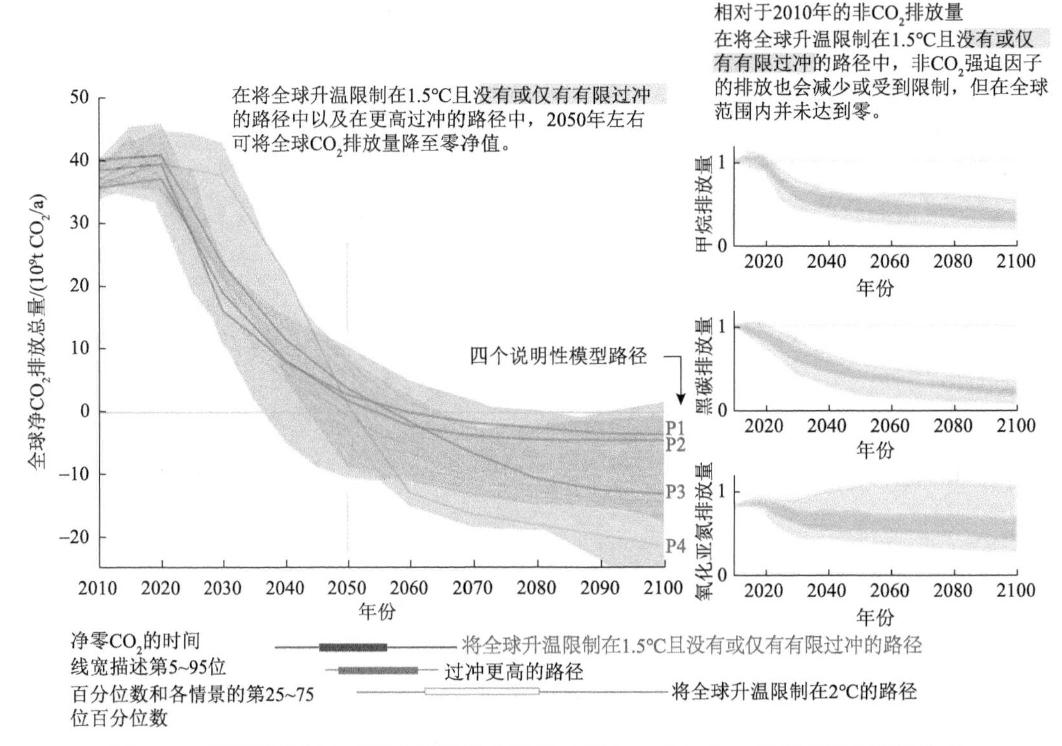

图 2-10 模拟情景的全球温室气体排放路径（源自：《全球 1.5℃增暖特别报告》）

P1、P2、P3、P4 为四个说明性模型路径，对应于《全球 1.5℃增暖特别报告》第 2 章中评估的 LED、S1、S2 和 S5 路径

2.3.1 净零目标解读

对于净零目标有多种不同的表述：碳中和、气候中和、温室气体中和、温室气体净零、零碳、零排放等。这些术语都属于长期净零目标的承诺术语，具体的表述跟其所指具体的目标有关。在解读时可参考《公约》对净零行动的指导标准——“4P 标准”。

1）承诺（pledges）

➢ 目标来源

与 NDCs 不同，净零目标并没有在《公约》的框架下强制国家提交，这也造成了这些目标在不同的国家地位不同。它可体现在政府公告、官方政策文件（如国家自主贡献，长期战略计划）、立法草案或现有法规中。

➢ 目标年

根据《巴黎协定》的要求以及 IPCC《全球 1.5℃增暖特别报告》的指导，全球需要在 21 世纪中叶达到排放净零，因此大多国家基于此，设定净零承诺的目标年为 2050 年，但也有部分国家的净零目标年位于这之前或之后，如德国承诺 2045 年净零，我国碳中和目标年为 2060 年前。

➢ 覆盖范围

目标可能仅涵盖二氧化碳，如碳中和；也可能涉及其他或所有主要温室气体（CO_2，N_2O，CH_4 和 F-gases），如温室气体净零；此外，还要注意目标是否包含所有部门、是否包含国际排放的抵消，如国际航空海运造成的排放以及碳交易等跨区域的排放范围。

2）计划（plan）和行动（process）

是否颁布与目标一致的具体计划并采取实际行动。该指标可用作定性判断是否真正地朝着目标前进，但评估主观性较大。

3）发布评估（publish）

国家可通过每年发布有关其目标成就和采取措施的进度报告以提高净零行动的透明度，确保朝着目标前进。

概念卡片：

长期战略计划（long term strategy，LTS）：根据《巴黎协定》第 4 条第 19 款，各方应努力制定和沟通长期低温室气体排放发展战略。LTS 通常包含多个要素：长期愿景和目标（例如，与可持续发展、缓解和适应相关）、实现战略目标的部门途径以及如何确保公正和公平的转型等。由于短期目标和净零目标几乎都是 30 年的时间跨度，所以 LTS 也是短期国家自主贡献与《巴黎协定》长期目标之间的重要联系。迄今为止，已有 56 个国家提交了这些战略，详细见：https://unfccc.int/process/the-paris-agreement/long-term-strategies[2023-10-16]。

2.3.2 全球净零目标

近几年来全球净零排放呼声高涨，各国净零承诺呈现井喷式增长，在 2019 年仅少数国家承诺净零目标，覆盖了全球 GDP 的 16%（ECIU，2019）。短短三年，这一数字增长了近六倍。截至 2022 年 6 月 1 日，共有 128 个国家做出了净零承诺，占全球温室气体排放的 83%，全球 GDP 的 91%（Net Zero Tracker，2022）（图 2-11）。

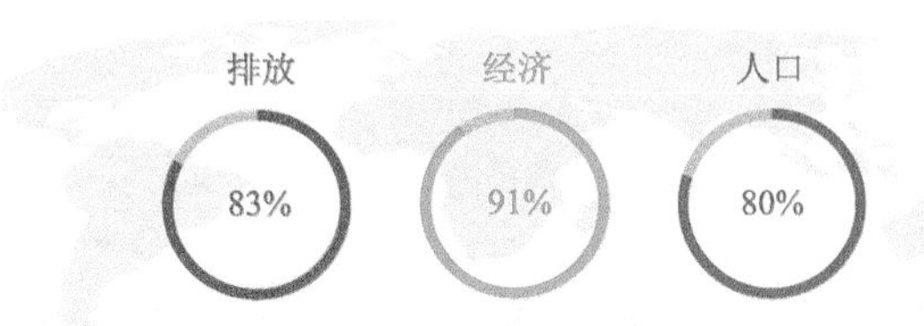

图 2-11 全球净零目标覆盖范围（源自：Net Zero Tracker，2022）

这些目标中，各种类型的净零目标统计如图 2-12 所示，其中立法和写入政策文件的分别有 16 个和 34 个国家，除去 5 个已实现净零的国家，其余 73 个国家的目标仅停留在口头承诺（18 个）或讨论中（55 个）等初步阶段；86 个国家的目标涵盖了所有温室气体，9 个国家仅指二氧化碳净零即碳中和，其余的国家尚未指明净零目标的对象，透明性较低；在净零目标的 128 个国家中，105 个承诺在 2041～2050 年间实现净零目标，一些国家承诺目标年较早，如芬兰为 2035 年。10 个国家设定目标年份在 2050 年后，例如，中国为 2060 年，印度为 2070 年（Net Zero Tracker，2022）。

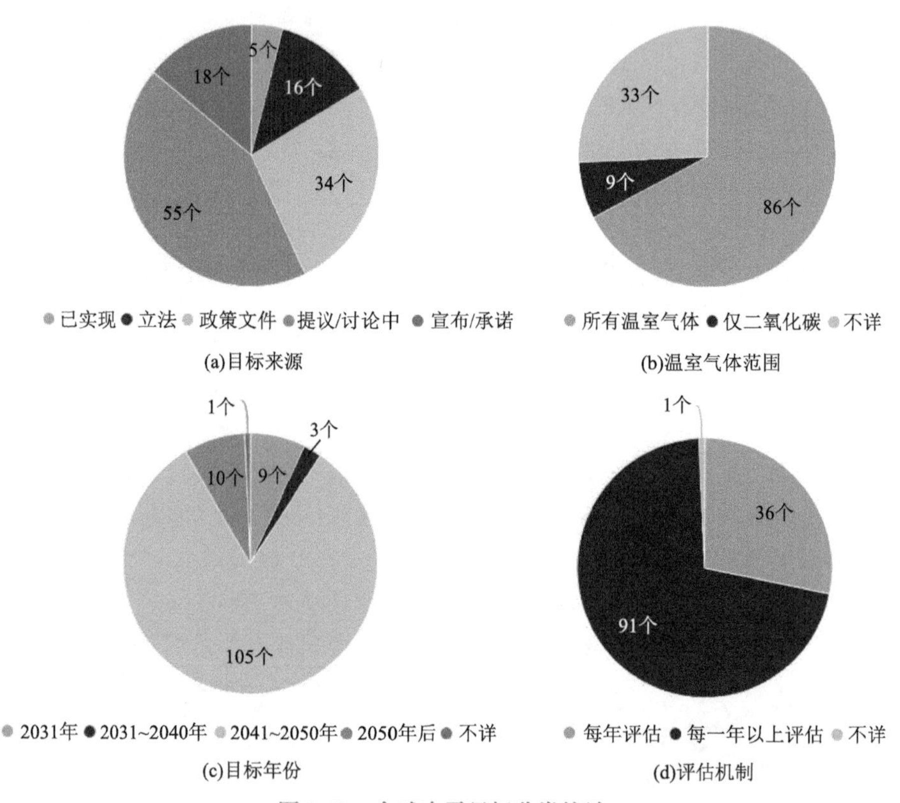

图 2-12　全球净零目标分类统计

图 2-13 是来自联合国环境规划署发布的《2022 年排放差距报告》，主要列举了 G20 成员方的净零承诺及其内容，按照《巴黎协定》的要求，主要经济体除墨西哥外都确立了净零时间表及阶段性目标。其中，欧盟、英国、法国、德国、日本等基本完成了目标立法，美国、印度等也陆续在政策文件中加入净零承诺。

2.3.3　我国碳中和目标

我国总体净零目标是 2060 年之前实现碳中和，是充满雄心且具有挑战性的。利用《全球 1.5℃增暖特别报告》中使用的多个综合评估模型，可估算 1.5℃目标情景下我国 2050 年和 2060 年的碳排放量。据研究，AIM、IMAGE、POLES 等模型预计我国需在 2050 年就将碳排放量下降至接近零或负排放，GCAM、REMIND、CE3METL、GCAM-TU

G20成员	所属类别	基础信息			覆盖范围				碳吸收技术		计划、审查、报告		
		来源	目标年份	公平参照	全部门覆盖	全气体覆盖	包含国际间海运和航空	排除国际间抵消	碳吸收目标	透明度	颁布详细计划	审查进展	年度报告
阿根廷	非附件一	政府公告	2050	✗	?	?	?	?	✗	✗	✗	?	✗
澳大利亚	附件一	立法	2050	不确定	✓	✓	?	✗	✗	不确定	不确定	✓	✓
巴西	非附件一	政策文件	2050	✗	✓	?	?	?	✗	✗	✗	?	✗
加拿大	附件一	立法	2050	不确定	✓	✓	?	?	✗	不确定	✓	✓	✓
中国	非附件一	政策文件	2060	✓	?	✗	?	?	✗	不确定	✓	✓	✗
欧盟	附件一	立法	2050	✗	✓	✓	✓	✓	✗	✓	✓	✓	✓
法国	附件一	立法	2050	✓	✓	✓	✗	✓	✓	✓	✓	✓	✓
德国	附件一	立法	2045	✓	✓	✓	✗	✗	✗	不确定	不确定	✓	✓
印度	非附件一	政策文件	2070	✗	?	?	?	?	✗	✗	✗	?	✗
印度尼西亚	非附件一	政策文件	2060	✗	✓	?	?	?	✗	不确定	不确定	?	✗
意大利	附件一	政策文件	2050	✓	?	?	?	✗	✗	✓	✓		✓
日本	附件一	立法	2050	✗	✓	✓	?	?	✗	不确定	不确定	✓	✓
墨西哥	非附件一	无目标											
俄罗斯	附件一	立法	2060	✗	?	?	?	✗	✗	不确定	不确定	✓	✗
沙特阿拉伯	非附件一	政策公告	2060	✗	?	?	?	?	✗	✗	不确定	✓	✗
南非	非附件一	政策文件	2050	不确定	✓	✗	?	?	✗	✗	✗	?	✗
韩国	非附件一	立法	2050	✗	✓	✓	?	?	✗	✗	不确定	?	✓
土耳其	附件一	政策公告	2053	✗	?	✓	?	?	✗	✗	✗	?	✓
英国	附件一	立法	2050	✓	✓	✓	✓	✗	✗	✓	✓	✓	✓
美国	附件一	政策文件	2050	✗	✓	✓	✗	✓	✗	✓	✓	✓	✓

未落实　部分落实　全落实　无信息

图 2-13　G20 成员方净零目标情况汇总表（源自：联合国环境规划署《2022 年排放差距报告》）

等模型则要求我国在 2050～2060 年间实现二氧化碳从正排放向负排放的转变，即在 2050～2060 年间实现净零排放（图 2-14）。这侧面表明我国公布的 2060 年前碳中和目标与全球 1.5℃温升目标的要求高度一致，是雄心勃勃的承诺（Duan et al.，2021）。从 2030 年碳达峰到 2060 年碳中和，30 年过渡期远远小于西方发达国家，达峰时间越晚，中和压力越大，任务之重、时间之紧，无疑也是非常具有挑战性的。为顺利实现目标，我国

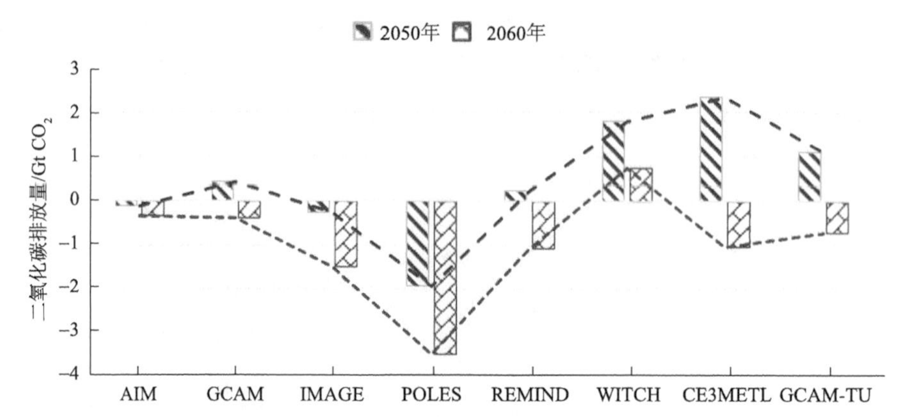

图 2-14 各模型模拟 1.5℃目标情景下对我国的 2050 年和 2060 年二氧化碳排放量的要求（源自：Duan et al.，2021）

横坐标为使用的综合评估模型名称缩写，蓝、红色柱形值对应模型为我国 2050 年、2060 年二氧化碳排放的估计值

需要技术改进和社会经济转型。其中包括增加非化石能源的份额，开发负排放技术，以及从空气中去除碳或增加碳汇的措施（详见本书第 6 章）。

2.4 碳达峰和碳中和背景下的气候效应

在全球朝着共同减排目标的前进过程中，明确目前处于什么样的气候变化路径至关重要。在《巴黎协定》框架下，自 2018 年《全球 1.5℃增暖特别报告》就第一轮气候行动提出指导以来，此后每五年（分别为 2023 年和 2028 年）进行一次全球盘点，评估在《巴黎协议》的长期目标和最终目标上所取得的集体进展，这需要自下而上地将各个国家的减排行动量化为实际排放量，汇总至全球尺度下，评估最终造成的具体气候效应，如温升等。

2.4.1 全球气候效应

根据已经实施或者计划实施的气候政策差异，未来的温室气体排放情况将有不同变化。IPCC 第六次气候变化评估报告（AR6）的第三部分（IPCC，2022），即第三工作组报告（WG3）对全球减排政策和预期效果作了系统分析（图 2-15），结果表明：

（1）当前政策情景（由截至 2020 年底实施的政策评估近期至 2030 年的温室气体排放，并以该水平扩展至 2030 年以后）表明，与过去几十年的增长相比，未来的排放量将相对趋于平稳，截至 2020 年末实施的政策预计在 2030 年的排放量为 57Gt CO_2e。

（2）基于对 NDCs 的评估，相关承诺下的预期温室气体排放量将比当前政策情景下要低。根据直到 COP26 提交的 NDCs，如果各国只实现无条件的国家自主贡献——不依赖于其他国家的财政承诺或行动的国家自主贡献，预计在 2030 年温室气体排放量为 53（50～57）Gt CO_2e，如果包括有条件部分的 NDCs 全部实施则排放量为 50（47～55）Gt CO_2e，会带来额外约 3Gt CO_2e 的减排。

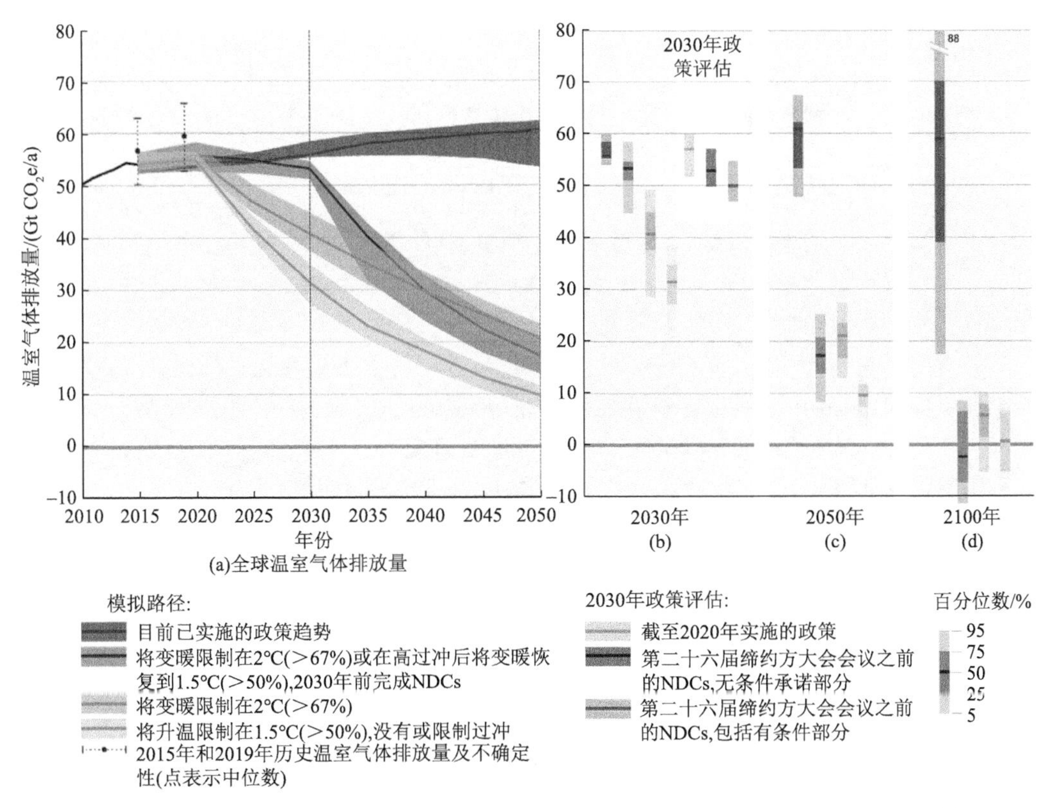

图 2-15　模拟情景下的全球温室气体排放路径和 2030 年近期政策评估的预测排放结果

（源自：IPCC，2022）

（3）对比模拟的目标路径，当前的承诺与实现《巴黎协定》目标所需的承诺之间也存在巨大的排放差距（表 2-4）。无条件 NDCs 政策的评估与 C1 类 1.5℃目标在 2030 年温室气体中位数的排放差距在 19～26Gt CO_2e 之间，若再包含有条件的 NDCs 部分这一差距则是 16～23Gt CO_2e。这意味着，目前已经提交的 NDCs 与目标相差甚远，如不加强国家自主贡献，全球升温很大可能会超过 1.5℃，甚至限制在 2℃也变得困难，除非 2030 年后的减排速度比假设立即采取减排行动的 C2 类情景速度还要高 70%。

表 2-4　2020 年底实施的政策和已提交 NDCs 的 2030 年全球年排放量预测以及相关的排放差距

（单位：Gt CO_2e）

项目	根据 2020 年底已实施的政策预估	根据已提交的 NDCs 预估	
		无条件部分	包含有条件部分
全球温室气体排放量	57（52～60）	53（50～57）	50（47～55）
当前政策与 NDCs 承诺之间的差距	—	4	7
NDCs 计划与 2.0℃目标的差距	—	10～16	6～14
NDCs 计划与 1.5℃目标的差距	—	19～26	16～23

注：( ) 中代表评估的不确定性范围（数据源自：IPCC AR6 WG3）。

知识卡片：

IPCC 第六次评估报告第三工作组报告（WG3），提供了未来可能出现的各种情形的参考情景。这份报告利用《全球 1.5℃增暖特别报告》中由综合评估模型（IAM）模拟生成的一个包含 3000 多种不同未来排放路径的数据库，其中 2266 个情景具有全球范围，1686 个情景通过了审查流程，旨在筛选出与历史数据不一致或对未来变化有不切实际假设的模型。有 1202 个模拟情景能代表未来可能出现的温室气体排放和全球气候效应结果。IPCC 根据 21 世纪末的变暖结果，将这些情景分为八个不同的“气候类别”，标记为 C1～C8。除了气候升温情景类别之外，还定义了几条代表性的说明路径（IP），模拟当前政策的情景（Cur-Pol）、实现 2030 年承诺（Mod-Act）的情景、AR6 第一部分评估的五条共享社会经济路径（SSP*x-y*），以及五个使用不同缓解策略将升温限制在 2℃以下或 1.5℃以下的情景（IMPs）（图 2-16）。

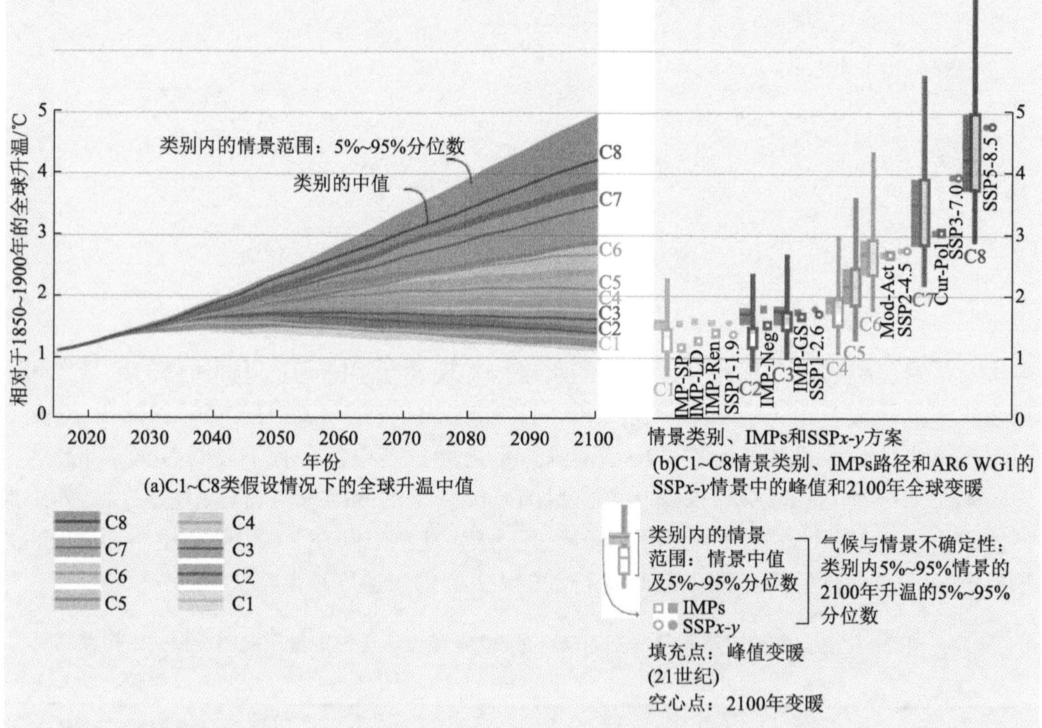

图 2-16 模拟未来不同升温可能的情景分类（C1～C8）以及各类情景及代表性说明路径（IMPs 和 SSP*x–y*）的 2100 年升温值及峰值（源自：IPCC AR6 WG3）

此外，对在 COP26 后的最新政策及新提交的 NDCs，不同组织也都做出了评估并形成了较为一致的结果（表 2-5）。其中联合国环境规划署（UNEP）的《2022 年排放差距报告》（UNEP，2022）、《联合国气候变化框架公约》（UNFCCC）的《2022 年国家自主贡献综合报告》（UNFCCC，2022）及气候资源组织（Climate Resource，CR）的《2022 年简报》（Climate Resource，2022）关于 2030 年 NDCs 承诺下温室气体排放量评估的结果基本相近，两种 NDCs 情景结果分别在 53～56Gt CO_2e 及 50～53Gt CO_2e；而气候行动追踪组织（Climate Action Tracker，CAT）的 2022 年《全球升温预测报告》（Climate Action Tracker，2022）中的结果相较前三者偏小，这是评估方法及采用的数据不同所造成的；国际能源署（International Energy Agency，IEA）的《2022 年世界能源展望》（International Energy Agency，2022）中仅评估了二氧化碳的排放路径。

表 2-5　不同组织对当前政策及国家自主减排贡献 2030 年温室气体排放量的评估（单位：Gt CO_2e）

项目	联合国环境规划署（UNEP）	联合国气候变化框架公约（UNFCCC）	气候行动追踪组织（CAT）	国际能源署（IEA）	气候资源组织（CR）
发布时间（年/月/日）	2022/10/27	2022/10/26	2022/11/10	2022/10/27	2022/11/14
当前政策 2030 年温室气体排放量	58（52～60）	—	（50～54）	32（CO_2）	—
NDCs 无条件目标 2030 年温室气体排放量	55（52～57）	54（53～56）	50	27（CO_2）	53～56
NDCs 有条件目标 2030 年温室气体排放量	52（49～54）	51（49～52）	47	27（CO_2）	50～53
NDCs 目标与 1.5℃目标的排放差距	20～23	20～23	19～22	11（CO_2）	17～23

更进一步，基于情景评估得到的排放路径及对应排放变化，便可用地球系统模型计算不同情景下的未来气候变化效应。目前来看，不同研究对于当前政策、国家自主贡献以及国家自主贡献与净零目标 2100 年全球升温的预测达成了初步共识（图 2-17）。

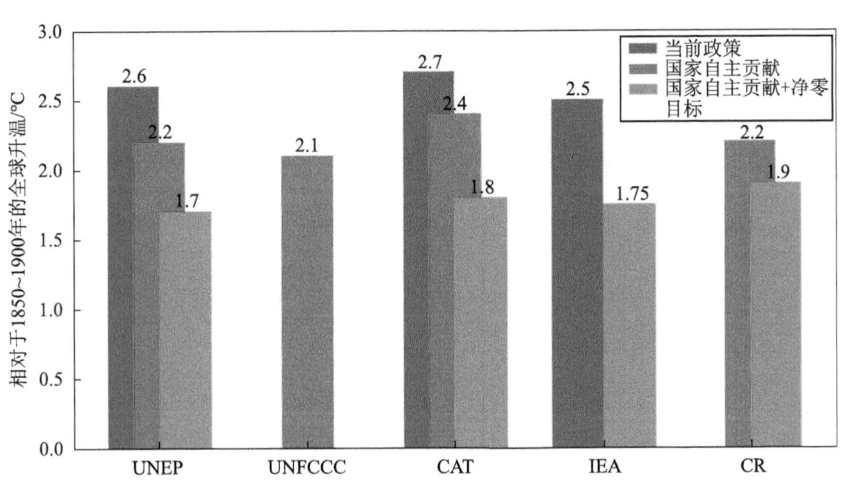

图 2-17　各组织对当前政策、国家自主贡献以及国家自主贡献与净零目标三种情景的 2100 年全球升温预测

（1）尽管到 2100 年所有这些不同的情景都远未将温升限制在 1.5℃以下，但也已经取得了一定的进展。即使是当前的政策情景也远低于 IPCC（2022）中探讨的两类最坏情况结果——C7 和 C8 类（图 2-16）。

（2）尽管取得了一些进展，但在当前政策情景下到2100年预测变暖2.5～2.7℃，仍然对人类和自然系统有潜在的灾难性影响。需要做更多的努力来进一步减少排放，以实现《巴黎协定》中到2100年将升温限制在“远低于”2℃的目标。

（3）图2-17中2030年的NDCs承诺情景为假设各国将在2030年同时实现有条件的和无条件的国家自主贡献的最理想升温结果，这将使2100年的全球气温再降低0.3～0.4℃，导致升温约2.2℃。

（4）但如果各国仅满足无条件的国家自主贡献，那么NDCs情景的最佳估计实际将导致全球升温2.4～2.5℃，这也突出了发达国家财政援助的重要性——能带来额外的0.2℃左右的降温效果。

（5）如果各国实现其所有声明的净零排放承诺，研究估算的最乐观情况为1.7℃升温，有可能限制升温在2℃以下。

值得警惕的是，由于气候敏感性和碳循环反馈，这些变暖的数值不确定性非常大，仅有50%的可能性代表最佳估计。例如，虽然联合国环境规划署预估目前的政策预计会导致2.6℃左右的升温，但实际上地球最终有可能升温1.7～3℃，这取决于气候系统对排放的具体响应。这些不确定性也增加了减排的紧迫性（图2-18）。目前的政策和2030年承诺情景都无法完成2100年之前的二氧化碳净零排放，并且随着二氧化碳排放持续到22世纪，最终可能会出现更严重的变暖，这有待于进一步研究。

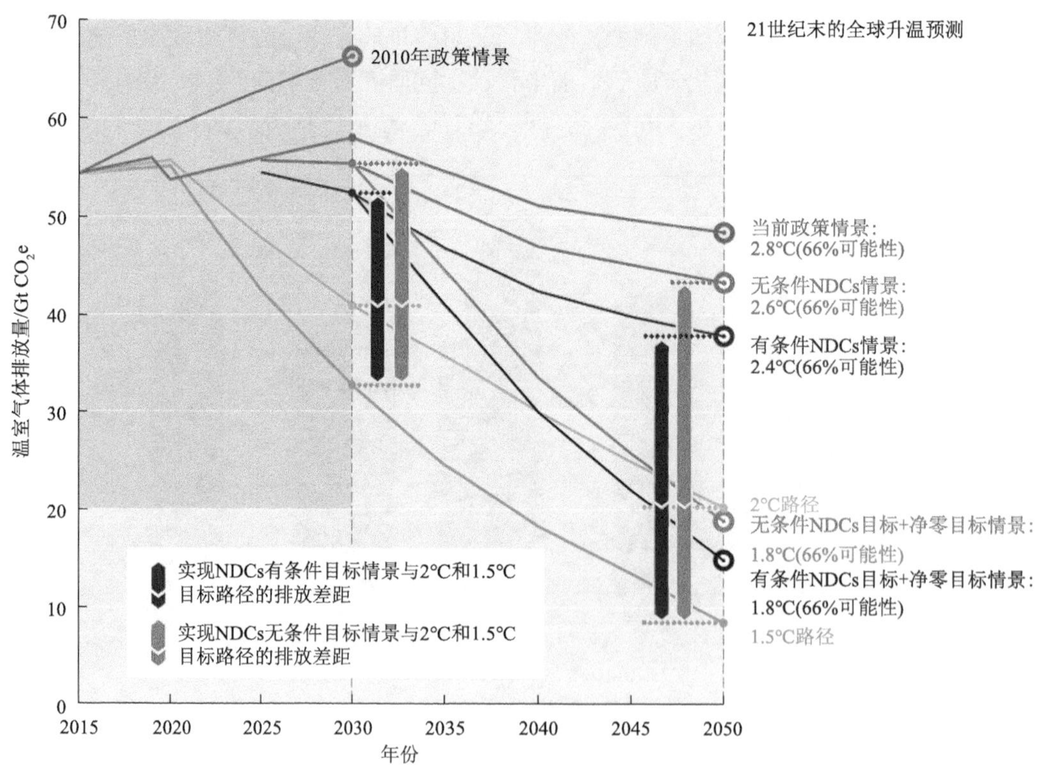

图2-18　不同情景下的温室气体排放量、2030年的排放差距和21世纪末的全球升温预测（源自：联合国环境规划署《2022年排放差距报告》）

2.4.2 我国“双碳”目标的贡献

作为二氧化碳年排放大国之一，中国承诺力争在 2030 年前达到碳排放峰值，并努力争取在 2060 年前实现碳中和。如此雄心勃勃的二氧化碳减排政策目标有望缓解全球变暖。为预测我国“双碳”目标对全球变暖的缓解贡献，有研究量化了我国在 IPCC 第六次评估报告第一部分关于未来可能的共享社会经济路径（SSPs）中的贡献（Li et al., 2022）：全球温度相对 1850～1900 年的近期（2021～2040 年）、中期（2041～2060 年）和长期（2081～2100 年）的预计变化为：如图 2-19（a）所示，低温室气体排放情景（SSP1-2.6）下 2081～2100 年平均预计将升温 1.7℃，在两个中温室气体排放情景（SSP2-4.5 和 SSP3-7.0）下分别升温 2.7℃和 3.4℃，并在极高温室气体排放情景（SSP5-8.5）下降 4.7℃。“双碳”政策情景（CNCN）的模拟升温与近期相应 SSPs 没有明显缓解贡献且显著性水平不高[图 2-19（b）]，但近期目标的作用在于确保行动与未来碳中和保持一致，地位也很重要。这一贡献在中期也只体现了轻微降温的作用，如图 2-19（c）所示，在 SSP5-8.5 中“双碳”政策情景（CNCN）将全球变暖的影响减轻了 0.17℃（±0.05℃）且显著性水平高。从长远角度来看，除了 SSP1-2.6[图 2-19（d）]之外，“双碳”政策情

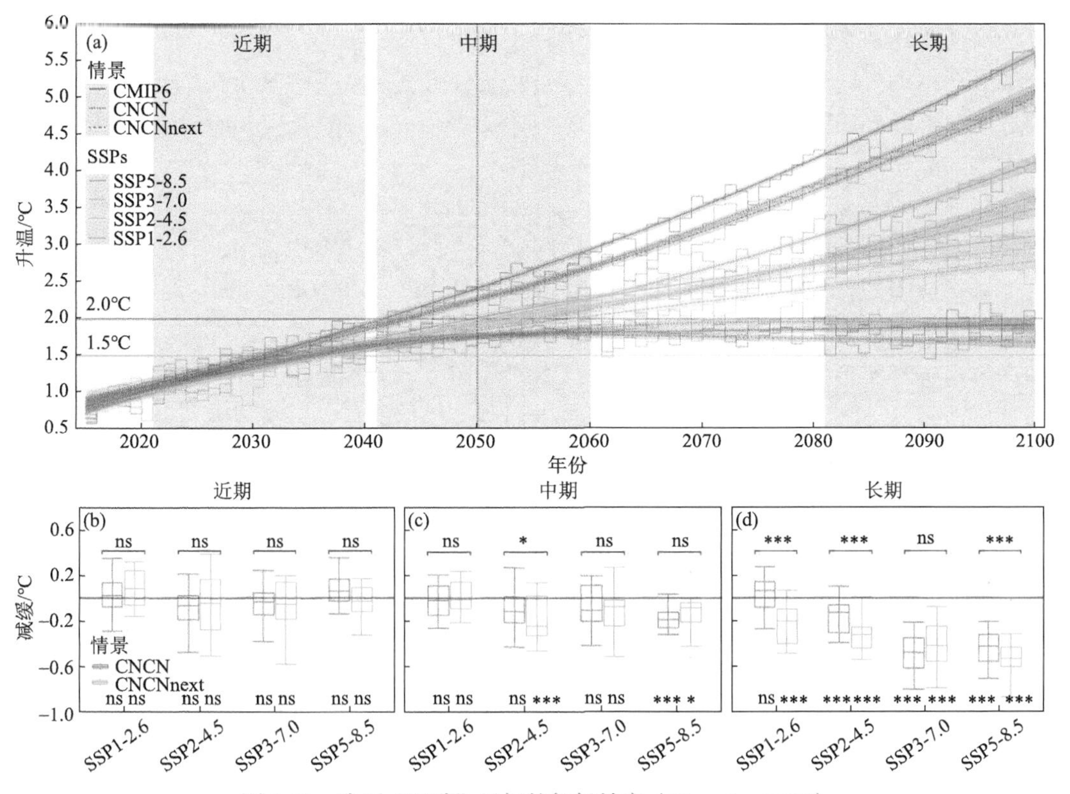

图 2-19 我国“双碳”目标的气候效应（Li et al., 2022）

（a）为研究中对各情景的升温预测，CMIP6 为世界气候研究计划“耦合模拟工作组”第六次国际耦合模式比较计划，CNCN 为仅考虑碳中和情景，$CNCN_{next}$ 为考虑了碳中和及其他温室气体减排的情景；（b）～（d）为我国碳中和目标相对 SSPs 路径减缓的气候效应。符号*和***分别代表 0.01 和 0.001 水平的统计显著性；“ns”代表在 0.01 水平上的统计不显著性

景与 SSP 情景有着显著不同。对于 SSP2-4.5，中国的碳中和在长期（2080～2100 年）将使年平均升温降低 0.14℃（±0.07℃）。对于 SSP3-7.0 和 SSP5-8.5 情景，这一缓解气候效应分别为 0.48℃（±0.09℃）和 0.40℃（±0.09℃）[图 2-19（d）]，预计贡献分别占 21 世纪最后二十年平均升温的 14%和 9%，地位举足轻重。

2.4.3 自然在全球气候变化中的作用

本章前面所述的气候政策评估，无论是 NDCs 还是净零目标，主要是针对减少人类活动（如燃烧化石燃料和土地利用活动）产生的温室气体排放，这是从降低排放源角度考虑的气候变化缓解措施。另外，增强地球系统的碳汇（如陆地、海洋）也有极大潜力缓解整体二氧化碳浓度升高。当前，成熟的二氧化碳去除方法之一是改善土地利用和管理，增加碳汇。根据“全球碳计划”（global carbon project，GCP）的估算，陆地生态系统中的植物和土壤目前可吸收人为温室气体排放量的近三分之一，是极大的碳汇（Friedlingstein et al.，2022）。如果通过基于自然的方法增强陆地碳汇、降低碳排放，将有望进一步减缓气候变化。例如，通过保护、恢复和改进森林、湿地和草地生态系统的管理实践，来增加碳库存、减少二氧化碳和其他温室气体的排放，通过恢复滨海湿地、避免热带草原火灾排放等活动来减少自然排放等。我们将这些保护、恢复和改进自然的气候变化缓解方法统称为“自然气候方案”或者“基于自然的气候变化解决方案”（natural climate solutions，NCS）（Griscom et al.，2017；Qin et al.，2021a）（详见本书 6.6 节）。

NCS 在全球都有较大的减排潜力，可以缓解人为温室气体排放。如果将这些“自然气候方案”所带来的额外减排潜力考虑到国家自主贡献和净零情景中，有望降低全球的总体年排放[图 2-20（a）]，从而缓解增温趋势[图 2-20（b）]。研究发现（图 2-20），NCS 最终带来的气候效应能使全面实施 NDCs 的情景从 2100 年升温 2.2℃降低至 1.8℃；而在净零目标都实现的情景下，升温从 1.9℃降低到 1.4℃，使得 1.5℃目标成为可能，效应显著（Deng et al.，2023）。研究人员同时也强调，任何的行动迟缓或者行动不当都可能导致 NCS 甚至 NDCs 的实施受阻，难以发挥其应有的减排效应，最终使得全球持续增温[图 2-20（c）（d）]（Deng et al.，2023；Qin et al.，2021b）。

我国较早便陆续开展了“天然林保护工程”“三北防护林”“退牧还草”等一系列大范围生态环境工程，在发挥其生态修护、环境保护等功能的同时，从一定程度上增强了我国自然生态系统的范围和总体陆地碳汇能力（Lu et al.，2018；Qin et al.，2021a）。未来，有效开展 NCS 统筹、规划和管理将有望更进一步促进我国自然碳汇的发展，为基于能源、产业的减排方式之外，提供一条经济可行的基于自然的气候变化缓解途径（Lu et al.，2022；Wang et al.，2023）。有关自然土地利用与覆盖变化的具体内容及其碳排放核算方法详见本书第 4、5 章。

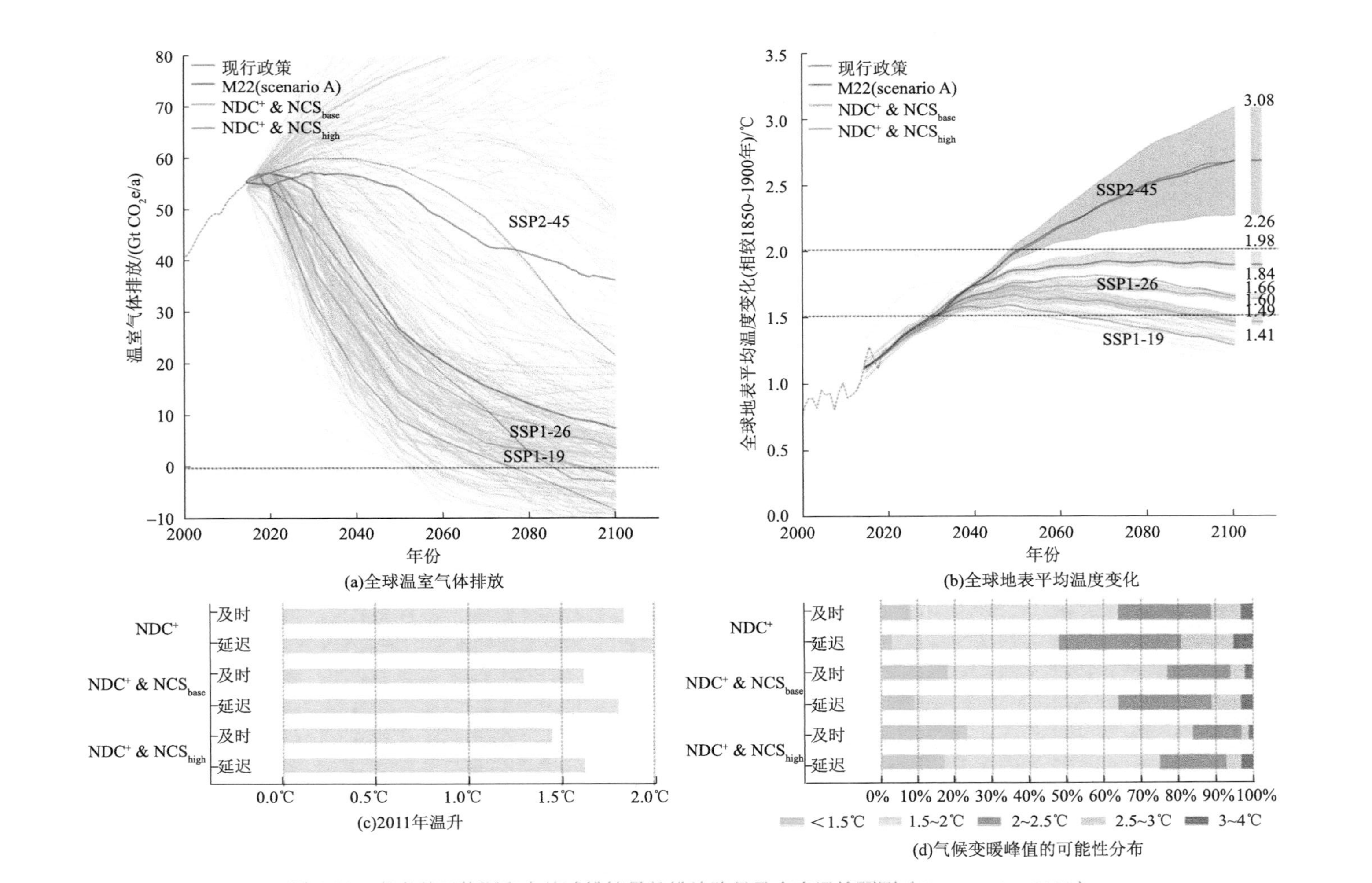

图 2-20 考虑基于能源和自然减排情景的排放路径及未来温控预测（Deng et al.，2023）

M22（scenarioA）为假设所有未来减排承诺都能实现，为最理想的减排情景；NDC^+为假设全球都能实现其国家自主贡献承诺；NCS_{base}为考虑额外实现一定程度的 NCS 措施：NCS_{high}为更大程度实现 NCS 减排。“及时”和“延迟”分别为立即行动和推迟行动的不同假设情景

课后思考

1. 实现碳中和或者温室气体净零排放，是否意味着全球降温？

2. 搜索相关资料，结合自身实际，谈谈我国为实现“双碳”目标实施了哪些具体措施？为什么这些措施有利于碳达峰、碳中和？

3. 自工业革命以来，气候变化明显，对社会、经济、环境等都产生了巨大影响。那么，你认为哪些国家、地区、群体或个人应该为气候变化负责？未来的温室气体减排责任如何划分？基于科学依据，谈谈你的观点。

参考文献

国家统计局. 2022. 中国统计年鉴——2021. 北京: 中国统计出版社.

中国气象局气候变化中心. 2022. 中国气候变化蓝皮书(2022). 北京: 科学出版社.

邹骥, 傅莎, 陈济, 等. 2015. 论全球气候治理——构建人类发展路径创新的国际体制. 北京: 中国计划出版社.

Climate Action Tracker. 2022. Warming Projections Global Update: November 2022. https://climateactiontracker.org/publications/massive-gas-expansion-risks-overtaking-positive-climate-policies/[2023-10-16].

Climate Resource. 2022. The World is heading for only 'just below' 2℃ if all long-term pledges are fulfilled. https: //www.climate-resource.com/tools/ndcs?version= [2023-10-16].

Deng S, Deng X, Griscom B, et al. 2023. Can nature help limit warming below 1.5℃? Global Change Biology, 29(2): 289-291.

Duan H, Zhou S, Jiang K, et al. 2021. Assessing China's efforts to pursue the 1.5℃ warming limit. Science, 372(6540): 378-385.

ECIU(Energy & Climate Intelligence Unit). 2019. One-sixth of global economy under net zero targets. https://eciu. net/media/press-releases/2019/one-sixth-of-global-economy-under-net-zero-targets[2023-10-16].

Friedlingstein P, O'Sullivan M, Jones M W, et al. 2022. Global Carbon Budget 2022. Earth System Science Data, 14(11): 4811-4900.

Griscom B W, Adams J, Ellis P W, et al. 2017. Natural climate solutions. Proceedings of the National Academy of Sciences of the United States of America, 114(44): 11645-11650.

International Energy Agency. 2022. World Energy Outlook 2022. https: //www.iea.org/reports/world-energy-outlook-2022[2023-10-16].

IPCC. 2014. Summary for Policymakers//Edenhofer O R, Pichs-Madruga Y, Sokona E, et al. Climate Change 2014: Mitigation of Climate Change. Contribution of Working Group Ⅲ to the Fifth Assessment Report of the Intergovernmental Panel on Climate Change. Cambridge, United Kingdom and New York, NY, USA: Cambridge University Press.

IPCC. 2018. Summary for Policymakers//Masson-Delmotte V P, Zhai H O, Pörtner D, et al. Global Warming of 1.5℃. An IPCC Special Report on the impacts of global warming of 1.5℃ above pre-industrial levels and related global greenhouse gas emission pathways, in the context of strengthening the global response to the threat of climate change, sustainable development, and efforts to eradicate poverty. Cambridge, UK and New York, NY, USA: Cambridge University Press.

IPCC. 2022. Summary for Policymakers//Shukla P R, Skea J, Slade R, et al. Climate Change 2022: Mitigation of Climate Change. Contribution of Working Group Ⅲ to the Sixth Assessment Report of the Intergovernmental Panel on Climate Change. Cambridge, UK and New York, NY, USA: Cambridge University Press.

Li L, Zhang Y, Zhou T, et al. 2022. Mitigation of China's carbon neutrality to global warming. Nature Communications, 13(1): 5315.

Liu Z, Deng Z, He G, et al. 2022. Challenges and opportunities for carbon neutrality in China. Nature Reviews Earth & Environment, 3(2): 141-155.

Lu F, Hu H, Sun W, et al. 2018. Effects of national ecological restoration projects on carbon sequestration in China from 2001 to 2010. Proceedings of the National Academy of Sciences of the United States of America, 115(16): 4039-4044.

Lu N, Tian H, Fu B, et al. 2022. Biophysical and economic constraints on China's natural climate solutions. Nature Climate Change, 12(9): 847-853 .

Net Zero Tracker. 2022. Net Zero Stocktake 2022. https://zerotracker.net/analysis/net-zero-stocktake-2022 [2023-10-16].

New Climate Institute. 2021. Greenhouse gas mitigation scenarios for major emitting countries–Analysis of current climate policies and mitigation commitments: 2021 Update. https://newclimate.org/resources/publications/greenhouse-gas-mitigation-scenarios-for-major-emitting-countries-analysis-1[2023-10-16].

Qin Z, Deng X, Griscom B, et al. 2021a. Natural climate solutions for China: the last mile to carbon neutrality. Advances in Atmospheric Sciences, 38: 889-895

Qin Z, Griscom B, Huang Y, et al. 2021b. Delayed impact of natural climate solutions. Global Change Biology, 27(2): 215-217.

UNEP(United Nations Environment Programme). 2022. Emissions Gap Report 2022: the closing window — climate crisis calls for rapid transformation of societies. https://www.unep.org/emissions-gap-report-2022 [2023-10-16].

UNFCCC(United Nations Framework Convention on Climate Change). 2022. Report of the Conference of the Parties Serving as the Meeting of the Parties to the Paris Agreement on its Third Session, Held in Glasgow from 31 October to 13 November 2021. Addendum. Part Two: Action Taken by the Conference of the Parties Serving as the Meeting of the Parties to the Paris Agreement at its Third Session. 8 March. https: //unfccc.int/sites/default/files/resource/cma2021_10a01E. pdf[2023-10-16].

Wang D, Li Y, Xia J, et al. 2023. How large is the mitigation potential of natural climate solutions in China? Environmental Research Letters, 18(1): 015001.

3　能源和工业部门碳排放格局及核算方法

袁文平

能源和工业部门是全球最大的 CO_2 排放源，是导致工业革命以来全球大气 CO_2 浓度持续上升并引发气候变暖的主要因素，也是目前科学界开展全球碳收支核算的主要部分。根据“全球碳计划”（GCP）的估算结果表明，全球化石燃料燃烧和水泥工业排放的 CO_2 在 2020 年达到了 348.07 亿 t CO_2，是另一个 CO_2 排放源（即土地利用变化）排放量的 10 倍左右（Friedlingstein et al.，2022）。在实施“双碳”目标的过程中，准确可靠地量化能源和工业部门的碳排放量是制定减排政策和目标的科学基础，对有效减少化石燃料燃烧导致的 CO_2 排放起到了至关重要的作用。本章将首先介绍能源和工业部门碳排放的时间和空间格局特征，具体介绍全球碳排放特征、主要排放国家以及中国的排放及其变化趋势。在此基础上，介绍核算能源、工业、废弃物部门碳排放方法，并以联合国政府间气候变化专门委员会（IPCC）推荐指南为例介绍重点部门的核算方法。

3.1　全球能源和工业部门碳排放特征

全球能源和工业部门所导致的碳排放核算一直是学术界广泛关注的问题，目前已经产生众多的数据产品，这些产品间虽然仍然有些差异，但是总体格局和趋势大体接近。本章采用“全球碳计划”的评估结果，介绍全球能源和工业生产所导致的碳排放时空变化特征。

知识卡片：

“全球碳计划”是专门致力于全球碳循环研究的国际非政府组织，过去十多年来每年公布主要温室气体的全球收支报告，其成果是 IPCC 第五、六次评估报告以及国际气候变化政策制定的科学基础。

“全球碳计划”的评估结果表明，自 1959 年以来全球化石燃料燃烧和工业生产碳排放从最初的每年不足 88.56 亿 tCO_2，上升到 2022 年的 363 亿 tCO_2，增加了 3 倍以上，平均增加速度为每年 4.36 亿 t（图 3-1）（Friedlingstein et al.，2023）。在 20 世纪 60 年代，全球 CO_2 排放量平均为 113.67 亿 t，有 75%左右来自欧洲和北美地区（姜克隽和陈迎，2021）。然而，值得注意的是，不同年代因化石燃料燃烧和工业生产导致 CO_2 排放量增加幅度呈现出显著的差异。特别是进入 21 世纪以来，中国和印度等发展中国家的经济快速发展推动了能源消费的快速增长，全球 CO_2 排放的增长速度开始加快。其中 2000～2009 年间的增加趋势最大，平均每年增加 2.9%。

值得注意的是，化石燃料燃烧引起的碳排放显著受到社会经济发展的制约和影响。几次影响到全球社会经济发展的重大事件，包括发生在 20 世纪 70 年代末～80 年代初的两次石油危机，1991 年苏联解体，1998 年全球金融危机，以及 2019 年底暴发的新冠疫情等，都导致全球化石燃料燃烧碳排放增速显著减缓甚至出现了碳排放量下降的现象（图 3-1）。例如，2019 年底暴发了全球性的新冠疫情，各国为遏制疫情的扩散，陆续采取了不同程度的停工停产等包括"封城""减少出行"等措施，大大降低了能源、工业、交通等部门的能源消耗，从而导致全球 CO_2 排放量减少。据估计，受新冠疫情的影响，与 2019 年同期相比，2020 年前 4 个月全球 CO_2 减排量超过 8%，是第二次世界大战结束以来最大的 CO_2 减排量（Liu et al.，2020；Le Quéré et al.，2020）。对于中国区域而言，研究也发现 2020 年 1 月底～2 月初大范围封城时，全国 CO_2 排放与 2019 年同期相比下降 40%以上。之后随着新冠疫情迅速得到遏制，自 2021 年 2 月中下旬开始，低风险地区有序复工复产，全国 CO_2 排放逐渐反弹。自 4 月初全国解封后，4 月的 CO_2 排放量同比 2019 年高出 2.7%。2020 年前四个月，中国 CO_2 排放比 2019 年同期下降了 11.5%（Zheng et al.，2020）。

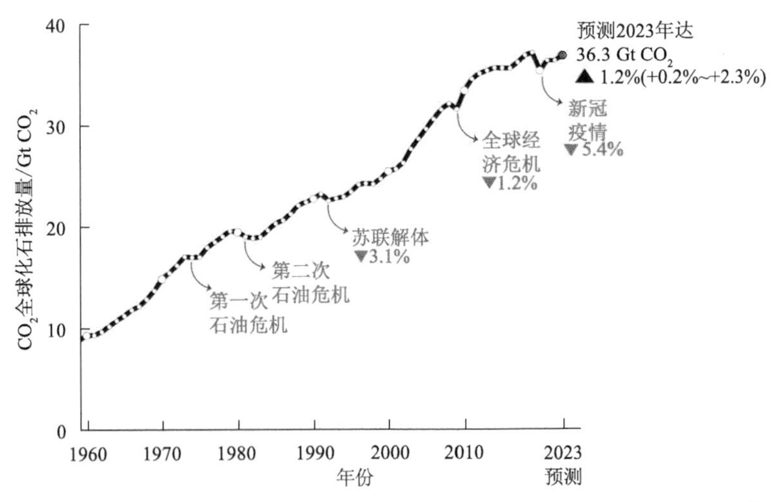

图 3-1 全球能源和工业生产碳排放变化趋势（Friedlingstein et al.，2022）

能源和工业领域排放的 CO_2 主要来源于三种化石燃料燃烧和水泥工业。三种主要的化石燃料包括煤炭、石油和天然气，它们燃烧排放的 CO_2 取决于燃料使用量、燃料热值和碳排放因子（燃烧产生单位热量排放的 CO_2 量）。相比而言，产生相同的热量，天然

气燃烧排放的 CO_2 要比煤炭减少 53%左右，比石油减少 34%左右（Dong et al., 2014）。因此，综合三种燃料使用量和碳排放率，煤炭的燃烧使用是长期以来能源领域碳排放的最重要因素。如图 3-2 所示，自 1960 年以来，全球范围内，煤炭是碳排放的重要的贡献者，特别是 2004 年以后，超过石油成为最大的排放源，在 2021 年其引起的碳排放量每年达到了 14.7 亿 tCO_2，相比而言，天然气使用所导致的碳排放在三种燃料中贡献最低，但是由于其使用量自 1960 年以来持续上升，引起的碳排放也呈现持续增加的趋势，在 2021 年达到了 7.7 亿 tCO_2。

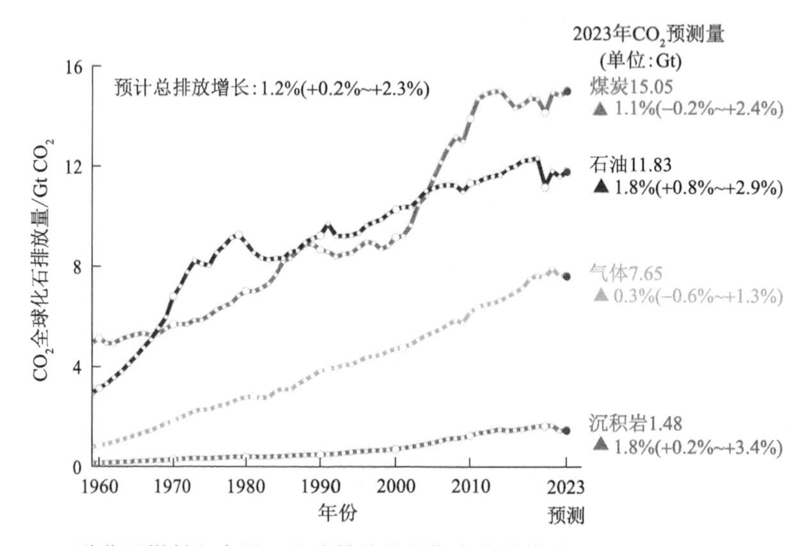

图 3-2　三种化石燃料和水泥工业碳排放的长期变化趋势（Friedlingstein et al., 2022）

3.2　全球主要国家的化石燃料燃烧 CO_2 排放特征

美国是全球最早开始工业化革命的国家之一，其曾是全球因化石燃料燃烧和工业生产 CO_2 排放量最大的国家。根据欧盟全球大气研究排放数据库（Emissions Database for Global Atmospheric Research，EDGAR）数据集结果显示，1970～2018 年美国累计碳排放量高达 2563 亿 tCO_2，比中国同期碳排放总量高出 20%左右。根据二氧化碳信息分析中心（Carbon Dioxide Information Analysis Center，CDIAC）和 GCP 核算结果，自工业革命以来，美国的累计碳排放量高达 3970 亿 t，约是中国累计碳排放量的 2 倍，在 2007 年美国碳排放量达到峰值，随后出现波动下降的趋势（图 3-3），美国的碳排放量从 1950 年占全球总量的 42.46%减少到 2021 年的 14%，但是美国仍是世界上第二大 CO_2 排放国。而且，美国的人均 CO_2 排放量一直远高于其他地区（Apergis and Payne，2017）。

欧盟是世界上第三大碳排放经济体。英国最早开始工业化进程，也是最早的煤炭采用国之一，在工业革命初期曾是全球碳排放量最大的国家。然而，随着煤炭消费比例在一次能源消费中占比逐渐降低，英国的碳排放总量逐年下降。根据 EDGAR 的数据，2017

年英国包括化石能源燃烧和工业过程排放在内的碳排放总量已经跌至全球第 20 位，其他欧盟国家的碳排放量也总体呈下降趋势。受全球金融危机的冲击，工业活动大量减少，2008～2013 年欧盟各国碳排放量急剧下降，2014～2018 年，欧盟的碳排放量略有上升（图 3-3）。2019 年由于可再生能源的增加和煤改气，欧盟各国碳排放量继续下降，其中与能源相关的碳排放量为 29 亿 t，比 2018 年减少 1.6 亿 t。

印度作为第二大发展中国家，也是世界第二大人口大国，目前已经成为全球第四大碳排放国，2021 年贡献了全球 CO_2 排放总量的 7%（图 3-3）。自 20 世纪 90 年代以来，印度 CO_2 排放量以年均约 5%的增长速度在快速增长，2016 年印度碳排放总量相比于 2006 年翻了一番。印度大力发展电力工业以解决电力短缺问题，过去 20 年间印度的发电量以超过 6%的年均增速，其中约 7 成的电力由火力发电生产，因此煤炭也成为印度最关键的能源，占能源供应总量的 44%。

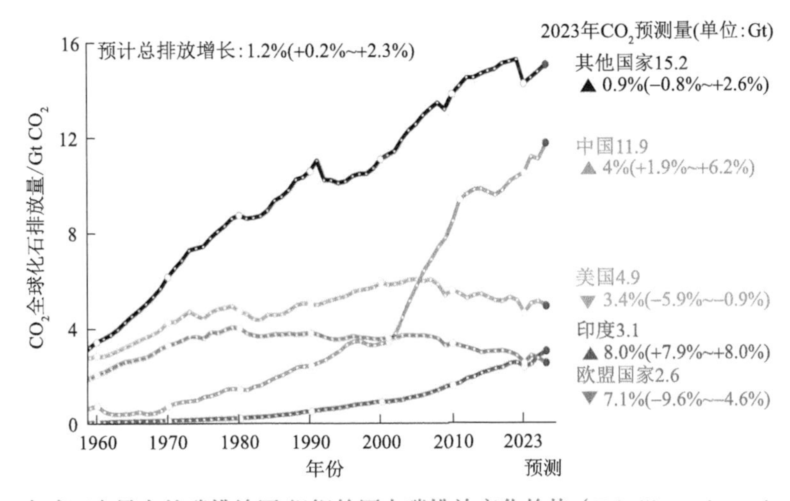

图 3-3 全球四个最大的碳排放国/组织的历史碳排放变化趋势（Friedlingstein et al., 2022）

中国是全球人口大国，也是最大的发展中国家。中国的化石燃料燃烧和工业生产 CO_2 排放自 1978 年改革开放以来经历了先缓慢上升，再到进入 21 世纪的快速上升过程。EDGAR 资料显示，中国在 2005 年的排放量首次超过美国，成为世界上年排放量最大的国家（图 3-3）。2008 年金融危机以后，中国的生产结构发生了巨大变化（Mi et al., 2017）。近年来，中国经济进入新常态，转向结构稳增长，碳排放总量年均增速为 3%。中国的碳排放量增长主要来源于化石能源，特别是煤炭的消费以及工业生产过程（Zhang et al., 2017）。中国是世界上最大的煤炭生产国和消费国，煤炭产量和消费量自 20 世纪 60 年代以来均增长了 10 倍，根据国际能源署（IEA）的数据，2017 年中国的煤炭消费量占全球煤炭消费量的 48%。同时，中国也是世界上最大的水泥生产国，水泥产量约占全球水泥产量的 44%。2012 年，中国的碳排放量对全球碳排放趋势产生关键影响，因此中国也是全球开展碳减排和低碳发展的最主要区域。但是由于发展程度、生产结构及城乡消费模式的差异，中国国内不同区域的排放特征存在着显著的不平衡。

3.3 国家尺度碳排放核算方法

3.3.1 现有的核算方法

国家尺度碳排放的核算目前主要存在三种方法，分别是排放因子法、质量平衡法和实测法。排放因子法是目前最为通用的方法，是由 IPCC 提出并持续修订的国家温室气体清单指南方法。由于其是《联合国气候变化框架公约》(UNFCCC)委托 IPCC 制定的，并作为各个国家提交温室气体排放的推荐方法，为此该方法得以广泛应用。除了 IPCC 指南使用该方法，欧盟国家采用的以《EMEP/EEA 空气污染排放清单指南(2019 修订版)》(EMEP/EEA)为指导的方法也是基于该方法。该方法是目前公认度最高的核算方法，本章在 3.3.2 节开始对 IPCC 方法加以详细介绍。

$$\begin{aligned}\text{排放量}(\mathrm{tCO_2}) &= \text{活动水平}(\mathrm{t}) \times \text{排放因子}(\mathrm{tCO_2/t}) \\ &= \text{能源消费量}(\mathrm{t}) \times \text{单位能源含碳量}(\mathrm{tC/t}) \times \text{碳氧化因子} \times 44/12\end{aligned} \tag{3-1}$$

质量平衡法是近年来提出的一种新的核算方法，其根据每年用于国家生产生活的新化学物质和设备，计算为满足新设备能力或替换去除气体而消耗的新化学物质份额（刘明达等，2014）。该方法的基本思想是化石燃料进入消费环节中，其遵循质量守恒原理，即输入碳元素总量等于存留碳元素和形成的 CO_2 排放量之和。该方法的优势是可以反映碳排放发生地的实际排放量，也能够区分各类设施之间的差异，还可以分辨单个和部分设备之间的区分，尤其是在年际间设备不断更新的情况下，该方法更为简便。但是其弊端在于需要大量的数据作为支撑，而且通常这些数据在核算国家尺度碳排放时难以获取。

实测法是基于排放源的现场实测基础数据，进行汇总从而得到相关碳排放量。该方法中间环节少，结果准确。但是由于测量范围有限，只适合于小区域，如高排放的火力电厂等。同时，由于是通过观测直接获取数据，数据获取过程相对困难，投入较大。

3.3.2 排放因子法：IPCC 指南方法

对于核算国家尺度能源和工业生产的碳排放量，UNFCCC 要求所有缔约方采用缔约方大会议定的可比方法，定期编制并提交所有温室气体人为源排放量和吸收量国家清单。作为 UNFCCC 和全球应对气候变化的核心技术支撑机构，IPCC 陆续编制和修订了国家温室气体清单指南，提供了世界各国编制国家清单的技术规范（不同国家会在 IPCC 清单指南的基础上根据国情略有调整）。IPCC 第 1 版清单指南是《1995 年 IPCC 国家温室气体清单指南》，但很快被《IPCC 国家温室气体清单指南（1996 年修订版）》取代，并在此基础上出版了与其配合使用的《国家温室气体清单优良做法指南和不确定性管理》《土地利用、土地利用变化和林业优良做法指南》。2006年，IPCC颁布了《2006年IPCC国家温室气体清单指南》，其是在整合《IPCC国家温室气体清单指南（1996年修订版）》、《国家温室气体清单优良做法指南和不确定性管理》和《土地利用、土地利用变化和林业优良做法指南》的基础上，构架了更新、更完善但更复杂的方法学体系，旨在用来更新《IPCC国家温室气体清单指南（1996年修订版）》《国家温室气体清单优良做法指南和不确定性管理》和《土地利用、土地利用变化和林业优良做法指南》，提供了国际认可的方法学，可供各国用来估算温室气体清单，以向UNFCCC报告。

2006年之后，IPCC陆续出版了两个增补指南《2006年IPCC国家温室气体清单指南的2013年补充版：湿地》和《京都议定书补充方法和良好做法指南2013年修订版》，这两个增补指南都需要在国家清单指南中充分体现出来。同时，由于新的生产工艺和技术不断出现，带来新的排放特征，需要在国家清单编制中有所体现。同时随着科研人员对温室气体排放认知能力的提升和科学研究的进展，更加精细化的排放因子和核算方法学逐渐被公开发表，清单指南需要充分纳入最新科学研究成果。为此，2011年在德班召开的UNFCCC第十七次缔约方大会（COP17）授权启动特别工作组谈判，对2020年后适用于所有缔约方的“议定书”“其他法律文件”或“经同意的具有法律效力的成果”进行磋商，最晚于2015年完成谈判并于2020年开始实施。为配合拟议的全球统一协定，IPCC计划在2020年前出版一份综合的、能全面反映最新进展并且适用于所有缔约方的“统一”清单方法学指南。2015年初，IPCC国家温室气体清单专题组（TFI）首先组织了网上调查工作，广泛征集《2006年IPCC国家温室气体清单指南》的修订意向，共征集到全球243位专家的987条意见。2016年10月，IPCC第44次全会通过了最终决定，授权TFI组织方法学指南修订编写，终稿将提交至2019年全会讨论。2019年5月，IPCC第49次全会通过了《IPCC 2006年国家温室气体清单指南2019修订版》。它是在《2006 IPCC国家温室气体清单指南》上的重要进步，为世界各国建立国家温室气体清单和减排履约提供最新的方法和规则，其方法学体系对全球各国都具有深刻和显著的影响。

总体而言，IPCC推荐的国家温室气体排放清单编制方法，分五个部门：能源，工业过程和产品使用，农业、林业和其他土地利用，废弃物和其他（如源于非农业排放源的氮沉积的间接排放）进行温室气体排放清单的编制。其包含的温室气体有：二氧化碳、甲烷、氧化亚氮、氢氟烃、全氟碳、六氟化硫、三氟化氮、五氟化硫三氟化碳、卤化醚，以及《蒙特利尔议定书》未涵盖的其他卤烃（CF_3I、CH_2Br_2、$CHCl_3$、CH_3C1、CH_2Cl_2）。其核算方法最基本的原理是把有关能源和工业活动水平（称作“活动数据”或“AD”）与单位活动的排放量或清除量（称作“排放因子”或“EF”）结合起来。因此，计算能源和工业活动碳排放量（EM）的基本的方程可以表达为

$$EM = AD \times EF \tag{3-2}$$

例如，在能源部门，化石燃料燃烧量即是活动数据，而每单位被消耗燃料排放的CO_2

的质量即是排放因子。有些情况下，可以对基本方程进行修改，以便纳入除估算因子外的其他估算参数。对于涉及时滞（如由于原料在垃圾中腐烂或制冷剂从冷却设备中泄漏需要一定时间）的情况，则提供了其他方法，如一阶衰减模型等。《2006 年 IPCC 国家温室气体清单指南》还考虑到了更为复杂的建模方式，特别是在较高方法层级。《2006 年 IPCC 国家温室气体清单指南》中还介绍了质量平衡法，如农林和其他土地利用部门中使用的存量变化法，根据活体生物量和死亡有机物库中碳含量随时间的变化情况来估算 CO_2 排放量。

知识卡片：IPPC 指南方法层级。

根据方法的复杂程度与各国可获取数据的详细程度，IPCC 指南方法分为 3 个层级方法，第 1 层级方法（Tier 1）是基本方法，第 2 层级方法（Tier 2）和第 3 层级方法（Tier 3）是高级别方法，通常认为结果会更为准确。以能源大类中的化石燃料燃烧为例，Tier 1 是根据燃料燃烧的数量与平均排放因子进行计算，该方法旨在利用已有的国内与国际统计资料，结合使用排放因子数据库（EFDB）提供的缺省排放因子进行计算，尽管对所有国家切实可行，但对国家的代表性不足。Tier 2 是根据燃料燃烧的数量与特定国家排放因子进行计算，其与 Tier 1 的主要区别是排放因子的选择不同，由于 Tier 2 是使用各国自身的排放因子，相较于 Tier 1 更值得推荐。Tier 3 是对 CO_2 持续排放进行监测，该方法成本相对较高，可行性不高，因此通常不使用该方法估算国家排放。

3.4 能源部门碳排放量的核算

能源部门是温室气体排放清单中的重要部门之一。在发达国家，能源部门的 CO_2 排放量占全部 CO_2 排放的 90%以上，温室气体排放量占全部的 75%（IPCC，2006）。固定源燃烧导致的 CO_2 排放是能源部门温室气体排放的第一大贡献因素，约占全部能源部门排放量的 70%，其中大约一半的排放与能源工业中的燃料燃烧相关，主要是发电厂和炼油厂。第二大贡献因素来源于移动源燃烧，即道路和其他交通运输造成的排放，其占整个能源部门的 25%左右。具体而言，能源部门主要包括四个方面：①一次性能源的勘探和利用；②一次性能源转化为其他能源形式；③燃料的输送和分配；④固定和移动应用中的燃料用途。这四个方面的排放包括了通过化石燃料燃烧引起的碳排放、燃料溢散的碳排放和非燃烧引起碳排放。其中，这里的燃料燃烧定义为化石燃料在提供热量或动力过程中被氧化的过程。特别是要注意区分在工业生产过程中燃料燃烧的碳排放，与工业过程的化学反应中或作为工业产品的碳氢化物的碳排放，前者属于能源部门的碳排放范畴，而后者则属于工业生产过程的碳排放（图 3-4）。

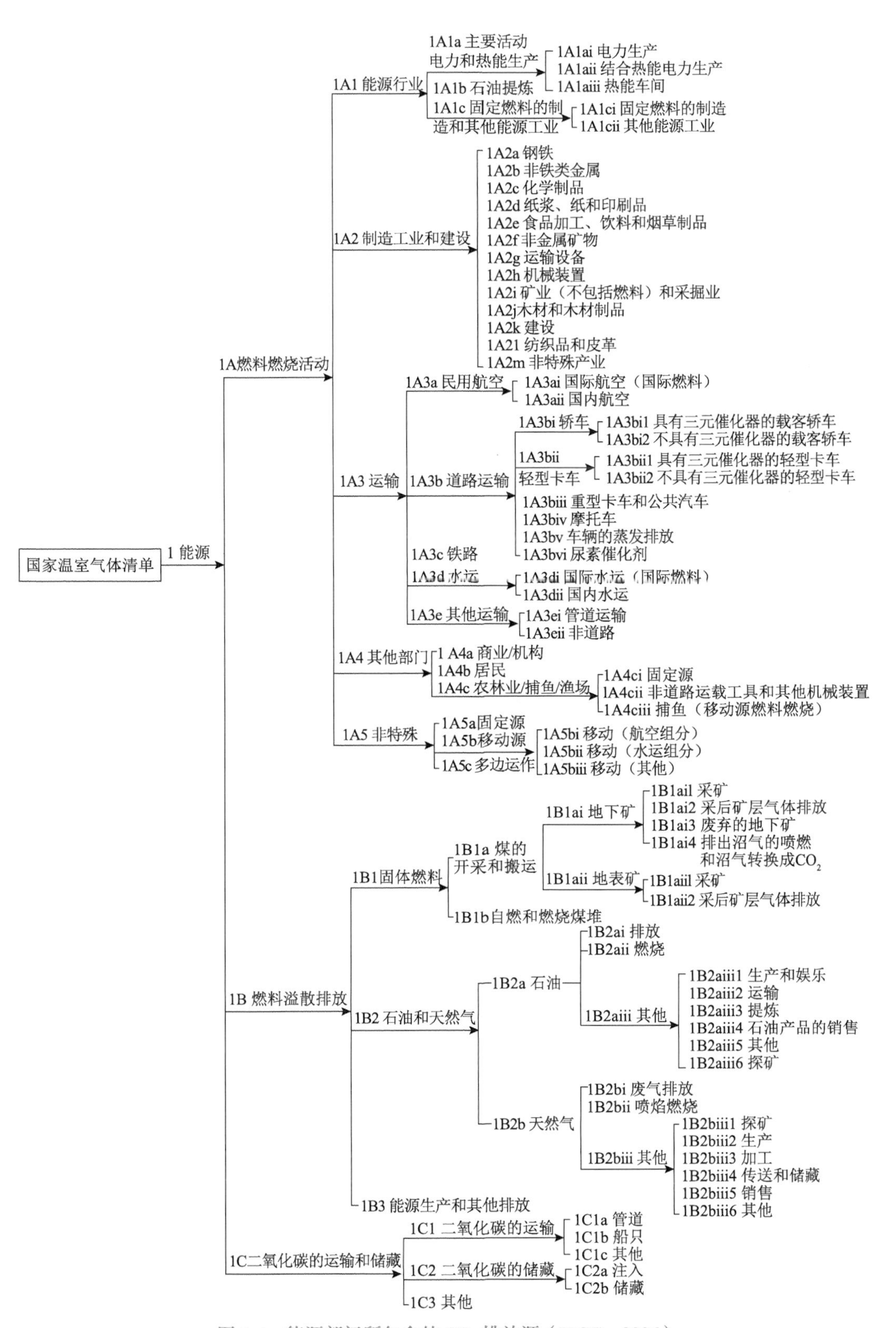

图 3-4　能源部门所包含的 CO_2 排放源（IPCC，2006）

3.4.1 燃料燃烧碳排放核算方法

燃料燃烧活动导致的碳排放又可以分为固定源和移动源燃料燃烧两个部分。固定源燃料燃烧包含了图 3-4 中 1A1，1A2，1A4 中除了 1A4ciii 的所有部分，以及 1A5 中大部分。对于固定源燃料燃烧，所有方法的活动数据是不同类型燃料的燃烧量。燃料的燃烧量和类型可以通过以下方式获得：国家能源统计机构、通过企业向国家能源机构提供的报告、企业向管理机构提供的报告、企业内关于燃料燃烧的记录、由统计机构对消耗的燃料类型和数量进行定时抽样调查以及燃料供应统计数据。优良做法是尽可能使用燃烧的燃料量，而非供应的燃料量。同时，收集使用的燃料装置的活动数据，并且尽可能分类成各主要技术类型使用的燃料份额，以便采用特定的排放因子提高核算的准确性。实施分类可通过自下而上地调查燃料消耗量和消耗技术，或通过基于专家判断和统计抽样的自上而下分配。专业统计局或部门通常负责定期数据收集和处理。吸纳这些部门的代表参与清单过程，可能会促进获得适当活动数据。对于一些源类别（如农业部门的燃烧），区分固定设备使用的燃料与移动机械使用的燃料，可能存在一些困难。

能源部门包括三种活动：初级燃料生产（如采煤和油气开采）、转化至次级或三级化石燃料（如提炼厂中原油转化成石油产品、焦炉中煤转化成焦炭和焦炭炉煤气）、转化成非化石能源（如从化石燃料转化成电和/或热能）。生产和转化过程中燃烧产生的排放算入能源部门。由能源部门生产的次级燃料产生的排放算入使用工业部门。因此收集活动数据时，必须区别能源工业中燃烧的燃料与转化成次级或三级燃料的燃料。

某种燃料排放因子由其自身的含碳量决定，所以一般情况下化石燃料燃烧的 CO_2 排放因子不确定性相对较低，不同燃料排放因子因其含碳量不同而存在差异。然而，煤炭的碳含量和发热值随煤矿不同差异很大，且用户对于煤的使用目的也存在较大的差异，因此煤炭的 CO_2 排放不确定性较大。在国家层面，不同类型的煤存在各种不同的 CO_2 排放因子。除了排放因子的不确定性以外，活动数据的不确定性也会影响碳排放核算的准确性。特别是，由于燃料消耗统计覆盖范围不完整，除了活动数据中任何系统性偏差之外，活动数据还会产生随年度改变的数据收集中的随机误差。配有良好数据收集系统和质量控制的国家可望将有记录的总能源利用的随机误差保持在年度数值的 2%～3%。大多数发达国家编制燃料供给和运送的平衡表，这可提供关于系统性误差的检查。在这些情况下，总体系统性误差可能很小。但是对于能源数据系统编制较差的各国，总体系统性误差可以达到 10%。对一些国家来说，一些部门的非正式活动可使不确定性最多增加到 50%。

3.4.2 燃料溢散过程碳排放的核算方法

对于燃料溢散过程导致的碳排放，一般来说是指一次性能源的采掘、转换及运输引起溢散排放。这部分的排放相比于整个能源部门的碳排放而言，所占比例很小，通常不足 10%。然而，在一些情况下，如果生产或运输很大数量的化石燃料，溢散排放可能对碳排放总量会有不能忽略的贡献，为此还是需要对该过程导致的碳排放做出准确核算。

总体而言，溢散排放可以分为两类，第一类是由于煤矿采掘、加工、存储和运送产生的溢散排放，第二类是源自石油和天然气系统的溢散排放。前者溢散排放主要是甲烷，而 CO_2 的溢散量非常微小，仅在地下矿采矿、采后矿层气体排放、废弃后气体排放以及排出沼气的燃烧和转换过程产生 CO_2，同时在地表矿的采矿和采后矿层气体排放过程产生。Tier 1 和 Tier 2 核算时所需的活动数据是原煤产量。Tier 3 采用原位测量实际排放量，因此无须煤产量数据。对于第二类源自石油和天然气系统的溢散排放，其中多个过程均会造成碳溢散排放，来源包括但不仅限于：设备泄漏、闪蒸损失、泄放、喷焰燃烧、焚化和意外排放（如管道开凿、矿井爆裂溢出）。这些排放的一部分来源是人为的（如储罐、密封及过程泄放和喷焰燃烧系统），排放数量和构成通常有很大的不确定性。对于此类的碳排放核算可以使用 Tier 1 和 Tier 2，即使用产量数据作为活动数据，分别缺省排放因子和特定国家的排放因子用以计算。此类排放的 Tier 3 是基于自下而上评估所有潜在的溢散，如泄漏、喷焰燃烧、溢散设施泄漏、蒸发损失和意外释放等。

3.4.3 CO_2 运输、注入和地质储存碳排放的核算方法

碳捕集与封存（carbon capture and storage，CCS）是指将大型发电厂所产生的 CO_2 收集起来，并用各种方法储存以避免其排放到大气中的一种技术。这种技术被认为是未来大规模减少温室气体排放、减缓全球变暖最经济、可行的方法。简单地说，CCS 过程是由三个主要步骤构成：CO_2 的捕获和压缩，向储存地点的运输以及封存实现与大气的长期隔离。其具体的实施过程参见本书 6.6 节。

虽然 CO_2 捕获系统减少了 CO_2 排放，但是其运行系统需要相当量的能源消耗才能保证正常运行，从而使得工厂的 CO_2 排放呈比例上升。例如，电厂利用目前最佳技术捕获 90%的 CO_2，而未采用 CCS 的电厂产生每千瓦时电量的燃料消耗要增加 24%～40%（IPCC，2005）。因此，CO_2 捕获过程虽然整体上减少了 CO_2 排放，但是间接增加了其系统碳排放比例，这需要在能源系统碳排放核算时给予考虑。

CO_2 的运输方法，目前最为成熟和常用的技术是管道运输。典型的做法是将气态 CO_2 施加 8MPa 以上的压力进行压缩，避免二相流和提升 CO_2 的密度，便于运输和降低成本。也可将液态 CO_2 装在船舶、公路或铁路罐车中运输，CO_2 被装在绝缘罐中，温度远低于环境气温且压力也大大降低。第一条长距离的 CO_2 管道于 20 世纪 70 年代初投入运行。美国目前已经建成超过 2500km 的管道，每年将天然源和人为源产生的 40Mt CO_2 进行运输，部分被用于强化采油。CO_2 管道运输的溢散排放可源自管道破裂、密封圈和阀门、管道的中间压缩机站、中间储存设施、运输低温液化、CO_2 的轮船装载及卸载设施等。CO_2 管道运输产生的排放，缺省排放因子可参考天然气传输（管道运输）排放因子。对于轮船运输，由于无法获得 CO_2 轮船运输产生溢散排放的缺省排放因子，需要在运输载入和排出时使用流量计计量气体量，并将损失作为轮船运输引起的溢散排放。

CO_2 注入系统包括注入场地的地面设施，如存储设施、运输管道终端的任何分配管道、注入口至油井的分配管道、附加压缩设施、测量和控制系统、井口和注入井等。通过油井注入地质结构的 CO_2 量，可由井口的设备在其输入油井之前进行监测。然后可由

测量的数量来计算通过井口的 CO_2 质量。优良做法是建议不用缺省方法，而按直接测量的计算报告注入 CO_2 质量。

CO_2 地质储存可以在岸上或近海进行，包括深度含盐层、耗竭或部分耗竭油田、耗竭或部分耗竭的天然气田、煤层。在地质库储存的 CO_2 超过 99%部分可能会保留超过一千年。由于地质环境变化很大，目前监测的储存场地数量少，这意味着缺乏经验证明来制定排放因子，以用于计算来自地质储存库的泄漏。因此，可以制定特定场地的 Tier 3。在石油和天然气、地下水和环境监测产业里，过去的 30 年已经开发和完善了监测技术。

3.5　工业过程和产品使用碳排放量的核算

工业过程和产品使用（IPPU）导致的碳排放包括从工业生产过程、工业产品生产过程中使用温室气体、化石燃料碳的非能源部分产生的温室气体排放（图 3-5）。温室气体排放产生于各种大量工业活动。主要排放源是从化学或物理转化材料等工业过程释放的（钢铁工业中的鼓风炉、将化石燃料用作化学原料时制造出氨气和其他化学产品，以及水泥工业均是释放大量 CO_2 的主要工业过程的明显例子）。在这些过程中，可能产生许多不同的温室气体，包括二氧化碳（CO_2）、甲烷（CH_4）、氧化亚氮（N_2O）、氢氟碳化物（HFC）和全氟化碳（PFC）。

工业过程和产品使用导致的碳排放与之前介绍的能源部门的碳排放具有容易混淆的地方。第一，化石能源燃料除了燃烧提供热量和动力以外，还可以用于工业领域的原料和还原剂，前者的使用属于能源部门的碳排放，而后者则属于工业过程的碳排放。第二，工业生产过程的产品或者副产品作为燃料时，生产过程产生的碳排放属于工业过程的碳排放，但是其使用过程则属于能源部门的碳排放。

另外，化石燃料的非能源使用非常广泛多样，要准确地报告其排放从概念上来讲是很难的。优良做法是确保为非能源使用提供的所有化石燃料均可以纳入清单中，且报告的排放与提供的碳量保持一致。根据其使用可以划分出以下三类非能源。

（1）原料：原料是在化学转化过程中用作原材料的化石燃料，主要用来生产有机化学物，其次用来生产无机化学物（尤其是氨气）和其他衍生物。在大多数情况下，制造的产品中总是包含部分碳。

（2）还原剂：碳在生产各种金属和无机产品时用作还原剂，可能直接用作还原剂或通过中间生产电极用于电解的过程间接用作还原剂。在大多数情况下，制造出的产品仅包含非常少量的碳，而且其中大部分碳在还原过程中被氧化。

（3）非能源产品：除了燃料之外，精炼厂和焦炉均生产某些非能源产品，直接（即不通过化学转化）使用其物理或稀释特性，或将这些产品销往化学工业用作化学媒介。润滑剂和油脂凭借它们的润滑特性用于发动机中；石蜡用于蜡烛和纸张涂料等方面；屋顶和马路上的沥青靠的是其防水和耐磨的品质。炼油厂还生产石油溶剂，使用其溶剂特性。

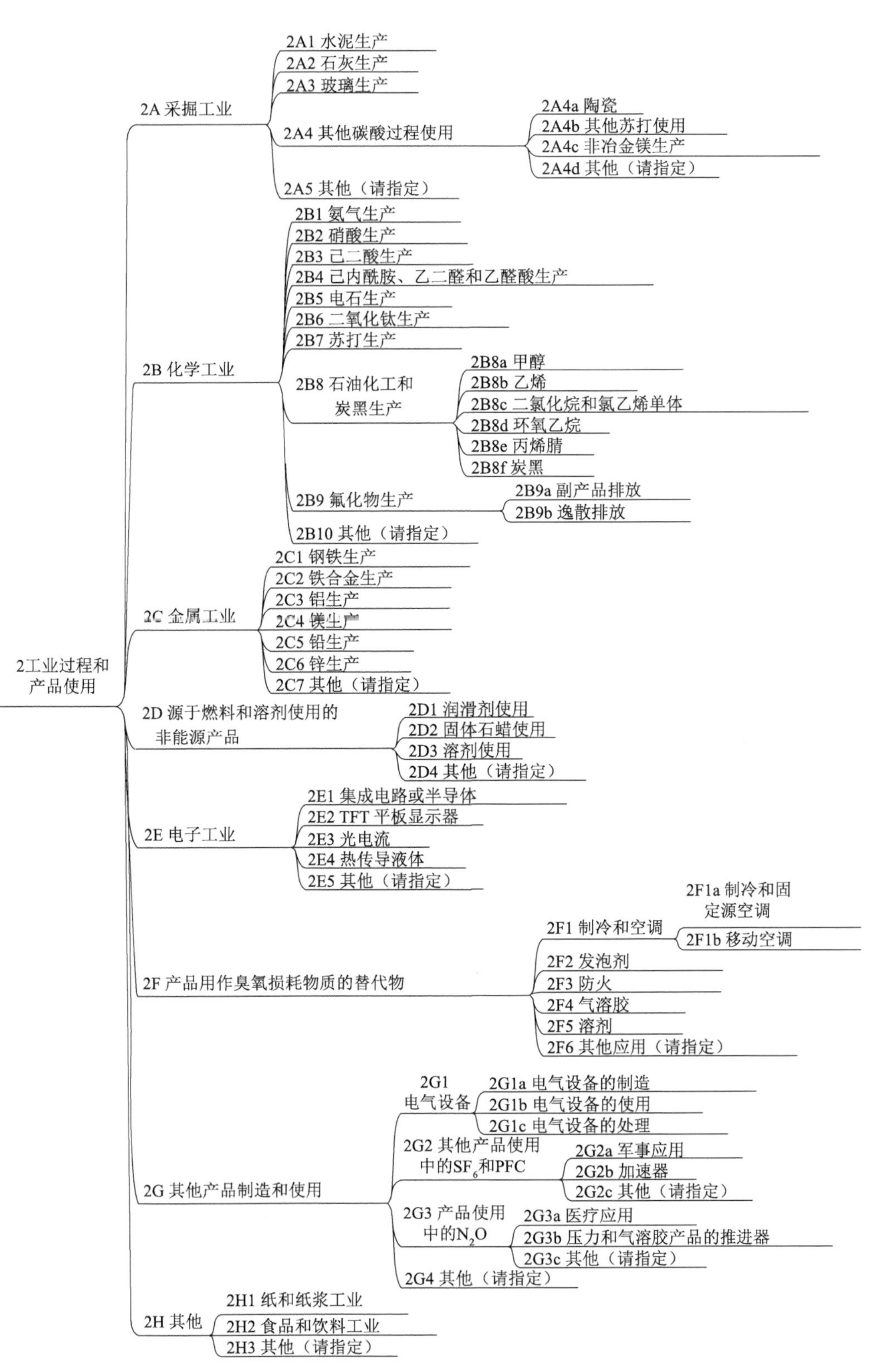

图 3-5 工业过程和产品使用所包含的 CO_2 排放源（IPCC，2006）

TFT 为薄膜场效应晶体管

3.5.1 采掘工业碳排放量的核算方法

采掘工业引起的碳排放是整个工业生产和产品使用部门最重要的碳排放源，这些排放产生于生产中所使用的碳酸盐原材料和各种采掘工业产品。从碳酸盐中释放 CO_2 有两大途径：煅烧和酸化学反应引起的 CO_2 释放，其典型的反应式如式（3-3）和式（3-4）。相比而言，煅烧过程释放的 CO_2 量占有绝对的主导优势，因此也是核算的重点过程。具体而言，煅烧引起的碳排放主要是碳酸化合物煅烧释放 CO_2 的过程，主要发生在水泥生产、石灰生产和玻璃生产的过程中。

$$CaCO_3 \xrightarrow{\text{加热}} CaO + CO_2 \tag{3-3}$$

$$CaCO_3 + H_2SO_4 \longrightarrow CaSO_4 + H_2O + CO_2 \tag{3-4}$$

水泥生产导致的 CO_2 排放是整个工业生产和产品使用碳排放的主要组分。具体而言，CO_2 是在生产水泥中间产品熟料的过程中产生的。生产熟料时，主要成分为碳酸钙（$CaCO_3$）的石灰石被加热或煅烧成石灰（CaO），同时放出 CO_2 作为其副产品。然后 CaO 与原材料中的二氧化硅（SiO_2）、氧化铝（Al_2O_3）和氧化铁（Fe_2O_3）进行反应产生熟料。非 $CaCO_3$ 的碳酸盐的原材料比例通常很小。其他碳酸盐（如果有）主要以杂质的形式存在于初级石灰石原材料之中。水泥可以完全由进口熟料制成（磨成），这种情况下水泥生产设施可以考虑为具有零过程相关 CO_2 排放。

核算水泥工业碳排放量可以根据国情选择最合适的方法（图 3-6）。在 Tier 1 中，碳排放能够从水泥生产数据推断出的熟料生产量来进行估算，同时需要考虑熟料的进出口量进行修正得到本国的排放量。直接来自水泥产量的排放估算未考虑熟料进出口量，会存在一定的误差。在 Tier 2 中，排放估算直接依据熟料生产数据（而不是从水泥产量推断出熟料产量）和国家或缺省排放因子。在 Tier 3 中，根据所有原材料和燃料来源中所有碳酸盐给料的权重和成分、碳酸盐的排放因子和实现煅烧的比例来计算。Tier 3 取决于特定工厂的数据。如果清单编制者将企业级数据视为不可靠或高度不确定，则优良做法是采用 Tier 2。

Tier 1：通过使用水泥产量数据估算的熟料产量核算碳排放量。

如上所述，直接根据水泥产量计算 CO_2 排放量（即采用固定的基于水泥的排放因子），由于缺少考虑碳酸盐给料在本国生产的确切数据，则会导致极大的核算误差。因此，特别需要通过考虑水泥产量和类型、熟料含量并按熟料进出口量进行修正，即进口熟料生产中的排放不应列入国家排放估算。类似地，出口的熟料排放应算入本国排放量中。在这种情况下再使用水泥产量数据估算熟料产量来核算碳排放量。

$$CO_2\text{排放} = \left[\sum_i \left(M_{cl} \cdot C_{clI}\right) - \text{Im} + \text{Ex} \cdot \text{EF}_{clc}\right] \tag{3-5}$$

式中，CO_2 排放为来自水泥生产的 CO_2 排放（t）；M_{cl} 为生产的 I 类水泥重量（t）；C_{clI} 为 I 类水泥的熟料比例；Im 和 Ex 分别为熟料的进口量和出口量（t）；EF_{clc} 为特定水泥中熟料的排放因子（tCO_2/t 熟料），缺省熟料排放因子经修正用于水泥窑尘（cement klin dust，CKD）。

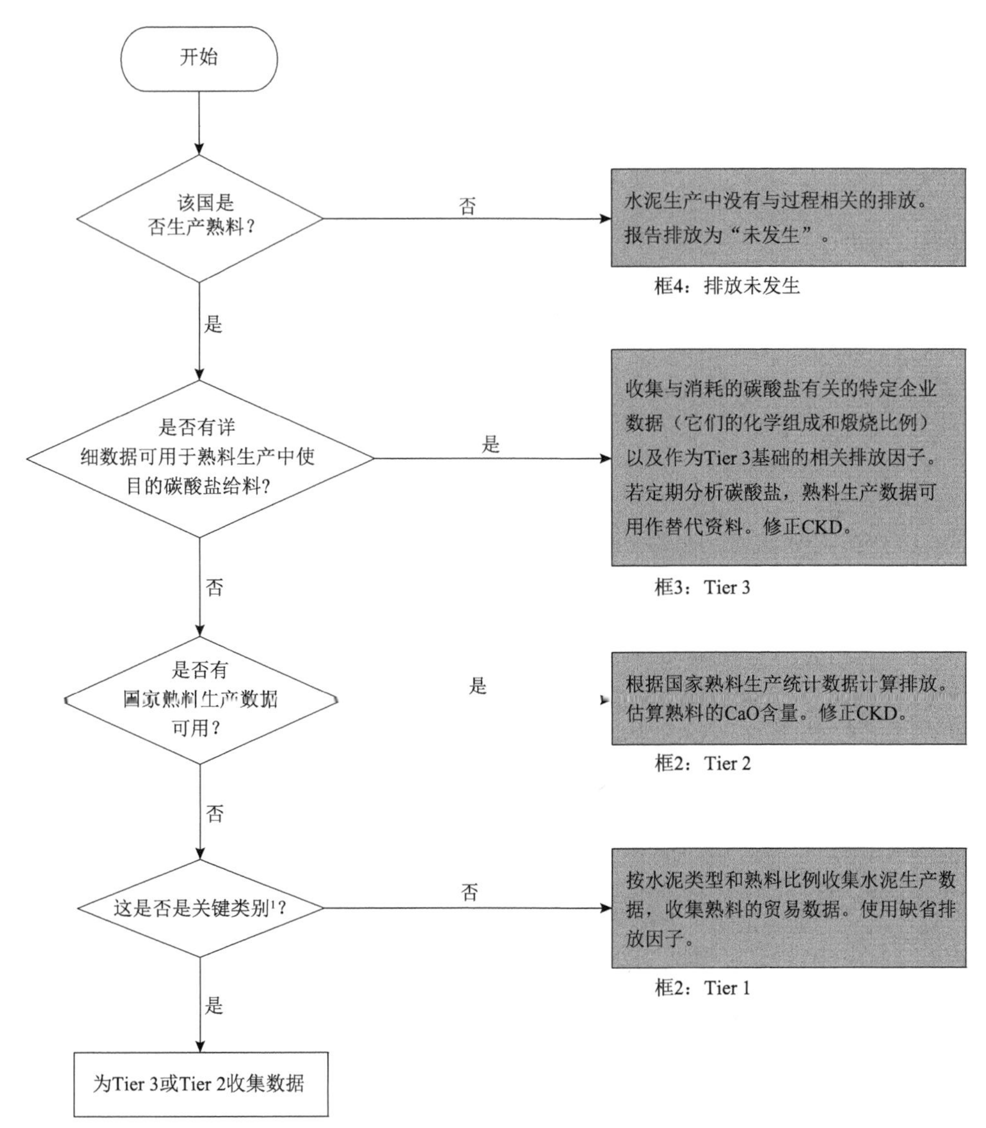

图 3-6 估算水泥生产过程中 CO_2 排放的流程图（IPCC，2006）

CKD（cement kiln dust）为水泥窑尘，是窑中介于未烧成和全部烧成之间的灰尘；

上标 1 表示 IPCC（2006）第 1 卷第 4 章“方法选择和类别识别”中有关“关键类别”和“决策树”使用的讨论

Tier 2：熟料生产数据的使用。

如果没有熟料生产中消耗碳酸盐的详尽数据（包括权重和组成成分），或如果在其他情况下严格地将 Tier 3 视为不切实际，则优良做法是使用综合工厂或国家熟料生产数据以及熟料中 CaO 含量的数据，在式（3-6）中表示为排放因子：

$$CO_2\text{排放} = M_{cl} \cdot EF_{cl} \cdot CF_{ckd} \tag{3-6}$$

式中，M_{cl} 为生产的熟料重量（t）；EF_{cl} 为熟料的排放因子（tCO_2/t 熟料），未修正用于 CKD；CF_{ckd} =CKD 的排放修正因子。

Tier 2 基于有关水泥工业和熟料生产的如下假定：

（1）大部分水硬水泥不是波兰特水泥就是类似的水泥，这类水泥需要波兰特水泥熟料；

（2）在熟料中 CaO 成分的范围非常有限，且 MgO 含量保持在非常低的水平；

（3）工厂通常能够在严格的容限内，控制原材料给料的 CaO 含量和熟料的 CaO 含量；

（4）即使熟料输出量由工厂计算而非直接测量，通常在执行审计时两个决定方法非常一致；

（5）特定工厂中熟料的 CaO 含量往往多年之内不会出现明显变化；

（6）多数工厂中 CaO 的主要来源是 $CaCO_3$，CaO 的任何主要非碳酸盐源头，至少在工厂一级都很容易量化；

（7）对于熟料生产的碳酸盐给料，会获得 100%（或非常接近）的煅烧因子，包括（通常为较少的程度）系统中不可回收 CKD 的损失材料；

（8）工厂的除尘器可捕获几乎所有的 CKD，不过这种材料不一定全回收到炉窑中。

Tier 3：碳酸盐给料数据的使用。

Tier 3 基于生产熟料时消耗的碳酸盐类型（成分）和数量有关的非集合数据集，以及所消耗碳酸盐的各个排放因子，使用式（3-7）计算排放。Tier 3 包括这样一种调整，即减去 CKD 内未返回炉窑的任何未煅烧的碳酸盐。如果 CKD 完全煅烧或全部返回炉窑，则此 CKD 修正因子为零。即使清单编制者不能使用未煅烧的 CKD 数据，Tier 3 仍被视为优良做法。然而，不包括未煅烧的 CKD 可能会稍微高估排放。

$$\mathrm{CO_2}\text{排放} = \sum_i \left(\mathrm{EF}_i \cdot M_i \cdot F_i\right) - M_\mathrm{d} \cdot C_\mathrm{d} \cdot \left(1 - F_\mathrm{d}\right) \cdot \mathrm{EF}_\mathrm{d} + \sum_k \left(M_k \cdot X_k \cdot \mathrm{EF}_k\right) \quad (3\text{-}7)$$

式中，$\mathrm{EF}_i \cdot M_i \cdot F_i$ 为碳酸盐中的排放，EF_i 为特定碳酸盐 i 的排放因子（tCO_2/t 碳酸盐），M_i 为炉窑中消耗的碳酸盐 i 重量或质量（t），F_i 为碳酸盐 i 中获得的部分煅烧；$M_\mathrm{d} \cdot C_\mathrm{d} \cdot \left(1 - F_\mathrm{d}\right) \cdot \mathrm{EF}_\mathrm{d}$ 为来自未回收到炉窑中未煅烧 CKD 中的排放，M_d 为未回收到炉窑中的 CKD 重量或质量（=“丢失的”CKD）（t），C_d 为未回收到炉窑中 CKD 内原始碳酸盐的重量比例，F_d 为回收到炉窑中 CKD 获得的比例煅烧，EF_d 为未回收到炉窑中 CKD 内未煅烧碳酸盐的排放因子（tCO_2/t 碳酸盐）；$\sum_k \left(M_k \cdot X_k \cdot \mathrm{EF}_k\right)$ 为来自碳类非燃料中的排放，M_k 为有机或其他碳类非燃料原材料 k 的重量或质量（t），X_k 为特定非燃料原材料 k 中总的有机物或其他碳的比例，EF_k 为油原（或其他碳）类非燃料原材料 k 的排放因子（tCO_2/t 碳酸盐）。

石灰石和页岩（原材料）还可能包含一定比例的有机碳（油原），而其他原材料（如烟灰）可能包含炭残渣，这些物质会在燃烧时产生额外的 CO_2。在能源部门通常不考虑这些排放，但是如果使用的范围很广，清单编制者应尽量查看是否在能源部门中纳入了这些排放。但是目前对于采掘过程中非燃料原材料的油原或碳含量，存在的数据非常少，因此不能在本章中提供与原材料平均油原含量有关的有意义的缺省值。对于油原含量较高（即在总热量中贡献值超过 5%）的工厂级基于原材料的计算（Tier 3），优良做法是包括对排放做出贡献的油原。对于能够使用有关碳酸盐原材料的详细工厂级数据的单个工厂和单个国家，可能只有 Tier 3 切实可行。然后应当汇总在工厂级收集的排放数据，用于报告国家排放估算。人们认识到，根据直接的碳酸盐分析来频繁计算排放，对于某些工厂来说可能会成为一种负担。只要对碳酸盐给料实施足够次数的详细化学物质分析，确定工厂级所消耗碳酸盐与熟料生产之间保持良好关系，那么熟料产出就可以用作有关期间排放计算的碳酸盐替代物。也就是说，工厂可根据对碳酸盐给料的周期性校准，得出严格限制的工厂熟料排放因子。

3.5.2 其他工业碳排放量的核算方法

除了采掘工业以外，IPCC 清单编制指南中还给出了其他六个工业生产和产品使用部门的碳排放核算方法。需要指出的是，这六个部门分别涵盖了不同的产品类型和使用过程中的温室气体排放，但是并非所有过程都会导致 CO_2 排放，下面列出了能够导致 CO_2 排放的工业部门及其对应的产品类别，其计算遵循了 IPCC 方法学的方法。

（1）化学工业：氨气、电石、二氧化钛、纯碱、石化和炭黑生产的排放。

（2）钢铁工业：钢铁生产和冶金焦、铁合金、铝、镁、铅、锌生产的排放。

（3）源于燃料和溶剂使用的非能源产品：润滑剂、固体石蜡。

3.6 废弃物碳排放量的核算

废弃物碳排放是指由固体废弃物处置、固体废弃物的生物处理、废弃物的焚化和露天燃烧，以及废水处理和排放等过程产生的 CO_2 排放。一般来说，化石碳（如塑料）在内的废弃物焚化和露天燃烧，是废弃物部门中最重要的 CO_2 排放来源。废弃物材料直接作为燃料或转化为燃料产生的 CO_2 排放，被划归到能源部门中进行核算。此外，生物质资源（谷物、木头）中有机物的分解产生的 CO_2 在“农业和土地”部分中考虑，因而不再重复计入废弃物碳排放部门。

废弃物焚化是指固体和液体废弃物在可控的焚化设施中燃烧。焚烧的废弃物类型包括城市固体废弃物、工业废弃物、危险废弃物、医疗废弃物和污水污泥。无能源回收的废弃物焚烧产生的排放报告在废弃物部门，而有能源回收的废弃物燃烧产生的排放报告在能源部门，二者之间的区别在于一个是化石成因的 CO_2 排放，另一个是生物成因的 CO_2 排放。废弃物露天燃烧是指在自然界（露天）或露天垃圾场，多余的可燃物质燃烧，如纸张、木头、塑料、纺织品、橡胶、废油和其他废屑，燃烧时烟和其他排放物直接释放到空气中，而不通过烟囱或堆垛。

方法的选择将取决于具体国情，涉及废弃物焚化和露天燃烧是否为国内关键类别、何种程度的特定国家和特定工厂的信息是否可获取或能够收集。对于废弃物焚化，最准确的排放估算编制可通过各个工厂的排放和/或区分各废弃物类别（如污水污泥、工业废弃物以及包含医疗废弃物和危险废弃物的其他废弃物）来确定。估算废弃物焚化和露天

燃烧产生的 CO_2、CH_4 和 N_2O 排放的方法是不同的，因为影响排放量级的因子不同。燃烧的废弃物中矿物碳量估算值是确定 CO_2 排放的最重要因子。计算废弃物焚化和露天燃烧产生的温室气体排放的一般方法是：获得焚化或露天燃烧的（最好按废弃物类型区分）废弃物干重数量，调查相关的温室气体排放因子（最好根据关于碳含量和矿物碳比例的特定国家信息调查）。

估算废弃物焚化和露天燃烧产生的 CO_2 排放量的常用方法是用预计所焚烧垃圾的化石碳含量乘以氧化因子，将乘积（氧化的矿物碳量）转换成 CO_2。活动数据是送入焚烧炉的废弃物量或露天燃烧的废弃物量，而排放因子基于化石源废弃物的一氧化碳含量。相关数据包括：废弃物的数量和成分、干物质含量、总的碳含量、矿物碳比例和氧化因子。

如果焚化/露天燃烧产生的 CO_2 排放不是关键类别，则 Tier 1 是一种简便方法。需要焚化/露天燃烧的废弃物量，不同类型废弃物的特征参数（如干物质含量、碳含量和矿物碳比例）可以作为缺省数据，IPCC 清单编制指南给出了具体参数值。CO_2 排放的计算基于焚化或露天燃烧废弃物量（湿重）的估值，并虑及干物质含量、总的碳含量、矿物碳比例和氧化因子，详见式（3-8）。

$$CO_2\text{Emissions} = \sum_i \left(\text{SW}_i \cdot \text{dm}_i \cdot \text{CF}_i \cdot \text{FCF}_i \cdot \text{OF}_i\right) \cdot 44/12 \tag{3-8}$$

式中，CO_2Emissions 指各清单年份的 CO_2 排放量（Gg/a）；SW_i 为焚化或露天燃烧的固体废弃物类型 i 的总量（湿重）（Gg/a）；dm_i 为焚化或露天燃烧的废弃物中的干物质含量（湿重）；CF_i 为干物质中的碳比例（总的碳含量）；FCF_i 为矿物碳在碳的总含量中的比例；OF_i 为氧化因子；44/12 指从 C 到 CO_2 的转换因子。

如果基于干物质的废弃物活动数据可以获取，则可运用同样的公式而无须分别标明干物质含量和湿重。另外，如果国家有干物质中矿物碳的比例数据，就不需要分别提供 CF_i 和 FCF_i，而是应将二者合并为一项成分。对于城市固体废弃物（municipal solid waste，MSW），优良做法是根据焚化或露天燃烧的废弃物类型/材料（如纸张、木材、塑料）来计算 CO_2 排放量，如式（3-9）所示。

$$CO_2\text{Emissions} = \text{MSW} \cdot \sum_j \left(\text{WF}_j \cdot \text{dm}_j \cdot \text{CF}_j \cdot \text{FCF}_j \cdot \text{OF}_j\right) \cdot 44/12 \tag{3-9}$$

式中，MSW 为湿重焚化或露天燃烧的城市固体废弃物类型总量（Gg/a）；WF_j 为 MSW 城市固体废弃物类型/材料成分 j 的比例（作为湿重焚化或露天燃烧）；dm_j 为 MSW 焚化或露天燃烧的成分 j 中的干物质含量；CF_j 为成分 j 的干物质中的碳比例（即碳含量）；FCF_j 为成分 j 的碳总含量中矿物碳的比例；OF_j 为氧化因子。

如果按照废弃物/材料的数据不可获取，则可以使用废弃物成分的缺省值。如果废弃物焚化和露天燃烧产生的 CO_2 排放是关键类别，则优良做法是利用更高层级的方法。

Tier 2 基于有关废弃物产生、构成和管理做法的特定国家数据。如 Tier 1 概述，式（3-8）和式（3-9）也适用此处。如果废弃物焚化和露天燃烧产生的 CO_2 排放是关键类别，抑或有更详细数据可获取或收集，则优良做法是采用 Tier 2。

方法 2a 需要使用废弃物成分的特定国家活动数据和 MSW 其他参数的缺省数据[式（3-9）]。对于其他类别的废弃物，需要各数量的特定国家数据[式（3-8）]。与使用综合统计数据比较而言，即使使用其他参数的缺省数据，特定国家 MSW 成分也会降低不确定性。废弃物露天燃烧的方法 2a 可考虑对废弃物管理负有责任的家庭、事业单位和企业燃烧的废弃物数量及成分的年度调查。

方法 2b 需要用废弃物类型焚化/露天燃烧废弃物数量的特定国家数据[式（3-8）]，或 MSW 成分[式（3-9）]、干物质含量、碳含量、矿物碳比例和氧化因子，以及特定国家废弃物成分的数据。如果这些数据可以获得，则根据方法 2b 进行的估算会比使用方法 2a 具有更低的不确定性。废弃物露天燃烧的方法 2b，将可合并以下两者：方法 2a 所述的对废弃物管理负有责任的家庭、事业单位和企业燃烧的废弃物量和成分的年度详细调查，与国内露天燃烧做法相关的排放因子的综合测量计划。优良做法是在一年中的不同时期实施这些测量计划，以能够考虑所有季节的情况，因为排放因子取决于燃烧条件。例如，在有雨季并实行露天燃烧的某些国家，更多的废弃物是在干燥季节期间燃烧的，因为此时燃烧条件更好。这种情况下，排放因子可能因季节变化而有差异。无论如何，使用的所有特定国家方法、活动数据和参数应当以透明的方式予以描述和证明。文档应当包括所作任何试验程序、测量和分析的描述以及露天燃烧情况下的大气参数（如温度、风速和降雨量）的信息。

Tier 3 利用特定工厂数据，来估算废弃物焚化产生的 CO_2 排放量。具体做法是在此层级考虑影响氧化因子的因素，其中包括：设施/技术的类型（如固定床、加煤机、流化床、炉窑）、操作模式（连续、半连续、批量类型）、设施的规模、灰分中碳含量等。废弃物焚化产生的矿物 CO_2 排放总量，计算为所有特定工厂矿物 CO_2 排放量之和。优良做法是在清单中纳入所有废弃物类型和焚化的总量以及焚化炉的所有类型。估算的方法类似于 Tier 1 和 Tier 2，最后合计源自所有工厂、设施和其他子类别的 CO_2 排放，以估算国内废弃物焚化产生的总排放量。

课后思考

1. 全球和主要碳排放国家的历史 CO_2 排放趋势有何特征？
2. IPCC 碳排放清单编制方法的基本原理是什么？
3. IPCC 碳排放清单编制方法的优缺点有哪些？
4. 能源部门与工业部门在核算碳排放时需要注意哪些方面的重叠计算？
5. 实现碳中和或者温室气体净零排放，是否意味着全球降温？

参考文献

姜克隽，陈迎. 2021. 中国气候与生态环境演变: 2021. 北京：科学出版社.

刘明达，蒙吉军，刘碧寒. 2014. 国内外碳排放核算方法进展. 热带地理, 34(2): 248-258.

Apergis N, Payne J E. 2017. Per capita carbon dioxide emissions across U. S. states by sector and fossil fuel source: evidence from club convergence tests. Energy Economics, 63: 365-372.

Dong W J, Yuan W P, Liu S G, et al. 2014. China-Russia gas deal for a cleaner China. Nature Climate Change, 4: 940-942.

Friedlingstein P, Jones M W, O'Sullivan M. et al. 2022. Global Carbon Budget 2021. Earth System Science Data, 14: 1917-2005.

Friedlingstein P, O'Sullivan M, Jones M. et al. 2023. Global Carbon Budget 2023. https://doi.org/10.5194/essd-2023-409[2023-11-9].

IPCC. 2005. Summary for Policymakers//Abanades J C, Akai M, Benson S, et al. IPCC Special Report: Carbon Dioxide Capture and Storage. Cambridge, UK and New York, NY, USA: Cambridge University Press.

IPCC. 2006. IPCC Guidelines for National Greenhouse Gas Inventories. Volume 2: Energy. Chapter 1: Introduction. https://www.ipcc-nggip.iges.or.jp/public/2006gl/pdf/2_Volume2/V2_1_Ch1_Introduction.pdf [2023-11-9].

Le Quéré C, Jackson R B, Jones M W, et al. 2020. Temporary reduction in daily global CO_2 emissions during the COVID-19 forced confinement. Nature Climate Change, 10: 647-653.

Liu Z, Ciais P, Deng Z, et al. 2020. COVID-19 causes record decline in global CO_2 emissions. https://escholarship.org/uc/item/2fv7n055[2023-10-16].

Mi Z, Meng J, Guan D, et al. 2017. Chinese CO_2 emission flows have reversed since the global financial crisis. Nature Communications, 8: 1712.

Zheng B, Geng G N, Cisis P, et al. 2020. Satellite-based estimates of decline and rebound in China's CO_2 emissions during COVID-19 pandemic. Science Advances, 6: eabd4998.

Zhang N, Liu Z, Zheng X, et al. 2017. Carbon footprint of China's belt and road. Science, 357: 1107.

4 土地利用与土地覆盖变化对碳源汇的影响及核算方法

王大菊，袁文平

土地利用是指人类在生产活动中为达到一定的经济、社会和生态效益，对土地资源的开发、经营和使用方式的总称，其表示与土地相结合的人类活动而产生的不同利用方式，反映土地的社会和经济属性。土地覆盖是指陆地地表的生物物理特征，包括由自然生态系统和人为生态系统组成的特征。土地覆盖可以表现为若干个不同的生态系统类型，如森林、灌木、农田和湿地等，或是同一生态系统类型的不同结构特征，如具有不同树冠覆盖百分比的森林生态系统。土地覆盖部分决定了地表变量，如反照率、发射率、叶面积指数等，因此与诸多地球系统过程（如能量转移，水和养分循环）有着强烈的相互作用。一般而言，土地覆盖变化通常会导致土地利用的变化。例如，森林转变为农田就是土地覆盖变化，同时该地区土地利用也从某种森林利用类型转变为收获粮食产量的利用类型。然而，土地利用变化并不意味着土地覆盖会发生变化。例如，天然原始森林转变为经济林，土地覆盖仍然为森林，但是其利用方式却发生了根本的变化。

不论是土地利用还是土地覆盖变化都会对碳循环过程产生多种形式和极为深刻的影响。最显著的影响来自土地覆盖发生变化，直接改变了植被、土壤和环境，显著影响了碳循环过程和碳源汇格局。在另外一种情况下，土地覆盖虽然没有改变，但是土地利用方式发生了变化也会显著影响碳循环过程，如上述提到的天然原始森林转变为经济林，原来固定在植被中的碳随着木材的使用重新释放到大气中。总体而言，对于碳源汇影响广泛和深刻的土地利用与土地覆盖变化包括直接的土地覆盖方式的转变，如森林砍伐、森林火灾等。根据“全球碳计划”的估算结果，2021 年土地利用与土地覆盖变化导致的全球陆地生态系统碳排放达到了 1.1 ± 0.7Gt C/a，是能源和水泥工业排放的 11%（Friedlingstein et al.，2022）。在中国，土地利用与土地覆盖变化同样对陆地生态系统碳源汇带来了巨大的影响。中国过去近 40 年由于森林覆盖面积持续增加对于陆地生态系统增汇的贡献程度达到 44%，超过了气候变化（23%）、氮沉降（12.9%）和大气 CO_2 浓度上升（8.1%）的贡献（Yu et al.，2022）。本章将首先介绍土地利用与土地覆盖变化对陆地生态系统碳循环影响的过程，重点介绍目前核算其对于碳循环影响的方法，在此基础上说明目前全球尺度上土地利用变化的时空特征及其对碳循环的影响强度和变化趋势。

4.1 土地利用与土地覆盖变化对碳循环的影响过程

土地利用与土地覆盖变化会改变诸多生态系统结构（叶面积指数、物种组成等）和生态系统功能（生产力、土壤呼吸等），并改变局地小气候状况（温度、湿度等），从而直接或者间接地对生态系统碳循环过程产生影响。最直接的影响体现在土地利用与覆盖变化会影响植被碳和土壤碳。例如，森林经过砍伐转变成农用地或草地时，存储在森林植被茎干部分的植被碳会被烧毁或者被制作成纸张、家具等，立即或者滞后多年重新释放到大气中。同时，森林生态系统植被叶面积指数较高，其整体光合作用能力也较农田和草地高，因此也产生了较高的凋落物并提升了土壤有机碳含量。发生转变后也会进一步降低生态系统的光合作用强度、土壤有机碳含量等，使得生态系统的碳循环发生根本转变。以下分类介绍几种主要的土地利用与土地覆盖变化对碳循环的影响过程。

4.1.1 农田化

由其他土地覆盖类型转变为农田，那么基本上原来的植被将全部为农作物所取代，原有土地覆盖的植被碳最终将全部损失。具体损失的植被碳库量将取决于原来的土地覆盖类型，因为森林的单位面积碳库高于农田，所以由森林转化为农田损失的植被碳库也会很高。虽然不同农作物的植被碳库也有所差异，但是这种差异相对较小，所以不同农作物类型转换时对损失的植被碳库作用微弱。当然，土地覆盖转化过程中的具体做法也会显著影响碳排放量。比如，多少植被生物量在转化时被燃烧了？转化时多少植被生物量从生态系统中移出用于制作木制品？转化时多少比例的生物量留在生态系统中逐渐被分解释放？这些因素直接决定了损失的植被生物量在土地利用变化后释放到大气中所需要的时间。因此，合理准确地估算转化过程中的碳损失仍然需要详细的过程数据。

相似地，由其他类型转换为农田会导致土壤有机碳减少，之前的研究表明土壤上层有机碳减少幅度在30%以上，并且持续的时间在几十年到百年尺度（Poeplau et al., 2011）。虽然不同研究对于减少的强度有不同结果，但是这种减少几乎在所有转换中被观测到了。土壤有机碳减少的主要原因在于，农田相比于其他生态系统类型，其返回到土壤中的凋落物量大大减少，从而降低土壤有机物的输入，同时改变了土壤水热条件，加大土壤呼吸速率，这些过程都会使大量土壤有机碳分解为CO_2释放到大气中。

4.1.2 牧场化

与农田生态系统相比，由其他类型转变为牧场的过程所导致的碳释放较少。其中一方面原因是全球大部分牧场由天然草地转化而来，其地上生物量相对较小。另一方面原因是牧场不像农田需要耕种，因此减少了土壤有机碳的损失。然而，在拉丁美洲，大量的牧场是砍伐原始森林转换而来，由此导致相比于其他地区牧场转换更多的地上生物量碳损失。森林转换为牧场对于土壤有机碳的影响，目前在学术界仍然存在着两种截然相反的结论，即转换会增加或减少土壤有机碳（Guo and Gifford 2002；Parfitt et al.，2003）。例如，在巴西亚马孙地区的研究结果表明，当森林生态系统转变为牧场后，在不同研究样地中土壤有机碳呈现了上升和下降的特点（Neill and Davidson，2000），其中受到降水强度、土壤肥力、牧场施肥管理措施、牧草品种、放牧强度等因素的影响。比如，研究表明牧场过度放牧会严重导致土壤有机碳含量下降（Lal，2001）。在一项包括了 170 个研究的综合分析中，Guo 和 Gifford（2002）观测到由森林转变为牧场后，平均土壤上层有机碳含量会增加 10%左右，部分地点的土壤有机碳呈现下降的特征。当牧场转换为农田，土壤有机碳由于耕作会呈现明显的降低特征。

4.1.3 天然次生林和人工林的转变

天然次生林和人工林一般由天然林、农田或者草地生态系统转换而来。如果是由天然林转换而来，那么转换对碳汇的影响不大。相反地，如果是农田或者草地转换而来，那么转换过程会使得生态系统增加碳汇。同时，人工林是出产用于木制品和薪材，会定期采伐，因此其生物量会显著少于天然林生态系统。综合而言，天然林转换为人工林会降低碳汇强度（Hua et al.，2022）。结合 100 多项观测结果，Guo 和 Gifford（2002）发现，在林地或牧场上建立人工林通常会减少土壤碳储量，而在农田上建立人工林会增加土壤碳储量。这一发现与前面提到的结果一致，即耕种导致土壤上层有机碳下降 25%～30%，而通常不耕种的牧场损失要少得多，甚至会增加土壤碳。在另一篇综述中，Paul 等（2002）发现，在农田和牧场上建立的人工林在前五年到十年内土壤有机碳降低，但在超过三十年后土壤有机碳则逐渐增加。总体而言，相对于生物量的增加，土壤有机碳的变化很小。

4.1.4 森林砍伐

森林砍伐虽然没有改变土地覆盖类型，但是却通过改变土地利用类型显著地改变了森林生态系统的碳循环过程。首先，森林砍伐直接减少了植被生物量，同时降低了植被叶面积指数，从而降低了砍伐后植被光合作用能力，即植被生产力。同时，森林砍伐会大大增加凋落物，从而加速异养呼吸（heterotrophic respiration，Rh）作用，导致原本固定在植物体的碳排放到大气中。例如，在经济林砍伐时出材率多为 70%左右，即获取 $70m^3$ 的经济用材，需要砍伐生物量为 $100m^3$，其中 $30m^3$ 会残留在生态系统内逐渐分解释放。因此，在核算森林砍伐导致的碳排放时首先需要准确了解森林砍伐量，同时还需要知道砍伐后的木材用途。一般有两种用途：经济用材和薪材。这两种用途会使碳释放到大气中的过程有着很大的差异。薪材用途会在很短的周期内将砍伐的木材燃烧，固定在木材中的碳会随之释放到大气中。相反地，经济用材部分的碳以何种速率释放则取决于其具体用途。如果用于造纸，则一般会在 3～10 年内释放到大气中；如果用于制作家具等其他用途，其所含的碳将会在几十年乃至上百年释放到大气中。因此，准确地掌握砍伐木材的去向也是准确估算其对碳循环影响的关键。就全球范围来看，经济用材和薪材比例大致相当，但是各个国家和地区却存在极大的差别，而目前仍然缺乏具体的数据。

4.2 土地利用与覆盖变化对碳循环影响的评估方法

土地利用变化所产生的碳排放边界不易确定，在大尺度上无法通过直接观测获得准确数值，因此目前土地利用变化导致的碳排放已成为陆地生态系统碳通量核算中不确定性最大的一部分（Friedlingstein et al.，2022）。经过近几十年的努力，土地利用变化碳排放的核算方法不断改进，目前国际上应用较多的方法主要有簿记模型（bookkeeping model）、动态全球植被模型和碳密度系数法，以下分别加以介绍。

4.2.1 簿记模型

簿记模型最早由 Houghton 等（1983）在 20 世纪 80 年代初提出，在此后经过 Houghton 和其他学者不断改进（Houghton and Hackler，2003；Houghton and Nassikas，2017），已经广泛应用于国家和全球尺度的土地利用变化导致的碳排放核算工作中。簿记模型具体做法是将土壤或植被碳密度因受到干扰而随时间的变化用响应曲线加以刻画，以此反映了特定生态系统受干扰后土壤碳和植被碳的减少、转移以及再生（图 4-1）。虽然不同生态系统的响应曲线形式相似，但随时间变化的幅度不尽相同，簿记模型即是通过统计某年的土地利用变化面积以及干扰类型的作用时间，结合响应曲线描述的碳循环变化趋势，逐年累加土地利用变化引起的陆地和大气之间的碳交换，以此评估生态系统碳储量的变化和碳收支情况。

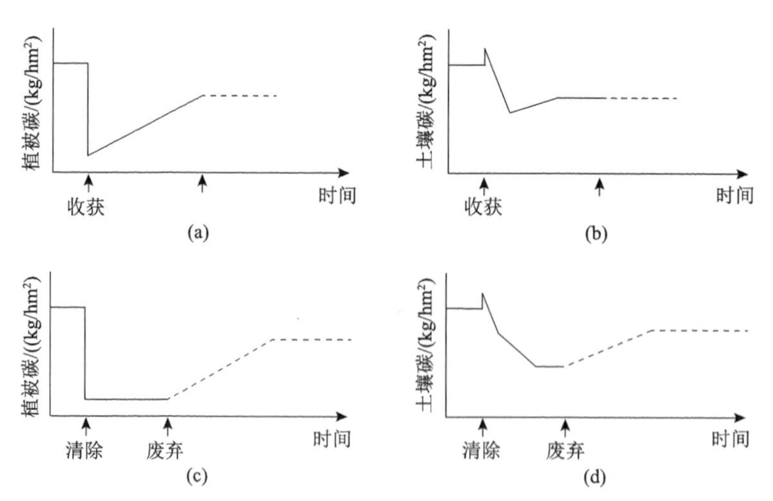

图 4-1 簿记模型描述土地利用变化后植被碳和土壤碳变化曲线（Houghton et al.，1983）

（a）（b）是描述森林砍伐后的生物量和土壤有机碳变化曲线，第一个箭头表示森林砍伐（收获）时间，第二个箭头表示森林砍伐后已经恢复到可以再次砍伐的状态；（c）（d）是描述森林砍伐后转变为农田的变化曲线，第一个箭头表示森林砍伐（清除）时间，第二个箭头表示农田耕作后废弃时间

概念卡片：

簿记模型是一种以碳收支计数为原理的过程模型，基本原理是针对不同的生态系统类型，跟踪生态系统内部土壤与植被碳密度受土地利用变化干扰（如土地开垦、森林砍伐、植树造林等）后的变化情况，以此核算土地利用变化对于生态系统碳循环的影响。

具体而言，以 Houghton 发展的簿记模型为例（Houghton and Nassikas，2017），需要两类数据源（土地利用与覆盖变化强度和碳密度），考虑五种土地利用方式（农田、牧场、人工种植林、用材林和薪材林），反映了六种不同的扰动方式（森林砍伐—森林再生长、自然生态系统转变为农田、自然生态系统转变为牧场、农田废弃、牧场废弃和造林），模拟四个碳库变化[植被碳库（包括地上生物量和地下生物量）、枯枝落叶库、收获木材库和土壤有机碳库]。碳从四个碳库释放到大气中是通过快速（火烧）和慢速（分解）两种方式进行的，同时森林从大气中吸收 CO_2 重新储存到植被或者土壤碳库中。森林生长速率与碳库分解速率会随着生态系统类型、土地利用方式和区域而改变，但是它们不随着时间和环境条件（气候、大气 CO_2 浓度等）变化而变化（Houghton and Nassikas，2017）。同时，对于从森林生态系统中移除的用于燃料和其他木材产品的碳，簿记模型也加以追踪模拟其最终去向。模型模拟的陆地-大气间净碳交换取决于扰动引起的碳释放和固定。由上可知，簿记模型模拟生态系统碳源汇是通过追踪和记录碳库的变化来进行的，而不是通过模拟光合作用和呼吸作用来实现的。具体操作过程中，簿记模型确定了各种扰动对于植被碳和土壤碳库影响曲线的参数，从而实现对于土地利用与土地覆盖变化对碳循环的影响模拟。

除了 Houghton 最初发展并持续改进的簿记模型外，近年来国外学者还在此基础上发展出了土地利用碳排放简记模型（bookkeeping of land use emissions，BLUE）（Hansis et al.，2015）和海洋-大气-海冰-积雪-土壤-冠层辐射活性气体交换模型（ocean-atmosphere-sea ice-snowpack-soil-canopy exchanges of radiatively active gases，OSCAR）（Gasser et al.，2020）等簿记模型。以 BLUE 模型为例，其基于簿记模型的核心原理和方法，但是在多个方面加以改进提高了其模拟能力。例如，BLUE 簿记模型充分考虑了土地利用变化后植被碳库和土壤碳库的动态变化，改变了之前模型中土地利用变化前后植被和土壤碳保持平衡态的假设，使得模拟结果更加接近真实状态。图 4-2（a）显示了示例单点运行的模型方案，该点位于 50°N 和 10°E，潜在植被类型为温带/寒带落叶阔叶林。在模型运行第 10 年时，设定森林被砍伐，在第 25 年时再次砍伐并被清除转换为农田，在第 40 年时设定农田被废弃转换为林地。从图 4-2（a）可以看出，森林收获耗尽了植被碳库（生物量，绿色曲线）并减少了缓慢释放的土壤碳库（惰性土壤，红色曲线）存量，同时在快速释放的土壤碳库（快速土壤，粉色曲线）沉积大量死亡植被和土壤生物量，并添加到木材产品库（产品库，青色曲线）。每个库在下一个时期内恢复到其平衡状态。土壤和产品库中碳的快速释放导致排放到大气中（累计排放，蓝色曲线）。随着植被恢复和惰性土壤库恢复，生态系统吸收碳仅抵消部分碳释放。随后林地开垦为农田，降低了植被生物量中的碳并减少了土壤碳库，同时增加了快速土壤和产品库中的碳。森林砍伐并转换为农田导致生物量和缓慢的土壤库已经接近农田的平衡值。

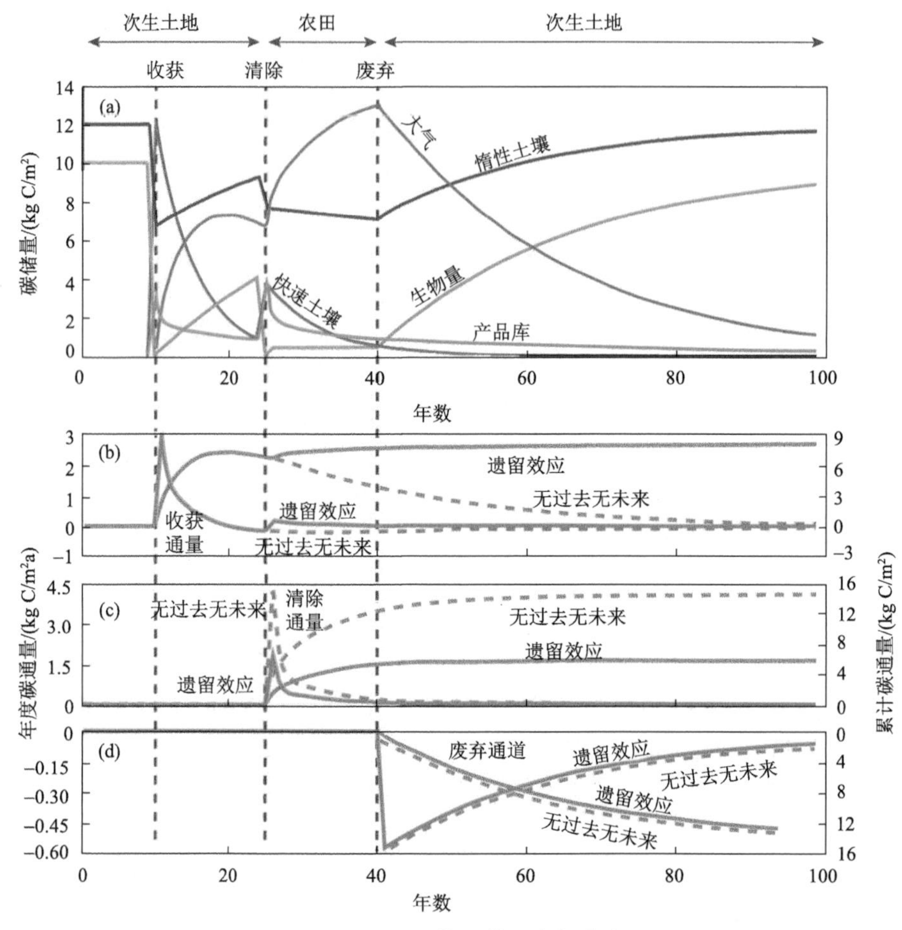

图 4-2 BLUE 簿记模型实例曲线

（a）碳库变化曲线：植被碳库（生物量，绿色），缓慢释放的土壤碳库（惰性土壤，红色），快速释放的土壤碳库（快速土壤，粉色），木材产品库（产品库，青色），累计排放（大气，蓝色）；（b）～（d）显示三个土地利用变化事件导致的年度碳通量（绿色）和累计碳通量（黄色）（Hansis et al.，2015）

图 4-2（b）显示森林收获后的累计碳通量（黄色曲线），可以看到 BLUE 簿记模型考虑了碳库滞后变化（黄色实线曲线）与过去的簿记模型之间的明显区别（黄色虚线曲线）。在 BLUE 簿记模型中，森林清除减少了生物量，使其和惰性土壤立即达到平衡。年度碳通量（绿色曲线）从开始的碳吸收变为森林砍伐后的碳释放。在 BLUE 簿记模型中，来自快速土壤和产品库的碳通量继续计入收获事件，但不再被生物量和缓慢土壤碳的吸收所抵消。当忽略森林清除事件时，随着土地向林地的完全恢复，森林收获的累计排放量将归于零。相应地，考虑到清除前生物量减少和土壤碳储量缓慢的模型，归因于森林清除的碳通量[图 4-2（c）]比不考虑先前土地利用与土地覆盖变化事件并假设平衡碳储量的计划更小。森林清除后转变为农田，再废弃后转变为林地[图 4-2（d）]。此时，生物质和土壤碳库几乎减少到耕地的平衡值。因此，这种情况下碳通量在考虑（BLUE）或不考虑（之前模型）历史的情况下，农田弃耕后的变化非常相似。图 4-2 说明，土地

利用与土地覆盖变化事件造成的排放量取决于土地利用变化历史，而土地利用变化历史会发生变化。

经过近 40 年的发展与完善，簿记模型的核算方法已经得到了业界高度的认可，目前已经成为全球土地利用变化碳排放核算研究中广泛应用的方法。IPCC 第五次评估报告和每年更新的全球碳收支中的土地利用变化碳排放部分都是使用簿记模型来核算的。需要指出的是，簿记模型在核算土地利用变化碳排放方面既有优势，也有不可弥补的缺陷。优势在于我们可以根据响应曲线分离出不同阶段的土地利用变化活动，从而能够核算单个土地利用变化活动造成的碳排放量。簿记模型也存在一些方法本身带来的缺陷，会导致估算过程中的不确定性。簿记模型没有考虑环境变化对于森林恢复固碳强度的影响，如大气 CO_2 浓度上升、气候变化以及大气氮沉降等（Houghton and Nassikas，2017）。因此，簿记模型模拟历史时期内土地利用与土地覆盖变化对碳循环影响时，如从 1850～2000 年，假设森林生长速率和碳库分解速率不随时间发生变化，同时这两个过程所采用的参数是来源于近期的观测和实验结果，对于早期的模拟会存在明显的不确定性。

4.2.2 动态全球植被模型

动态全球植被模型（dynamic global vegetation models，DGVMs）可以区分为不同的子模块，如碳循环模块、水文模块和植被动态模块等。模型的驱动数据主要包括气候、大气 CO_2 浓度、土壤和土地利用变化数据等。随着遥感技术的发展，利用遥感手段获取模型所需要的参数具有准确度高，易获取等优势，遥感科学的发展极大地推动了动态全球植被模型的发展。目前国际上的 DGVMs 已经达数十种，不同模型中的输入输出数据和包含的生态过程会有差别。随着人们对生态系统认识的逐渐深入，已有的 DGVMs 也在不断改进，越来越多的植被功能型和生态过程被加入模型中，模拟精度逐渐提高。由于包含了碳循环过程的模拟，DGVMs 的一个重要应用就是模拟土地利用变化造成的生态系统碳动态。

概念卡片：

动态全球植被模型，通过建立植被与环境间相互作用的动态关系，模拟植被的生理过程（光合作用、呼吸作用和光合产物分解过程）、植被动态（竞争、死亡和新个体的产生）、植被物候和营养物质循环等过程。

随着模型的不断发展和完善，目前 DGVMs 已经在核算全球或地区的土地利用变化碳排放研究中占有重要的地位。在“全球碳计划”（GCP）发布的《2016 年全球碳预算报告》中，DGVMs 首次作为土地利用变化碳排放的辅助核算方法，用来检验簿记模型核算结果的准确性（Le Quéré et al.，2016）。在 GCB2022 中，使用的 DGVMs 已经增加到了 17 个，虽然各个模型的核算结果略有不同，但所有模型的平均值与簿记模型的核算在年代尺度上大致吻合（Friedlingstein et al.，2020）。此外，DGVMs 也广泛应用于洲际和国家尺度的土地利用变化碳排放核算研究（Smith et al.，2014；Walker et al.，2017）。近年来 DGVMs 的不断改进已经使其对碳通量的模拟精度得到了长足的进步，但模拟不确定性仍然很大，这主要是模型对许多生态系统过程的描述过于简化，因此提高模型的准确度会是 DGVMs 发展的长久不变的主题。

与簿记模型不同的是，DGVMs 模型是通过模拟土地覆盖与土地利用变化对碳通量的影响来刻画其影响的。具体的模拟方法在不同模型间存在着巨大差异，这取决于各个模型自身的模型公式（Lawrence et al.，2012；Reick et al.，2013）。以社区土地模型（community land model，CLM）为例，基于质量平衡原则，在一个模拟栅格点上，某一个生态系统类型面积减少，其碳密度并不降低，但是该生态系统类型在该栅格点上总的含碳量（面积×密度）则会因为其面积减少而降低。生态系统内的碳随着木材砍伐或者农产品收获而被移出，这部分碳会以一定的比例按照不同的分解周期（周转率）释放到大气中去，通常设定三个周转率库，分别为 1 年、10 年和 100 年。例如，移出的木材如果用于燃烧，则其中含有的碳以 1 年的周转率释放到大气中；用于造纸的碳则以 10 年的周转率释放到大气中，做成家具的碳则会以 100 年的周转率释放到大气中。除了被人类利用的碳，有相当大的一部分受土地利用变化影响的碳会以凋落物的形式残留在陆地生态系统内，那么 DGVMs 则会把这部分碳以凋落物的形式模拟其周转过程。草地转换为农田的过程一般会导致在随后的几年内土壤有机碳降低。这主要是草地转变为农田后，由于农作物自身的特点和收获行为导致凋落物大幅度减少，从而显著降低了土壤有机碳含量。例如，DayCent（daily carbon and nitrogen model）模型对农田生态系统设置了更高的凋落物周转率。其他模型也在农田生态系统中设置了更高的土壤有机碳周转率（Pugh et al.，2015）。

在全球尺度上，DGVMs 模拟的空间分辨率较粗，一般在几十公里或上百公里，因此每个模拟的最小单元包含了多种土地利用变化方式。目前，大多数 DGVMs 模型处理土地利用变化对碳循环影响时仅考虑栅格点内土地利用净变化（Le Quéré et al.，2016），忽略了栅格点内土地利用方式的多向变化。如图 4-3 所示（Yue et al.，2018），在一个模型模拟的栅格点内，空间分辨率为 0.5°×0.5°，假定在其中森林覆盖率为 70%，农田覆盖

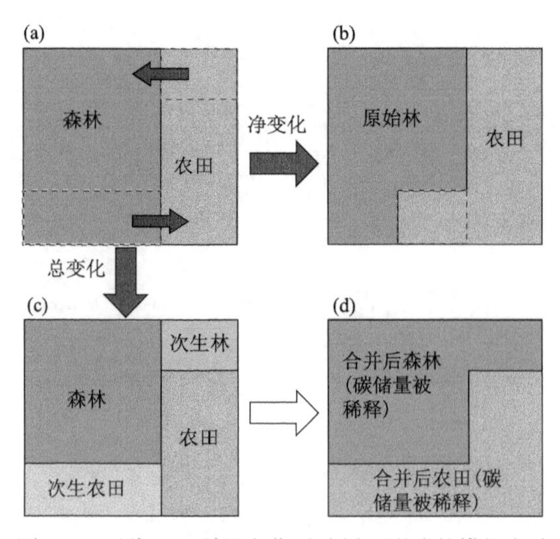

图 4-3　两种土地利用变化对碳循环影响的模拟方式

（a）实际的土地利用变化，红色箭头表示土地流动方向；（b）单向模拟方式，省略了土地的双向流动；（c）双向模拟方式，考虑了总过渡后土地利用变化后的中间土地覆被模式；（d）计入土地利用变化后的最终土地覆被情况（Yue et al.，2018）

率为 30%。在发生土地利用转变时，有 20%的森林转变为农田，另外，10%的农田转变为森林[图 4-3（a）]。在净变化的模拟方案中，简化处理这个栅格点内的土地利用变化，双向变化被简化为单向变化，即总体而言仅有 10%的森林转变为农田[图 4-3（b）]。这种处理显然低估了土地利用变化强度，因此会导致土地利用变化对碳循环影响的低估。目前越来越多的模型开始考虑栅格点内的多向土地利用变化方式，如图 4-3（c）所示，同时模拟 20%的原有森林转变为农田，以及 10%的原有农田转变为森林。

4.2.3 碳排放系数法

碳排放系数法是最简单也是应用最广泛的土地利用变化碳排放测算方法。IPCC 推荐的用于测算国家尺度土地利用变化碳排放的方法即是一种碳排放系数法。1996 年 IPCC 发布《IPCC 国家温室气体清单指南（1996 年修订版）》，首次将温室气体排放源细分成 6 个组成部分，其中包括了森林和其他木制品碳储量的变化、森林和草地转换等，以及土地利用与覆盖变化密切相关的内容。考虑到土地利用与覆盖变化碳排放的特殊性，IPCC 于 2003 年又单独编制出版了《土地利用、土地利用变化和林业优良做法指南》，统一和定义了土地利用分类、涵盖所有地类及其相互转化以及土地利用、土地利用变化和林业活动的碳排放计量方法。2006 年 IPCC 又重新编制了《2006 年 IPCC 国家温室气体清单指南》，将农业与土地利用变化和林业部分进行整合，使得整个农业及土地利用变化和林业（AFOLU）成为一个整体。

IPCC 评估方法是基于以下两个基本原则：①陆地生态系统排放到大气或者从大气中固定 CO_2 通量等于现有陆地生态系统生物量和土壤中碳储量的变化；②计算植被或者土壤有机碳储量的变化时首先确定土地利用的变化率和导致碳储量变化的驱动因素（如焚烧、皆伐、选择性砍伐等），其次这些驱动因素对碳储量的影响采用活动数据（驱动因素的强度）和排放因子（单位驱动因素强度下的碳储量）的乘积来计算。基于上述原则，IPCC 评估方法被使用于估算所有的碳库，即地上生物量、地下生物量、死木、枯枝落叶和土壤有机碳，同时在有基础数据的情况下细分生态系统类型、气候区域和管理做法间的差异，以便进一步提高核算的准确性。式（4-1）举例说明根据按土地利用变化的面积计算碳损失率和碳增加率，以估计碳库变化。这里的活动数据是指土地利用变化的面积，可用其乘以排放因子来计算导致的碳损失率和碳增加率。

$$\Delta C = \sum_{ijk}\left[A_{ijk} \times \left(C_{\mathrm{I}} - C_{\mathrm{L}}\right)_{ijk}\right] \tag{4-1}$$

式中，ΔC 为碳储量的变化；A 为土地面积；i 为气候类型；j 为森林类型；k 为管理做法；C_{I} 为碳增加率；C_{L} 为碳损失率。《土地利用、土地利用变化和林业优良做法指南》中提出了一种在两个时间点测量碳储量以评估碳储量变化时采用的替代方法。式（4-2）列举说明了以这种方式估计碳储量变化的一般方法。

$$\Delta C = \sum_{ijk}\left[\left(C_{t2} - C_{t1}\right) / \left(t_2 - t_1\right)_{ijk}\right] \tag{4-2}$$

式中，C_{t1} 为在时间 t_1 时库中的碳储量；C_{t2} 在时间 t_2 时库中的碳储量。

IPCC 方法的一个重要特点就是其尽可能兼顾在全球和国家尺度上应用的方便性和准确性。为此，IPCC 方法给出了三个层级（Tier 1，Tier 2，Tier 3）的做法指南。Tier 1 采用 IPCC 指南（工作手册）提供的基本方法、默认排放因子以及数据。对于只在 IPCC 指南中提及的某些土地利用和库而言，Tier 1 通常利用空间范围粗略的活动数据，如国家或全球范围的毁林率、农业生产统计资料和全球土地覆盖图等。Tier 2 利用与 Tier 1 相同的方法，但是采用本国更加准确的活动数据和排放因子。国家确定的排放因子/活动数据适合于该国的气候区域和土地利用系统，数据的生产制作方法也要比采用全球数据的方法准确，因此会显著提升两种数据的准确性，从而提升对于估算结果的准确性。另外，采用本国的特定数据，其有可能会具有更高的时间和空间分辨率，能够有助于分析该国特定区域和土地利用类别的影响。在数据许可的情况下，Tier 2 也可采用基于国家具体数据的储量变化法。Tier 3 是最高层级的方法，包括使用适用于本国的模型和清查测量等方法。这些方法一般需要高分辨率活动数据和更细分类（如省级、市级、县级等），乃至格网尺度上的数据。与较低层级的方法相比，这些较高层级的方法所提供的估值准确性更高。这类方法可以对发生土地利用变化的地块在一段时间内进行跟踪，使得研究者和政策制定者掌握更加细致的信息。

2003 年的《土地利用、土地利用变化和林业优良做法指南》在估算土地利用与土地覆盖变化对陆地碳循环影响时，具体分四个方面进行核算：生物量中碳储量的变化、死有机质中碳储量的变化、土壤有机碳储量的变化和非 CO_2 温室气体排放。每一部分都是按照上述的基本原理，通过估计土地利用变化对碳库的影响来计算陆地生态系统排放和固定 CO_2。本书以由其他土地覆盖类型转变为林地情况为例介绍 IPCC 方法具体的计算过程和思路，由于篇幅所限仅介绍 Tier 1。

总体而言，由其他土地覆盖类型转变为林地所导致的碳吸收和释放通过土地中年度碳储量变化来反映：

$$\Delta C_{\mathrm{LF}} = \Delta C_{\mathrm{LF\_LB}} + \Delta C_{\mathrm{LF\_DOM}} + \Delta C_{\mathrm{LF\_Soil}} \tag{4-3}$$

式中，ΔC_{LF} 为由其他类型土地转变为林地中的年度碳储量变化；$\Delta C_{\mathrm{LF\_LB}}$ 为转变为林地的土地中生物量（地上和地下生物量）的年度碳储量变化；$\Delta C_{\mathrm{LF\_DOM}}$ 为转变为林地的土地中死有机质（死木和枯枝落叶）的年度碳储量变化；$\Delta C_{\mathrm{LF\_Soil}}$ 为转变为林地的土地中土壤有机碳储量的变化。

1）活生物量中碳储量的变化

活生物量的年度碳储量变化遵循 IPCC 指南中的默认做法来估计。通过人工和天然更新转变为森林的土地活生物量（包括地上和地下生物量）中碳储量变化 $\Delta C_{\mathrm{LF\_LB}}$，利用式（4-4）估算：

$$\Delta C_{\mathrm{LF\_LB}} = \Delta C_{\mathrm{LF_{增加}}} - \Delta C_{\mathrm{LF_{减少}}} \tag{4-4}$$

式中，$\Delta C_{\mathrm{LF_{增加}}}$ 和 $\Delta C_{\mathrm{LF_{减少}}}$ 分别为转变为林地的土地因生长引起的活生物量中年度碳储量的增加和转变为林地的土地中因采伐、薪柴采集和扰动造成的损失引起的活生物量中年度碳储量的减少（tC/a）。森林的生长率在很大程度上依赖于管理制度，因此应区分集约型管理的森林（如进行集约整地和施肥的人工林）与粗放型管理的森林（如进行最低限度人类干预的天然更新林）来计算 $\Delta C_{LF_{增加}}$：

$$\Delta C_{LF_{增加}} = \left(\sum_k A_{集约型管理_k} \cdot G_{集约型管理总和_k} + \sum_m A_{粗放型管理_m} \cdot G_{粗放型管理总和_m}\right) \cdot CF \quad (4\text{-}5)$$

式中，$A_{集约型管理_k}$ 为在条件 k 下集约经营林（包括人工林）的土地面积（hm^2）；$G_{集约型管理总和_k}$ 为在条件 k 下集约经营林（包括人工林）中生物量的年生长率[$t_{干物质}/(hm^2/a)$]；$A_{粗放型管理_m}$ 为在 m 条件下转变为粗放型经营林的土地面积（hm^2）；$G_{粗放型管理总和_m}$ 为在条件 m 下粗放型经营林（包括天然更新林）中生物量的年生长率[$t_{干物质}/(hm^2/a)$]；k、m 分别为集约型和粗放型经营林生长的不同条件；CF 为干物质中的含碳比例（默认值为 0.5t 碳/t 干物质）。

在采伐、薪柴采集和扰动可归于转变为森林土地的情况下，年度损失的生物量应利用式（4-6）进行估计：

$$\Delta C_{LF_{减少}} = L_{采伐} + L_{薪柴} + L_{其他损失} \quad (4\text{-}6)$$

式中，$L_{采伐}$、$L_{薪柴}$、$L_{其他损失}$ 分别为转变为林地的土地中采伐工业用材和锯材原木引起的生物量损失、薪柴采集引起的生物量损失、火烧和其他扰动引起的生物量损失。

2）死有机质中碳储量的变化

在土地转变为林地后量化死有机质库中碳排放和清除的方法，需要估计转变之前和之后的碳储量，并估计在此期间发生转变的土地面积。多数其他土地不会有死木或枯枝落叶库，因此可将转变前对应碳库的默认值定为 0，可利用式（4-7）进行估计：

$$\Delta C_{LF_{DW}} = \left\{\left[A_{NatR} \cdot \left(B_{转入_{NatR}} - B_{转出_{NatR}}\right)\right] + \left[A_{ArtR} \cdot \left(B_{转入_{ArtR}} - B_{转出_{ArtR}}\right)\right]\right\} \cdot CF \quad (4\text{-}7)$$

其中

$$B_{转入_{NatR}} = B_{现存量_{NatR}} \cdot M_{NatR} \quad (4\text{-}8)$$

$$B_{转入_{ArtR}} = B_{现存量_{ArtR}} \cdot M_{ArtR} \quad (4\text{-}9)$$

式中，A_{NatR} 和 A_{ArtR} 分别为通过天然更新和营造人工林转变为林地的土地面积（hm^2）；$B_{转入}$ 和 $B_{转出}$ 分别为通过天然更新和人工林转为森林的单位面积年均转入和转出死木生物量[$t_{干物质}/(hm^2/a)$]；$B_{现存量}$ 为现存生物量蓄积量（$t_{干物质}/hm^2$）；M 为死亡率，即每年转入死木库 $B_{现存量}$ 的比例。

转入和转出死木库的生物量难以测量，如果有适当的调查数据可加利用，则结合如国家森林清单一起收集：

$$\Delta C_{LF_{DW}}=\left[\frac{B_{t_2}-B_{t_1}}{T}\right]\cdot CF \tag{4-10}$$

式中，B_{t_2} 和 B_{t_1} 分别为在时间 t_2 和 t_1（先前时间）时死木蓄积量（$t_{干物质}/hm^2$）；T 为第 2 次蓄积量估计与第一次蓄积量估计的间隔期（a），$T=t_2-t_1$。2003 年《土地利用、土地利用变化和林业优良做法指南》Tier 1 假定转变为森林的土地中的死木碳无变化，年度转入和转出死木库的生物量相同。

另外一个重要的问题就是确定排放因子。对于死木而言，排放因子可以有三种不同层级的方法。Tier 1 是假定转变为森林的非林地中的死木碳储量是稳定的，排放和清除因子的净效应等于零。Tier 2 是利用已有研究得到的现存植被的死亡率，或取自森林和气候类似区域的死亡率计算死木速率。Tier 3 是各国制定本国的方法和参数用于估计死木中的变化。此类方法需要具有精细的长期清查观测资料。对于枯枝落叶的排放因子，也有三个层级的方法。Tier 1 也是假定转变为森林的非林地中的枯枝落叶碳储量是稳定的，排放和清除因子的净效应等于零。Tier 2 是在可获得的情况下，利用国家观测的数据，求出按不同森林类型分列的转变为森林的土地的枯枝落叶净累计率，如果国家或区域值不能用于某些森林类别，则采用默认值。Tier 3 是各国制定本国的方法和参数，利用国家按不同森林类型、扰乱和/或管理制度分列的枯枝落叶碳估值来估计枯枝落叶的变化。

3）土壤中碳储量的变化

转变为林地的土地土壤中产生的碳排放和清除基于以下方法进行核算。假定在给定的森林类型、管理措施和扰动状况下，矿质土壤有着稳定的碳含量，同时非林地转变为林地与土壤有机碳的变化有着潜在联系，并最终从一个土地类型达到另外一个稳定的状态，在向新的平衡过渡期间，土壤有机碳的固碳/释放以线性方式发生。式（4-11）反映了预计集约型经营林和粗放型经营林土壤有机碳的变化模式与时期之间的差异。

$$\Delta C_{LF_{矿物质}}=\Delta C_{LF_{粗放林}}+\Delta C_{LF_{集约林}} \tag{4-11}$$

其中

$$\Delta C_{LF_{粗放林}}=\left[\left(SOC_{粗放林}-SOC_{非林地}\right)\cdot A_{粗放林}\right]/T_{粗放林} \tag{4-12}$$

$$\Delta C_{LF_{集约林}}=\left[\left(SOC_{集约林}-SOC_{非林地}\right)\cdot A_{集约林}\right]/T_{集约林} \tag{4-13}$$

$$SOC_{Int,粗放林}=SOC_{参考}\cdot f_{森林类型}\cdot f_{管理强度}\cdot f_{干扰状况} \tag{4-14}$$

式中，$\Delta C_{LF_{粗放林}}$ 和 $\Delta C_{LF_{集约林}}$ 分别为转变为粗放型经营林地和集约型经营林地的土地中矿质土壤的年度碳储量变化（t C/a）；$SOC_{粗放林}$ 和 $SOC_{集约林}$ 分别为新的粗放型经营林和新的集约型经营林稳定的土壤有机碳储量（t C/hm^2）；$SOC_{非林地}$ 为转变前非林地的土壤有机碳储量（t C/ hm^2）；$A_{粗放林}$ 和 $A_{集约林}$ 分别为转变为粗放型经营林和集约型经营林的土地面积（hm^2）；$T_{粗放林}$ 和 $T_{集约林}$ 分别为从 $SOC_{非林地}$ 到 $SOC_{粗放林}$ 和 $SOC_{集约林}$ 的过渡期（a）；$SOC_{参考}$

为给定土壤上天然非经营林下的参考碳储量（t C/hm^2）；$f_{森林类型}$、$f_{管理强度}$和$f_{干扰状况}$分别为不同于天然林植被的森林类型的调整因子、管理强度影响调整因子和不同于自然扰乱的扰乱状况对土壤有机碳影响的调整因子。

具体而言，可以选择不同层级的估算方法。Tier 1 考虑了农田和草地向林地的转变，然而不区分新造林的集约型与粗放型管理，因此，$SOC_{粗放林}=SOC_{集约林}=SOC_{参考}$，$T_{粗放林}=T_{集约林}=T_{造林}$。将默认方程简化为

$$\Delta C_{LF_{矿物质}}=\left[\left(SOC_{参考}-SOC_{非林地}\right)\cdot A_{造林}\right]/T_{造林} \quad (4\text{-}15)$$

4.3 全球土地利用变化时空格局

4.3.1 全球土地利用与土地覆盖的空间变化特征

全球土地利用变化格局发生了深刻的变化。研究显示，1960～2019 年间，全球约17%的陆地表面经历过至少一次的土地利用变化，如果把一个地点内多次土地利用变化也计算在内，那么发生过土地利用变化的面积占全球陆地表面积的 32%（4300 万 km^2），每年发生变化的面积相当于两个德国国土的面积（Winkler et al.，2021）（图 4-4）。全球森林净损失面积达到了 80 万 km^2，农田和牧场却分别增加了 100 万 km^{2}和 90 万 km^2。北半球（包括中国）的森林面积有所增加，而南半球发展中国家的森林面积大幅减少。森林收益和损失的南北差异与全球耕地面积相反，全球北方的耕地面积减少了，而全球南方的耕地面积增加了。南北半球的牧场面积变化区别不大，这主要是北半球的中国和南半球的巴西两国牧场扩张主导了全球变化（图 4-5）（Winkler et al.，2021）。土地利用

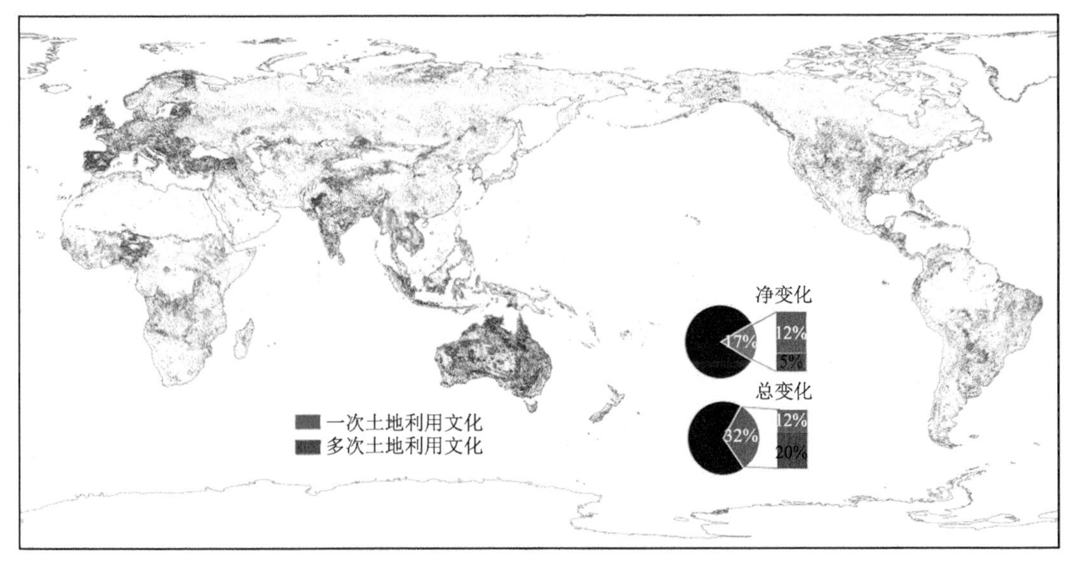

图 4-4 全球 1960～2019 年间土地利用变化空间格局（Winkler et al.，2021）

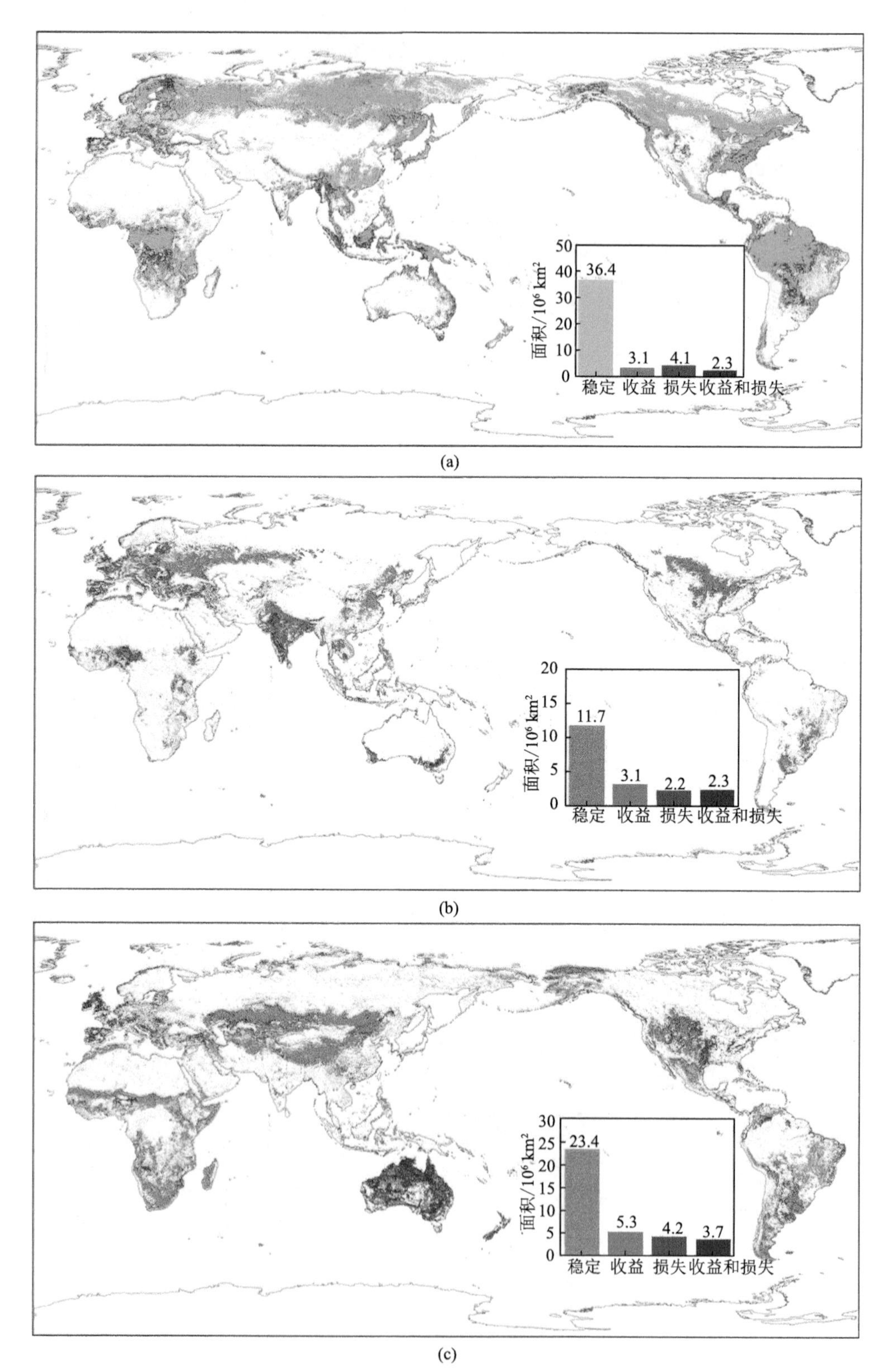

图 4-5 全球 1960~2019 年森林（a）、农田（b）和牧场（c）变化格局（Winkler et al.，2021）

与土地覆盖变化表现出鲜明的区域性，这与各个国家社会经济发展、生态保护政策以及气候变化等因素密不可分。例如，中国的森林覆盖率在20世纪80年代初不足12%，在中国政府实施的一系列生态保护和植树造林政策的强烈影响下，《2022年中国国土绿化状况公报》显示，我国森林覆盖率达24.02%，取得了举世瞩目的成就；欧洲地区和美国的农业用地放弃；西伯利亚的气候引起的植被变化以及美国和澳大利亚牧场的木本侵占。相反，巴西亚马孙地区的牛肉、甘蔗和大豆生产，东南亚的油棕生产，尼日利亚和喀麦隆的可可生产都导致了热带森林砍伐。此外，在中国，牧场已广泛扩展到边缘土地。

通过将土地利用变化划分为具有单一变化（如森林砍伐）或多个变化事件（如作物-草轮作）的区域，我们看到了全球的清晰模式（图4-4）。在所有土地转型中，38%是单一变化事件，这在全球南方的发展中国家最为明显。在发生单一变化事件的地区中，约有一半（48%）包括农业扩张，如在中国不断扩大的牧场或亚马孙的热带森林砍伐中可以看到这一点。多个变化事件占所有土地过渡的62%。与单一变化相反，多重变化在全球北方的发达国家（如欧洲各国、美国、澳大利亚）和快速增长的经济体（如尼日利亚、印度）占主导地位。在过去几十年中，农业集约化（如欧盟各国和美国）和/或农业部门的重大转型（如尼日利亚从生计作物转向商品作物）已经发生。在所有多重变化事件中，86%是农业用地利用变化（与农田-牧场/草地相关的土地过渡）。其中一些变化直接或间接地与土地管理和农业集约化有关。农田-牧场/草地转变（占所有多次变化事件的11%）可能表明像美国、澳大利亚和欧洲国家地区存在农作物轮作或混合农作物-畜牧业系统。大多数多重变化（75%）发生在有管理的土地和未管理的土地之间。

4.3.2 全球土地利用与土地覆盖的时间变化特征

土地利用与土地覆盖在空间上表现出极大的不均一，同时其在时间上也表现出很强的异质性。研究发现，从总体来看，全球土地利用与土地覆盖变化在两个时间段内具有明显不同的变化特征：①1960～2004年，全球土地利用与土地覆盖变化速率不断上升；②2005～2019年，变化速率逐渐下降（图4-6）（Winkler et al., 2021）。第一个阶段的变化速率不断上升发生在全球粮食供给格局变化的背景下，恰逢全球粮食生产从农业技术集约化转变为全球化市场供给增加的时期。这一土地利用与土地覆盖变化加速阶段在南半球地区更为明显，如在南美洲、非洲和东南亚变化趋势所体现的，那里的商品作物生产和出口有所增加，特别是自2000年以来最为明显。全球粮食供需市场连接日益紧密是全球土地利用变化的主要驱动力，特别是导致南半球诸多国家砍伐森林增加农田的主要驱动力。

然而，图4-6中数据表明，自2005年以来，土地利用变化速率呈现了急剧降低的变化趋势，这在非洲和南美洲，或亚热带和热带地区最为明显。这种转变与2007～2009年全球经济和粮食危机背景下的市场发展息息相关。在危机之前，全球对食品、饲料和生物燃料的需求持续增长，同时油价上涨刺激了全球农业生产，从而加剧了全球土地利用的变化。特别是与化石燃料相比，高油价使生物能源作物更具竞争力和盈利能力。因此，在危机之前北半球发达国家的需求增加大大刺激了南半球国家的生物能源作物扩张。

2007～2009年经济危机期间，生物燃料政策、极端气候和出口禁令导致全球粮食价格飙升，引起了许多依赖进口的国家和快速增长经济体对于粮食安全的担忧。于是，出现了一波大规模的跨界土地征用和外国农业投资浪潮，主要针对撒哈拉以南的非洲、东南亚和南美洲。在2007～2009年经济危机之后，全球土地利用变化的放缓主要是全球南方国家的农业扩张下降造成的，特别是在阿根廷、加纳和埃塞俄比亚。上述三个阶段的国际经济形势的变化反映了南半球许多国家（如巴西、阿根廷或埃塞俄比亚）先期土地利用变化速度急剧增加（2000～2005年）、随之而来的波动（2006～2010年）和之后的急剧下降（2010年之后）。全球土地利用变化的减速与经济危机期间的市场机制有关。随着大衰退期间经济繁荣的结束，全球对大宗商品的需求下降。在危机前专注于为全球市场生产商品作物的国家（如阿根廷、巴西、加纳或印度尼西亚）不再有购买其商品的买家，农业生产减少，因此，农业用地扩张率降低。Winkler（2021）观察到的土地利用变化率急剧下降，特别是在非洲（图4-6）。

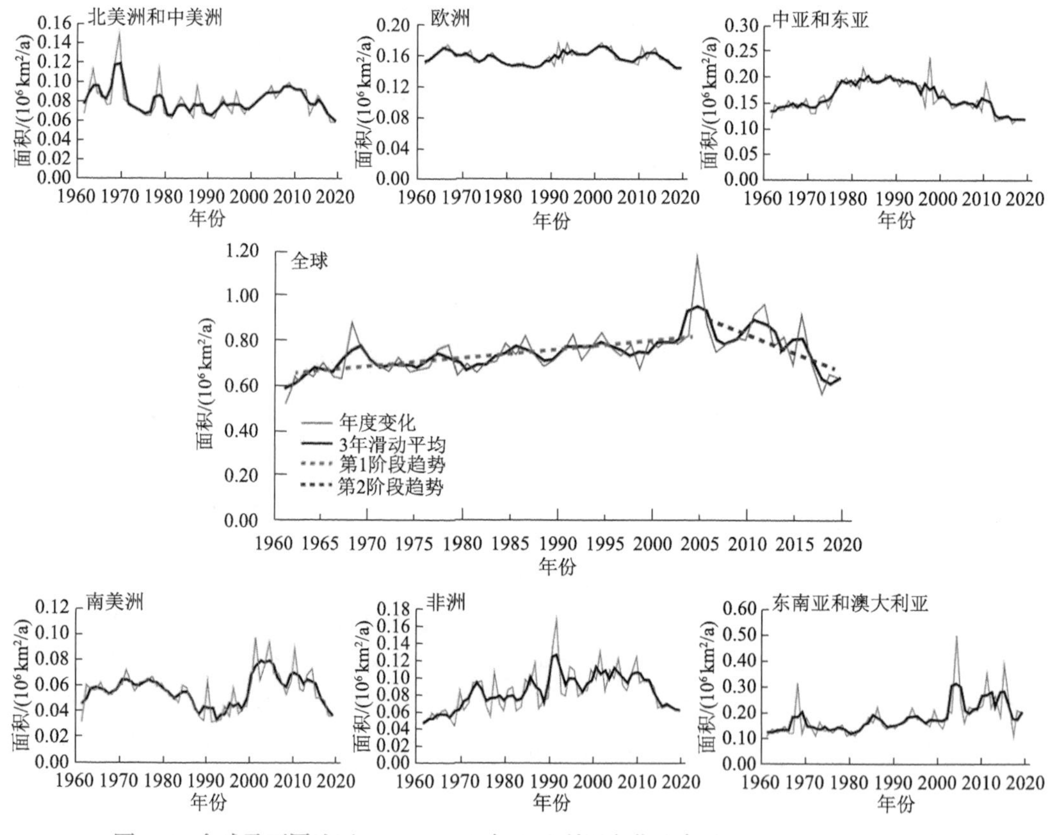

图4-6　全球及不同地区1960～2019年土地利用变化速率（Winkler et al.，2021）

除全球化贸易外，土地变化动态的其他重要驱动因素是气候变化及其相关影响，如极端事件、干旱和洪水，这些驱动因素在减速阶段日益影响土地利用变化的速度。2000年以来，西非和东非的农业土地利用受到干旱的影响，这可以从2010～2011年干旱后埃塞俄比亚土地利用变化率大幅下降中看出。此外，气候多变性和人类活动造成的土地退化往往与放弃耕地、扩大农田和其他地方砍伐森林有关，这在热带地区广泛可见。

在分析每个土地利用/覆盖（land use/cover，LUC）类别的全球土地利用变化的时间动态时，发现农业土地利用变化的年度变化很大。虽然全球森林面积显示出相当稳定的年度净减少，但在20世纪90年代，农田-牧场/草地随着时间的推移显示出很大的波动，大约是森林观测值的四倍（Winkler et al.，2021）。这种差异可能源于联合国粮食及农业组织（FAO）/全球森林资源评估（Forest Resources Assessment，FRA）森林数据的5年报告计划以及农业土地利用变化对社会经济发展的更快响应时间的结合。特别是，农业用地变化的速度可能受到政治制度变化（如1991年苏联解体后的土地放弃）、全球化供应链中断（如1980年美国对俄罗斯的大豆禁运）、自然保护激励措施（如避免森林砍伐）、自然灾害和干旱等极端事件的影响。全球农业用地的年际变化很大，主要出现在20世纪90年代，经过了长期的净扩张。这与重大地缘政治转变（特别是苏联解体）发生和市场驱动的粮食生产变得重要的时期相匹配。牧场/草地呈下降趋势，这归因于畜牧业的技术进步，相比之下，全球耕地自2000年以来经历了一波又一波的扩张浪潮。

4.4 土地利用与覆盖变化对陆地碳排放的影响

很多研究量化了全球土地利用与土地覆盖变化对陆地碳源汇的影响，其中“全球碳计划”由于其系统性、延续性和完整性，一直被学术界认为是权威的评估。为此本章采用“全球碳计划”中的结果对土地利用与覆盖变化对陆地碳循环的影响加以介绍。具体而言，自1850～2021年，全球由于土地利用变化导致了净累计 CO_2 释放量达到了205±60Gt C（Friedlingstein et al.，2022）。从1960～2019年间，土地利用变化导致的碳释放保持相对稳定的变化趋势，仅从20世纪90年代以来呈现出略微下降，2012～2021年的释放量为1.2±0.7Gt C/a（表4-1）。

表4-1 不同方法对于土地利用变化导致碳源汇影响的估算（Friedlingstein et al.，2022）

项目	1960～1969年	1970～1979年	1980～1989年	1990～1999年	2000～2009年	2012～2021年
簿记模型-净通量	1.5±0.7	1.2±0.7	1.3±0.7	1.5±0.7	1.4±0.7	1.2±0.7
簿记模型-毁林	1.6±0.4	1.5±0.4	1.6±0.4	1.8±0.3	1.9±0.4	1.8±0.4
簿记模型-有机土壤	0.1±0.1	0.1±0.1	0.2±0.1	0.2±0.1	0.2±0.1	0.2±0.1
簿记模型-造林、再造林和木材收获	−0.6±0.1	−0.6±0.1	−0.6±0.2	−0.7±0.1	−0.8±0.2	−0.9±0.3
DGVMs模型-净通量	1.4±0.5	1.3±0.5	1.4±0.5	1.5±0.6	1.6±0.6	1.6±0.5

注：表中数据单位为Gt C/a，正值表示从陆地向大气释放 CO_2，负值表示吸收。

土地利用变化对碳循环的影响有两面性：一方面导致陆地生态系统向大气中释放 CO_2（总释放量）（如森林转变为农田）；另外一方面也会促进陆地生态系统吸收固定大气中的 CO_2（总固定量）（如农田转变为森林）。因此，上述给出的净累计 CO_2 释放量包含了其固定 CO_2 的部分。如果单纯计算土地利用变化导致的碳释放，则其强度是净释放量的 2～3 倍[图 4-7（c）]（Friedlingstein et al.，2022）。总释放量从 20 世纪 60 年代的 3.2±0.9Gt C/a 逐渐增加到 2012～2021 年的 3.8±0.7Gt C/a。总固定量也由 20 世纪 60 年代的 1.8±0.4Gt C/a 上升到 2012～2021 年的 2.6±0.4Gt C/a，其增加速度略高于总释放量的增加速率。需要指出的是，引起碳释放的土地利用变化通常是那些产生效应较快的过程，如毁林等，在发生后的当年或随后几年即会带来强烈的碳释放。相反地，能够增加陆地碳汇的土地利用变化通常是产生效应较慢的过程，如造林、再造林等，要在这些措施实施后数年或数十年后才能有效、稳定地固定大气中的 CO_2。

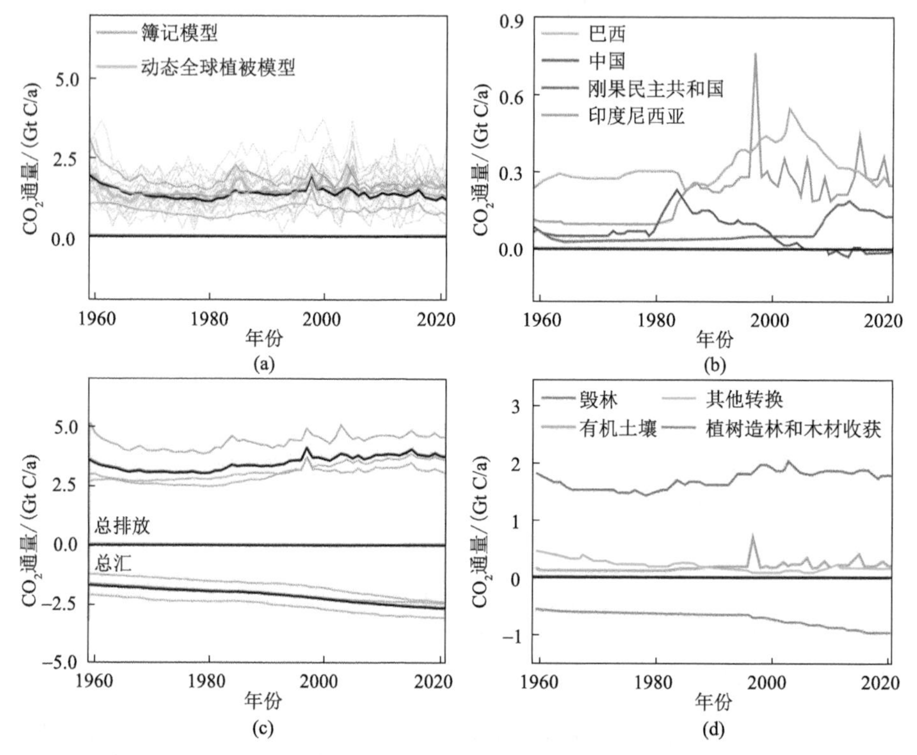

图 4-7　土地利用变化导致的陆地碳通量长时间变化趋势

（a）簿记模型和动态全球植被模型估算的 1960～2021 年全球由于土地利用变化导致的碳通量变化；（b）四个主要国家和地区由于土地利用变化导致的碳通量变化；（c）土地利用变化导致的碳通量变化趋势；（d）全球四种土地利用变化方式导致的碳通量变化（Friedlingstein et al.，2022）

此外，土地利用引起的陆地碳通量净变化可以分为四个主要的驱动因素：①毁林；②植树造林、再造林和木材收获（即林地上的所有通量）；③泥炭地土壤碳排放（即泥炭地排水和火灾）；④其他过程。2012～2021 年期间，三个簿记模型估计结果显示，森林砍伐导致的碳释放通量为 1.8 ± 0.4Gt C/a；植树造林、再造林和木材采伐导致了陆地增汇，增汇强度为 0.9±0.3Gt C/a。泥炭地土壤碳排放和其他过程导致的排放均较小，分别为 0.2±0.1Gt C/a 和 0.2 ± 0.1Gt C/a[图 4-7（d）]。因此，毁林是全球土地利用变化导致碳释放的主要驱动力。然而，与上述总排放量的估算即 3.8±0.7Gt C/a 相比，森林砍伐导致的碳释放通量相对较小（1.8 ± 0.4Gt C/a），这是因为与木材采伐相关的排放不算作毁林，它们不会改变土地覆盖。

从区域上看，土地利用变化导致的碳排放量最高的地区是热带地区。其中碳排放量最大的三个国家（1959～2021 年累计和 2012～2021 年平均）是巴西（特别是亚马孙森林砍伐弧）、印度尼西亚和刚果民主共和国，这三个国家贡献了 0.7Gt C/a，约为全球土地利用总排放量的 58%（2012～2021 年平均值）[图 4-7（b）]。这与农田的大规模扩张有关，特别是在过去几十年中的拉丁美洲、东南亚和撒哈拉以南的非洲（Hong et al.，2021），其中很大一部分用于农产品出口（Pendrill et al.，2019）。许多热带国家，特别是东南亚的排放强度很高，因为碳密集，且通常是原始未退化的天然林地区的土地转化率很高（Hong et al.，2021）。亚洲赤道附近的泥炭火灾进一步增加了排放量（GFED4s，van der Werf et al.，2017）。由于土地利用变化而使碳吸收的部分情况是 19 世纪和 20 世纪以欧洲为主的部分地区进行了大规模的森林转型以及随后的森林再生[图 4-7（b）]（Friedlingstein et al.，2022）。

课后思考

1. 土地利用与土地覆盖变化通过哪些过程影响陆地生态系统碳循环？
2. 评估土地利用变化对碳循环影响的几种主要方法的原理有何差异？
3. 全球土地利用变化时空格局有何特征？
4. 全球尺度上土地利用变化对陆地碳循环的影响有何特征？

参考文献

Friedlingstein P, O'Sullivan M, Jones M W, et al. 2020. Global Carbon Budget 2020. Earth System Science Data, 12: 3269-3340.

Friedlingstein P, O'Sullivan M, Jones M W, et al. 2022. Global Carbon Budget 2021. Earth System Science Data, 14: 1917-2005.

Gasser T, Crepin L, Quilcaille Y, et al. 2020. Historical CO_2 emissions from land use and land cover change and their uncertainty. Biogeosciences, 17(15): 4075-4101.

Guo L B, Gifford R M. 2002. Soil carbon stocks and land use change: a meta-analysis. Global Change Biology, 8(4): 345-360.

Hansis E, Davis S J, Pongratz J. 2015. Relevance of methodological choices for accounting of land use change carbon fluxes. Global Biogeochemical Cycles, 29: 1230-1246.

Houghton R A, Hackler J L. 2003. Sources and sinks of carbon from land-use change in China. Global Biogeochemical Cycles, 17: 1034.

Houghton R A, Nassikas A A. 2017. Global and regional fluxes of carbon from land use and land cover change 1850-2015: carbon emissions from land use. Global Biogeochemical Cycles, 31: 456-472.

Houghton R A, Hobbie J E, Melillo J M, et al. 1983. Changes in the Carbon Content of Terrestrial Biota and Soils between 1860 and 1980: a net release of CO_2 to the atmosphere. Ecological Monographs, 53(3): 235-262.

Hong C, Burney J A, Pongratz J, et al. 2021. Global and regional drivers of land-use emissions in 1961–2017. Nature, 589: 554-561.

Hua F Y, Bruijnzeel L A, Meli P, et al. 2022. The biodiversity and ecosystem service contributions and trade-offs of forest restoration approaches. Science, 376(6595): 839-844.

Lal R. 2001. Potential of desertification control to sequester carbon and mitigate the greenhouse effect. Climatic Change, 51: 35-72.

Lawrence D M, Oleson K W, Flanner M G, et al. 2012. The CCMS4 land simulations, 1850–2005: assessment of surface climate and new capabilities. Journal of Climate, 25(7): 2240-2260.

Le Quéré C, Andrew R M, Canadell J G, et al. 2016. Global carbon budget 2016. Earth System Science Data, 8: 605-649.

Mather A. 2001. The transition from deforestation to reforestation in Europe//Angelsen A, Kaimowitz D. Agricultural technologies and tropical deforestation. CABI in association with centre for international Forestry Research: 35-52.

Neill C, Davidson E A. 2000. Soil carbon accumulation or loss following deforestation for pasture in the Brazilian Amazon//Lal R, Kimble J M, Stewart B A. Global climate change and tropical ecosystems. Boca Raton, FL: CRC Press.

Paul K I, Polglase P J, Nyakuengama J G, et al. 2002. Change in soil carbon following afforestation. Forest Ecology and Management, 168(1-3): 241-257.

Parfitt R L, Scott N A, Ross D J, et al. 2003. Land use change effects on soil C and N transformations in soils of high N status: comparisons under indigenous forest, pasture and pine plantation. Biogeochemistry, 66: 203-221.

Pendrill F, Persson U M, Godar J, 2019. Agricultural and forestry trade drives large share of tropical deforestation emissions. Global Environment Change, 56: 1-10.

Poeplau C, Don A, Vesterdal L, et al. 2011. Temporal dynamics of soil organic carbon after land-use change in the temperate zone-carbon response functions as a model approach. Global Change Biology, 17(7): 2415-2427.

Pugh A M, Arneth A, Olin S, et al. 2015. Simulated carbon emissions from land-use change are substantially enhanced by accounting for agricultural management. Environmental Research Letters, 10: 124008.

Reick C, Raddatz T, Brovkin V, et al. 2013. Representation of natural and anthropogenic land cover change in MPI-ESM. Journal of Advanced in Modeling Earth System, 5: 459-482.

Smith B, Wårlind D, Arneth A, et al. 2014. Implications of incorporating N cycling and N limitations on primary production in an individual-based dynamic vegetation model. Biogeosciences, 11(7): 2027- 2054.

van der Werf G R, Randerson J T, Giglio L, et al. 2017. Global fire emissions estimates during 1997–2016. Earth System Science Data, 9: 697-720.

Walker A P, Quaife T, van Bodegom P M, et al. 2017. The impact of alternative trait-scaling hypotheses for the maximum photosynthetic carboxylation rate(Vcmax)on global gross primary production. New Phytologist, 215(4): 1370-1386.

Winkler K, Fuchs R, Rounsevell M, et al. 2021. Global land use changes are four times greater than previously estimated. Nature Communications, 12: 2501.

Yu Z, Ciais P, Piao S L, et al. 2022. Forest expansion dominates China's land carbon sink since 1980. Nature Communications, 13(1): 1-12.

Yue C, Ciais P, Luyssaert S, et al. 2018. Representing anthropogenic gross land use change, wood harvest, and forest age dynamics in a global vegetation model ORCHIDEE-MICT v8.4.2. Geoscientific Model Development, 11(1): 409-428.

Zhang Y J, Qin D H, Yuan W P, et al. 2016. Historical trends of forest fires and carbon emissions in China from 1988 to 2012. Journal of Geophysical Research: Biogeosciences, 121(9): 2506-2517.

5 生态系统碳源汇评估方法

孙庆龄，陈修治，罗晓凡

生态系统包括陆地和海洋所有的自然（如天然林）和人工（如农田）生态系统，在全球碳循环过程中扮演着重要的角色。“全球碳计划”的估算结果表明，每年化石燃料燃烧和水泥工业生产向大气中释放的碳排放量约为 34.81Gt CO_2（本书第 3 章），土地利用变化产生的碳排放为 4.03Gt CO_2（本书第 4 章），上述人为碳排放量的 54%会被生态系统吸收，其中，31%被陆地生态系统吸收，23%被海洋生态系统吸收，剩余的 46%会停留在大气中（Friedlingstein et al.，2022）。此外，合理有效的生态系统管理措施能够显著提升生态系统碳汇强度，使得现有的全球陆地生态系统碳汇增加 1.9 倍（Griscom et al.，2017），将能够抵消当前 70%的人为碳排放，在全球碳循环过程中扮演着非常重要的作用。

2021 年我国政府正式提出实施国家碳达峰、碳中和，工作方案明确指出须加强生态系统碳汇，计划在 2030 年中国森林蓄积量比 2005 年增加 60 亿 m^3。因此，提升生态系统的固碳增汇功能将是未来实现我国碳中和目标的重要组成部分（本书第 6 章）。同时，国家实施碳中和也是促进我国经济社会发展全面绿色转型的重大举措（何建坤，2021），如何最大限度地降低其对于经济发展的负面影响，成功实现碳中和与经济发展转型“双着陆”是科技界和政府管理部门面临的重大课题。特别是在实现碳中和的中后期，随着人为源减排空间缩小，减排的边际成本会急剧增加，仅依靠人为源减排实现碳中和会付出高额的经济代价（Clarke et al.，2014）。甚至有学者估算，单纯依靠人为源减排和碳捕集与封存技术的负排放技术可能无法如期实现碳中和目标（He，2021）。因此，实现碳中和目标本质上离不开生态系统的碳汇功能。

目前科技界对于生态系统碳汇强度和变化趋势的认识仍存在着巨大的不确定性。基于现有模型估算的陆地生态系统碳汇强度差异巨大，例如，中国陆地生态系统碳汇模拟从每年 0.4Gt CO_2（Piao et al.，2009）变化到 4.0Gt CO_2（Wang et al.，2020），如果考虑未来气候变化和生态系统演变将更为复杂，如何准确评估和预测陆地碳汇是当前科技界面临的巨大难题。不同于陆地生态系统，海洋生态系统碳汇模拟的最大挑战来源于气候和海洋环境变化趋势的不确定性（Bonan and Doney，2018）。受生物作用和气温变化等影响，中国陆架海气 CO_2 通量存在显著的时空差异，并且存在源汇的季节转换。陆源物质输入也会显著影响海洋物理、化学和生物环境，直接影响到海洋碳循环的两个关键过程，即有机碳沉积和浮游植物固碳（Dai，2013）。例如，中国陆架边缘海的沉积有机碳通量每年为 0.73 亿 t CO_2，其中超过 85%来源于陆源有机质的输入（焦念志，2012）。

Bonan 和 Doney（2018）研究认为地球系统模型模拟的不确定性来源主要有三种，

分别是初始条件不确定性（反映气候系统内部的非强迫变率，也称自然变率）、模型不确定性（反映模型结构、过程和参数化的不精确）和情景不确定性（情景描述了温室气体排放、土地利用变化和人为干扰等的时间演变，通常作为模型的边界条件）（图 5-1）。初始条件不确定性主要存在于较小的空间尺度和较短的时间尺度（如周和月尺度）上。在全球尺度，对于海洋生态系统，随着模拟时间的延长（如达到 30 年），情景不确定性占总不确定性的比重开始增加，同时模型不确定性的占比下降。对于陆地生态系统，在不同时间尺度上，模型模拟的总不确定性来源及其占比变化不大，以模型不确定性为主，模型结构在整个 21 世纪陆地碳循环模拟不确定性中占比高达 80%。

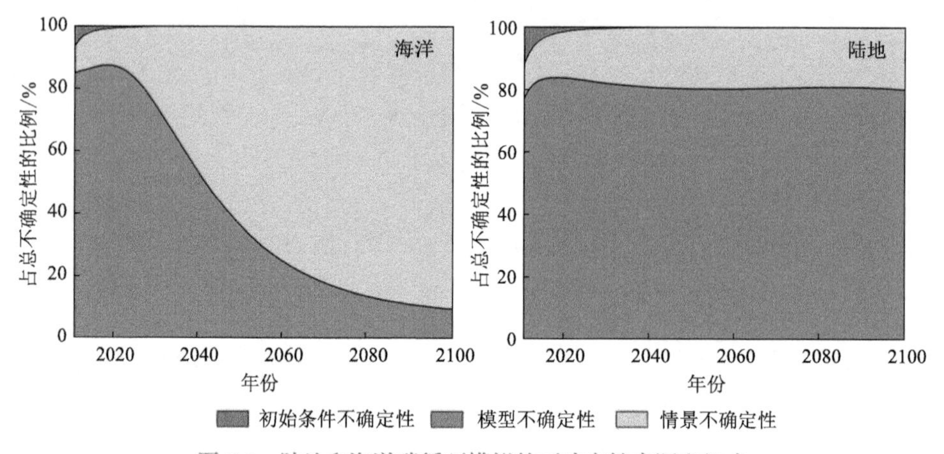

图 5-1　陆地和海洋碳循环模拟的不确定性来源和组成

总而言之，准确认知和精确评估生态系统碳源汇已成为当前科技界的重要研究议题之一。本章分别从生态系统碳循环过程及其影响因素、陆地生态系统碳源汇评估方法、海洋生态系统碳源汇评估模型、生态系统的碳源汇强度及其时空格局等方面进行介绍。

5.1　生态系统碳循环过程及其影响因素

5.1.1　陆地生态系统碳循环关键过程

陆地生态系统碳循环是从绿色植物开始的（图 5-2），绿色植物通过光合作用将大气中的 CO_2 转化为植物体内的有机物固定下来，形成植被总初级生产力（gross primary production，GPP），即通过光合作用所固定的 CO_2 的总量。同时，植物通过新陈代谢分解有机物维持自身的生命活动，把已经固定下来的有机碳转化为 CO_2 释放到大气中，这个过程称为自养呼吸过程（autotrophic respiration，Ra）。从植物光合作用合成的 GPP 总量中扣除自养呼吸消耗的部分则称为净初级生产力（net primary production，NPP）。除自养呼吸外，土壤微生物以植物凋落物和土壤有机碳为底物维持自身的生命活动，也会消耗有机碳释放 CO_2，该过程称为异养呼吸（Rh）。在不受干扰的自然生态系统中，NPP

与Rh的差值反映了该生态系统固定大气CO_2的强度，即净生态系统生产力(net ecosystem production，NEP)。当 NEP 大于 0 时表示该生态系统为大气的碳汇，即减少大气中 CO_2，反之则为大气的碳源。然而生态系统会经受各种自然和人为干扰（如火灾、病虫害、动物啃食、农作物收获、森林间伐收获），导致部分有机碳会被带出生态系统或者重新以CO_2形式释放到大气中，因此这些生态系统最终固定的有机碳总量需要从 NEP 中刨除干扰消耗的有机碳，即净生物群区生产力（net biome production，NBP）。上述四个“生产力”（production）伴随的生态学过程就是陆地生态系统典型的碳循环过程，其中涉及诸多的生物、生理、物理和化学过程。例如，光合作用、植物碳分配、凋落物凋落、异养呼吸和生态系统干扰等过程，这些过程共同影响植物个体、种群、群落、生态系统、区域乃至生物圈等不同层次。

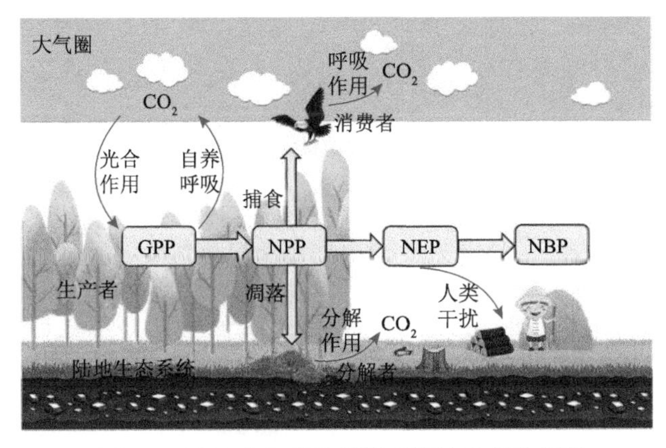

图 5-2　陆地生态系统碳循环关键过程示意图

1）光合作用过程

植物光合作用分为光反应和暗反应两个过程，光反应过程将接收到的光能转化为电能，再转化为不稳定化学能；暗反应过程又称卡尔文循环，把环境中的 CO_2 和水等原料在植物体内合成有机物，实现了不稳定化学能到稳定化学能的转变。植物光合作用合成 GPP 的强度会受到温度（影响酶催化作用）、CO_2 浓度、水分（大气和土壤湿度）等因素的影响。在进行光合作用的同时，植物各个器官均需要自养呼吸消耗有机物，GPP 中扣除植物自养呼吸消耗剩余的部分即是 NPP。

2）碳分配过程

碳分配过程是植物将净初级生产力（NPP）分配给植物各个器官（如根、茎、叶片、籽粒等）供其生长发育的过程。植物的碳分配策略在适度胁迫环境下遵循“功能平衡假说”，即植物为加强对最具限制性资源的获取，通常倾向于将光合作用产物分配给受资源限制的器官。比如，根系是植物获取水分的器官，因此在土壤水分胁迫的情况下，植物倾向于向根系分配更多的 NPP，促进根系生长、加强根系水分吸收能力来缓解水分胁迫。除了水分以外，光照、土壤养分等也是决定植物碳分配的关键环境要素。然而在极端胁迫环境下，植物碳分配策略更倾向于“保命”而非“发展”，选择“存活”而非“繁衍”。

3）凋落过程

凋落过程指植物器官逐渐老化直至脱落的过程，主要包括植物根、茎、叶片、花和果实生殖器官及碎片，这是连接地下与地上生态过程的关键环节，在调节生态系统能量流动、物质循环及提高森林土壤质量方面扮演重要角色。凋落过程对于植物而言是正常的物候表现，也是植物应对不利生长环境（如高温或水分胁迫等）的重要生存策略；对于土壤而言，凋落物作为物质和能量来源供给土壤微生物以维持土壤生态系统功能。

4）异养呼吸

除了绿色植物自养呼吸消耗有机物外，土壤微生物也会利用凋落物和土壤有机碳进行异养呼吸，向大气中排放 CO_2。土壤温度、湿度和化学性质是影响土壤异养呼吸的主要环境因素。研究表明，土壤异养呼吸与土壤温度呈显著正相关关系，而土壤异养呼吸随着湿度升高则呈现先升高再降低的趋势，即在中等湿度达到最大值。除此之外，土壤 pH、土壤有机碳、氮、磷含量等化学性质也会间接调节微生物活性来影响土壤异养呼吸。

5）干扰过程

人类或者自然因素的干扰会进一步影响生态系统碳源汇。有些干扰事件会提升生态系统碳汇能力，比如植树造林，湿地保护等措施，有些干扰事件会促使生态系统从碳汇向碳源转变，如森林砍伐、草地放牧和火灾等。所以，评估生态系统碳源汇功能不能仅依据净生态系统生产力（NEP），还需要综合考虑各类干扰过程产生的影响。因此，依据净生物群区生产力（NBP）指标来判定生态系统碳源汇功能更为科学准确。

概念卡片：

碳库即是碳的储存库。生物圈、岩石圈、水圈和大气圈是地球上最主要的碳库。

碳循环是指碳元素在地球生物圈、岩石圈、水圈和大气圈等碳库之间进行周而复始的循环过程。碳循环包括有机碳循环和无机碳循环，涉及生物圈的一般是有机碳循环，非涉及生物圈的一般是无机碳循环。

5.1.2 海洋生态系统碳循环关键过程

海洋生态系统每年固定超过20%的全球人为碳排放，是维持全球碳收支平衡的关键。相较于森林、草地、农业等陆地生态系统形成的“绿色碳库”，海洋碳库又被形象地称作“蓝色碳库”（blue carbon pool）。目前学界普遍认同的海洋碳汇机制主要有三种，分别是物理作用、化学作用和生物作用（Jiao et al.，2010），其中，物理作用碳汇机制主要是溶解泵（solubility pump，SP），化学作用碳汇机制主要是碳酸盐泵（carbonate pump，CP），而生物作用碳汇机制主要包括生物泵（biological pump，BP）和微生物碳泵（microbial carbon pump，MCP）（图 5-3）。

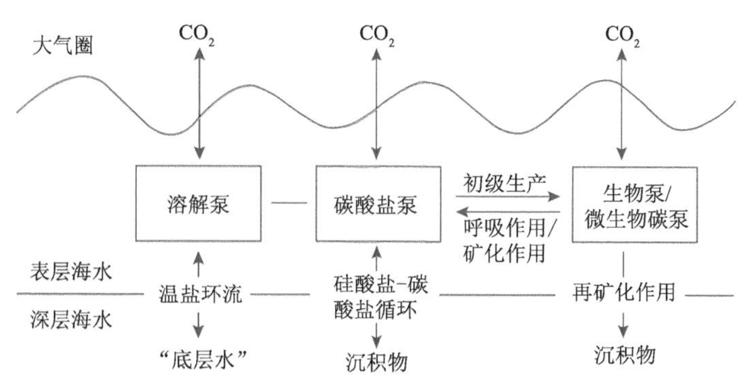

图 5-3　海洋生态系统碳循环示意图

1）物理过程

物理过程通常是指溶解泵。高纬度海域表层海水温度较低，海水 CO_2 溶解度大，海水通过海气交换从大气中吸收大量 CO_2，在低温和高盐度的共同作用下，形成高密度海水，经重力作用下降至海洋底层，从而实现大气 CO_2 从海表到深海的"封存"。底层海水随着深海大洋环流至赤道，在上升流的作用下上涌，把富含 CO_2 的底层海水带入温度较高的海表，将 CO_2 重新释放回大气。这整个过程被称为全球温盐环流，该过程实现了大气和海洋以及不同维度海域之间的碳交换。

2）化学过程

化学过程通常是指碳酸盐泵。海洋生物通过固定海水中的碳酸盐（HCO_3^-）生成碳酸钙（$CaCO_3$）质地的保护外壳，并在重力作用下将碳酸钙颗粒物埋藏于海底。碳酸盐泵最主要的是贝类生物（如颗石藻和浮游有孔虫等）的钙化固碳作用（calcification）。相反，碳酸盐泵反向过程也会导致 $CaCO_3$ 析出 CO_2，使得海水中 CO_2 过饱和而释放回大气。长期来看，埋藏在海底的碳酸盐经过地质演变，在俯冲作用下发生岩体的活动和迁移，经岩石变质作用与二氧化硅（SiO_2）结合转化为硅酸盐岩（$CaSiO_3$）并释放 CO_2（图 5-4），最后通过火山喷发等形式将 CO_2 释放回大气。

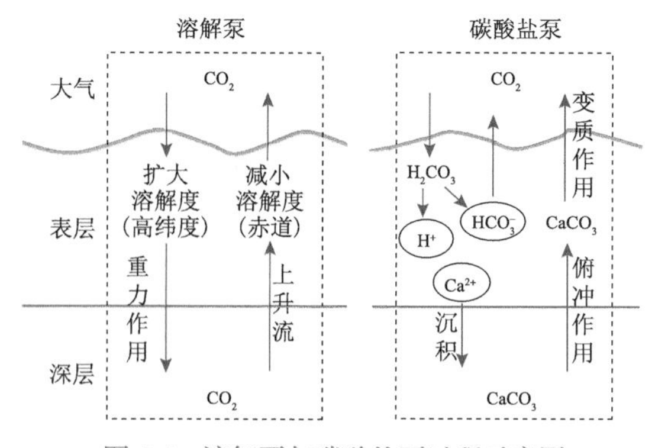

图 5-4　溶解泵与碳酸盐泵过程示意图

3）生物过程

生物泵是指经海洋表层光合作用固定的有机碳被浮游动物吃食及经由其他海洋生

物消费、传递等，最终将颗粒有机碳（particulate organic carbon，POC）从海洋表层向深海乃至海底转移的过程（图 5-5）。该泵是 CO_2 进入海洋的主要动力之一，可分为 3 个阶段：首先，海洋浮游动物通过次级生产将光合作用固定的有机物转化为溶解有机碳（dissolved organic carbon，DOC）和颗粒有机碳（POC）；其次，溶解有机碳经海洋原生动物滤食转化为可被生物利用的有机碳颗粒（宋金明，2003），这部分有机碳会形成聚集体并下沉到海洋 1km 深处，经过微生物分解作用和消费者呼吸作用释放出 CO_2 和营养盐，然后随海水上涌返回海表；最后，部分未被分解的有机碳继续下沉并埋藏于海底沉积物中，参与长期有机碳循环。

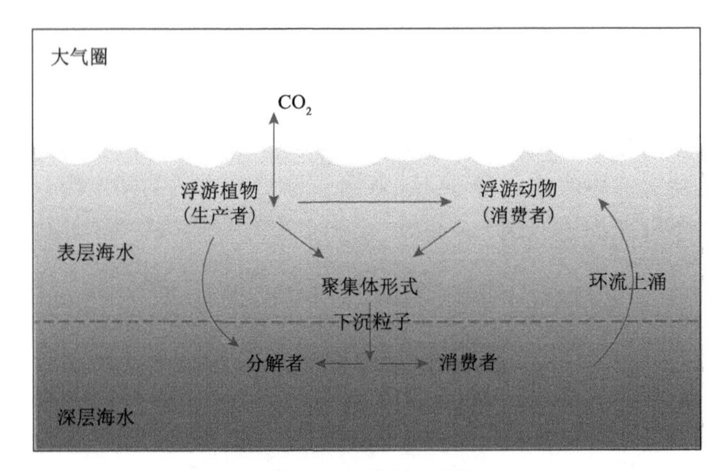

图 5-5　生物泵示意图

微生物碳泵是指海洋微生物利用自身的生理过程把溶解有机碳（DOC）从活性态转化为不可利用的惰性态的过程。微生物碳泵包括主动和被动过程，前者主要指细胞代谢产生的惰性化合物，如聚合化合物、化合物手性转化、羧基化等，后者主要指病毒裂解产物和浮游动物摄食代谢等产生的惰性溶解有机碳（recalcitrant dissolved organic carbon，RDOC），如细胞壁惰性成分等。研究表明，RDOC 甚至可在海洋中保存长达 5000 年。因此，微生物碳泵也是实现海洋碳汇的有效途径。

5.2　陆地生态系统碳源汇评估方法

陆地生态系统碳源汇评估方法可分为两大类："自上而下"（top-down）和"自下而上"（bottom-up），以下分别加以详细介绍。

5.2.1　"自上而下"的评估方法

"自上而下"的评估方法又称为大气反演法，该方法基于大气 CO_2 浓度观测数据和人为源 CO_2 排放清单，利用大气化学传输模式估算生态系统的碳通量，然后通过比较大

气 CO_2 浓度的模拟和观测值，采用优化算法调整先验生态系统碳源汇数据（通常通过生态系统模型模拟获得），从而反算出全球或区域的碳源汇分布（陈报章和张慧芳，2015）。大气反演法被广泛用于估测地表 CO_2 的净通量，是当前碳源汇计算的重要方法，为评估区域和全球尺度的生态系统碳收支及碳源汇提供了有效手段。

"自上而下"评估方法的提出始于 20 世纪 90 年代初，早期的标志性进展是大气追踪传输模式相互比较项目（atmospheric tracer transport model intercomparison project，简称 TransCom 项目），该项目利用二维和三维的大气化学传输模式反演生态系统横向和纵向碳通量，并诊断和量化了反演碳通量的不确定性（Chen et al.，2021）。21 世纪初，荷兰瓦赫宁恩大学沃特尔・皮特斯教授团队研发的一个碳源汇反演工具——CarbonTracker 系统（Peters et al.，2005），成为该方法的又一个里程碑事件。该系统的主要优势在于，研究者可以在对全球碳源汇进行统一估测的基础上，根据需要设置不同的重点研究区，从而减少设置侧边界条件所带来的不确定性。当前世界范围内使用较多的 CarbonTracker 系统主要包括美国国家海洋与大气局（NOAA）研发的 CarbonTracker-NA（Peters et al.，2007）、欧洲研发的 CarbonTracker-Europe（Laan-Luijkx et al.，2017）和中国科学院研发的 CarbonTracker-China（Zhang et al.，2014a）。除 CarbonTracker 系统外，我国学者还研发了 GCAS（global carbon assimilation system）（Zhang et al.，2014c）、Tan-Tracker（Tian et al.，2014）、GONGGA（Jin et al.，2023）等全球碳同化反演系统用于陆面与大气 CO_2 通量模拟和全球尺度碳源汇评估。

本书以具有代表性的 CarbonTracker 系统为例，重点讲解"自上而下"大气反演法的原理。CarbonTracker 系统以陆地生态系统模型模拟的生物圈碳通量（S_{bio}）以及火灾碳通量（S_{fire}）、化石燃料燃烧通量（S_{ff}）和海洋碳通量（S_{oce}）为先验碳通量，基于全球网格化气象数据以及植被、土壤等地表参数，在给定的嵌套式全球大气化学传输模式 TM5 和动力约束条件下进行碳通量的模拟和预报。再结合贝叶斯（Bayes）理论，以集合卡尔曼滤波算法为数据同化方法，根据地基 CO_2 浓度观测数据对预报的 CO_2 通量进行再分析，在使观测和模拟的大气 CO_2 浓度误差达到最小的目标下，得到碳通量的最优估计，即后验碳通量。最后再将后验碳通量重新输入大气化学传输模式 TM5 中，获得最优大气 CO_2 浓度及其时空分布（图 5-6）。

基于上述原理，CarbonTracker 系统运行的主要步骤是：①基于植被参数、土壤资料和气象驱动数据，采用生态系统模型估算陆地碳通量，为 CarbonTracker 提供先验碳通量场；②利用大气化学传输模式 TM5 将这些地表通量（包括陆地生物圈、海洋、化石燃料燃烧和火灾碳通量）扩散到大气中的不同位置和高度，实现碳排放量在大气中的充分混合，得到模拟的大气 CO_2 浓度；③基于观测的大气 CO_2 浓度和数据同化技术（集合卡尔曼滤波方法），通过调整先验碳通量场不断优化模拟的大气 CO_2 浓度，当模拟的大气 CO_2 浓度达到最优时，记录该情况下的先验碳通量场为最优的碳通量场（即后验碳通量场）；④用后验碳通量场重新输入大气化学传输模式 TM5 中，得到大气 CO_2 浓度的时空分布。其中，后验碳通量场即是利用"自上而下"方法反演的碳通量。

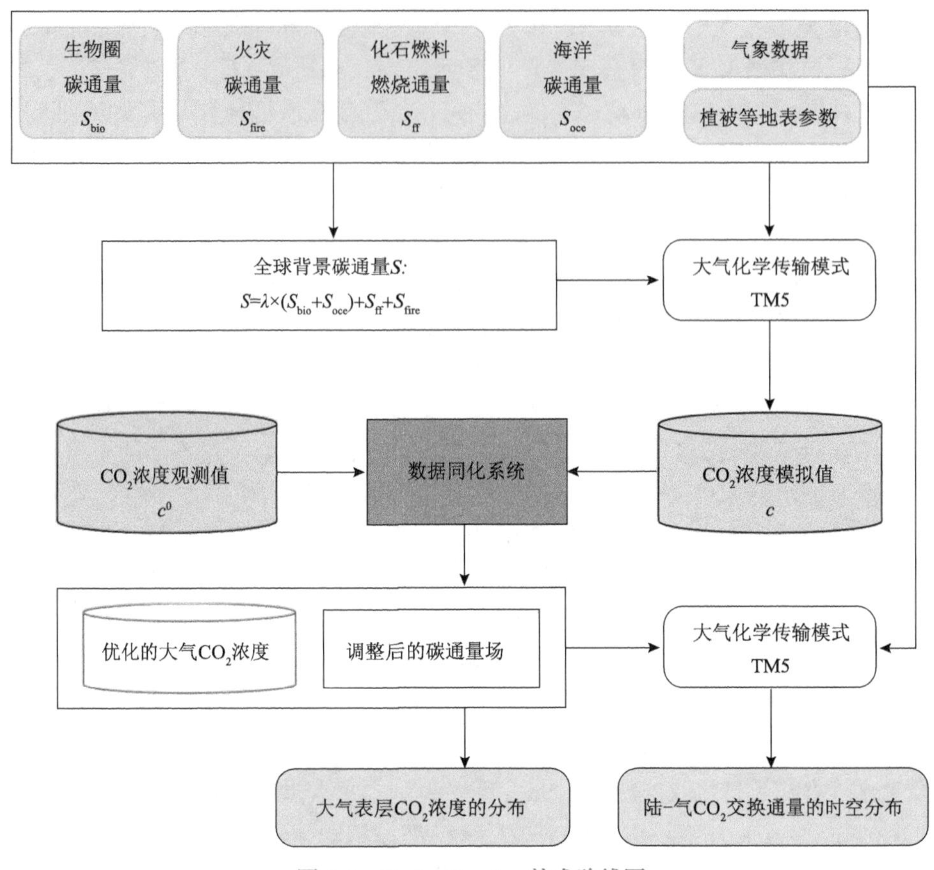

图 5-6 CarbonTracker 技术路线图

传统的大气 CO_2 同化反演系统主要使用近地面的 CO_2 浓度观测资料（目前全球总共约 200 个观测站点），由于站点的数量不足、分布不均以及观测指标的不一致，全球 CO_2 源汇估算结果存在较大不确定性，CO_2 浓度观测数据的稀缺成为大气反演法准确估算碳源汇的重要瓶颈（He et al.，2022；Wang et al.，2022）。随着遥感技术的发展，碳卫星传感器能够有效识别大气 CO_2 吸收波谱特征曲线，并根据 CO_2 吸收谱线的深度和形态，结合大气辐射传输模型模拟计算，定量反演大气 CO_2 浓度，这就是基于大气吸收池原理的大气 CO_2 浓度卫星遥感探测技术。碳卫星所获取的 CO_2 浓度是从地面到大气顶层的 CO_2 平均柱浓度，通过对 CO_2 柱浓度的序列分析，并借助数据同化系统的模型计算，可反演出 CO_2 的通量变化，进而估算出碳源汇大小。遥感碳卫星的出现弥补了稀疏地面站点无法获取 CO_2 空间分布信息的缺陷，能够为“自上而下”的碳通量反演提供较强的约束，显著降低了碳源汇估算的不确定性（刘毅等，2022）。同时，碳卫星监测可以与地面观测形成有效互补，地基-卫星协同碳同化与反演有助于提高区域和全球碳源汇估算的精度，在大尺度碳源汇评估方面彰显出较强的发展潜力。目前国际上已陆续发射了多个能监测大气 CO_2 浓度的卫星传感器，如日本的 GOSAT、美国的 OCO、中国的 TanSat 等（表 5-1）。

表 5-1 目前已发射的大气 CO_2 浓度监测卫星及其关键参数

卫星	所属国家或地区	服务时间（年.月）	星下分辨率（*d* 为直径）	重访周期/d	波长带宽/μm
Envisat-1	欧洲	2002.03～2012.05	30km × 60km	35	0.24～0.44、0.4～1.0、1.0～1.7、1.94～2.04、2.265～2.380
Aqua	美国	2002.05 至今	13.5km × 13.5km	0.5	3.74～4.61、6.20～8.22、8.80～15.40
GOSAT-1	日本	2009.01 至今	10.5km（*d*）	3	0.758～0.775、1.56～1.72、1.92～2.08、5.5～14.3
OCO-2	美国	2014.07 至今	1.29km × 2.25km	16	0.76～0.77、1.59～1.62、2.04～2.08
GHGSat-D（Claire）	加拿大	2016.06 至今	20～50m	14	1.630～1.675
TanSat	中国	2016.12 至今	2km × 3km	16	0.758～0.776、1.594～1.624、2.041～2.081
FY-3D	中国	2017.11 至今	10km（*d*）	6	0.75～0.77、1.56～1.72、1.92～2.08、2.20～2.38
GF-5	中国	2018.05 至今	10.3km（*d*）	2	0.759～0.769、1.568～1.583、1.642～1.658、2.043～2.058
GOSAT-2	日本	2018.10 至今	9.7km（*d*）	6	0.755～0.772、1.563～1.695、1.923～2.381、5.56～8.45、8.45～14.29
OCO-3	美国	2019.05 至今	4km × 4km	1	0.76～0.77、1.59～1.60、2.04～2.08
大气环境监测卫星	中国	2022.04 至今	—	—	—

知识卡片：

GOSAT 中文名为“温室气体观测卫星”。GOSAT-1 是日本宇宙航空研究开发机构于 2009 年 1 月 23 日从种子岛宇宙中心成功发射的世界首颗专门从太空监测温室气体浓度分布的人造卫星，主要任务是测量大气层中二氧化碳和甲烷的浓度，每三天就可以收集全球约 5.6 万个观测点的数据。GOSAT-2 于 2018 年 10 月 29 日从种子岛宇宙中心发射升空，对比 GOSAT-1 卫星，GOSAT-2 提高了整体的测量精度，并且还可以监测大气中的一氧化碳和二氧化氮，自动选择无云点进行观测。

5.2.2 “自下而上”的评估方法

5.2.2.1 清查法

清查法通过比较不同时期的资源清查资料来估算陆地生态系统碳储量的变化，从而得到生态系统的碳汇强度。早在 1847 年，法国学者提出了一种森林经营方法，1880 年瑞士学者加以发展形成了检查法，随后中国、美国及加拿大等国家在检查法的基础上形成了较为成熟的连续清查体系。清查法目前主要用于森林生态系统，目的在于查清森林资源的分布、种类、数量和质量（周国逸等，2018）。世界上先进国家的森林资源清查一般都经历了三个发展阶段，即木材资源调查、森林综合资源调查和森林环境监测，今后各国将越来越重视环境调查（肖兴威，2005）。

中国的森林清查体系是世界上建立较早的体系之一，以数理统计抽样调查为理论基础，以省（自治区、直辖市）为抽样总体，系统布设固定样地，定期复查，获取森林调查数据（如树种、年龄、面积、蓄积量、垂直结构、林分高度、林分密度等），从而提供森林资源的现状及消长变化情况。第一次全国森林资源清查（National Forest Inventory，NFI）开始于 1973 年，清查周期通常为 5 年，至今我国已开展了九次全国森林资源清查。2008 年以前，中国的森林资源清查以木材生产为主，主要是对传统样地开展地面调查；2008 年之后，逐渐形成了以 3S 技术为支撑，采用遥感监测与地面调查技术相结合的双重分层抽样遥感监测体系（肖兴威，2005）。经过数十年的发展，我国森林资源清查体系已经居于世界先进行列。

下面将介绍基于清查法估算生态系统碳源汇的基本原理和步骤。

首先，利用清查数据估算植被碳储量。植被碳储量一般通过生物量乘以含碳率（碳含量占植物干重的比例）进行转化，生物量（B）包括地上生物量（B_{above}）和地下生物量（B_{below}）两部分[式（5-1）]。比较常用的估算地上生物量的方法有两种，一是基于木材材积的生物量换算因子法，也称材积源生物量法，是基于林分蓄积量（即林分木材材积总和）与生物量之间存在的相关关系，直接用林分蓄积量 V 乘以转换参数 BEF（生物量转换因子，即林分生物量与木材材积之比的平均值）得到森林地上生物量。二是基于胸径和树高的生物量方程（Fang et al.，2018；周国逸等，2018），该方法是基于植物异速生长规律（表示植物各部分或器官之间不成比例的生长关系），利用树干的胸径（D）和树高（H）作为自变量，通过构建典型异速生长方程来估算树木地上生物量。

地下生物量（B_{below}）通常用地上生物量（B_{above}）乘以根茎比（即林木地下生物量与地上生物量之比，简称 R/S）进行估算[式（5-2）]。不同植物种类或植被类型的根茎比差别较大，Jackson 等通过文献整合分析得到全球不同陆地生态系统植被的根茎比位于 0.1～7 之间，其中农作物的 R/S 值最小，平均仅为 0.1；自然生态系统中，森林植被的 R/S 值最小，不同森林类型的平均 R/S 位于 0.17～0.34 之间；草地和荒漠植被的 R/S 值较大，平均值位于 4～6 之间（Jackson et al.，1996）。地上生物量与地下生物量之和再乘以含碳率（carbon fraction，CF）即可得到植被碳储量 C_{veg}[式（5-3）]。根据实测的植物含碳率数据，陆生高等植物的 CF 分布在 24.95%～54.44%之间，平均为 43.63%±0.14%，其中乔木的全株平均 CF 在 33.35%～54.44%之间，平均值约为 46.22%；灌木在 36.30%～52.79%之间，平均值约为 45.93%；草本植物则在 24.95%～47.62%之间，平均值约为 37.13%（郑帷婕等，2007）。

$$B = B_{above} + B_{below} \tag{5-1}$$

$$B_{below} = B_{above} \times \mathrm{R/S} \tag{5-2}$$

$$C_{veg} = B \times CF \tag{5-3}$$

其次，通过比较不同时期的植被碳储量，得到该时段内植被碳储量的变化量[式（5-4）]。对于缺乏连续清查数据的生态系统类型，如灌木和草地，通常建立植被碳储量观测值与遥感植被指数间的统计关系，然后通过不同时期遥感植被指数的变化来估算植被碳储量的变化（Piao et al., 2009）。生态系统中除植被之外还有土壤，可利用不同时期的土壤普查数据和野外实测资料来估算土壤碳储量 C_{soil} 的变化量[式（5-5）]。

$$\Delta C_{veg} = C_{veg}|_{t=t2} - C_{veg}|_{t=t1} \tag{5-4}$$

$$\Delta C_{soil} = C_{soil}|_{t=t2} - C_{soil}|_{t=t1} \tag{5-5}$$

最后，将植被与土壤碳储量的变化量加和，即可得到整个生态系统的碳（源）汇大小，如式（5-6）所示：

$$C_{eco} = \Delta C_{veg} + \Delta C_{soil} \tag{5-6}$$

式中，C_{eco} 为生态系统碳（源）汇大小；C_{veg} 和 C_{soil} 分别为生态系统中的植被与土壤碳储量，ΔC_{veg} 和 ΔC_{soil} 分别为从 $t1$ 到 $t2$ 时段植被和土壤碳储量的变化量。

清查法的优点是能够直接、相对准确地测算样点尺度植被和土壤的碳储量。局限性包括：①清查周期长，如第九次全国森林资源清查于 2014 年开始，到 2018 年结束，历时 5 年，因此该方法只能反映该周期长度上的碳储量变化；②清查数据侧重于森林和草地等分布广泛的生态系统，对于湿地等面积占比较低的生态系统，地面清查数据缺乏，会导致区域尺度的汇总结果存在偏差；③森林资源清查通常侧重于乔木的地上部分，对于林下植物及地下部分的生物量缺乏调查数据，而且清查数据不包含生态系统碳的横向转移，如木材产品中的碳以及随土壤侵蚀而转移的有机碳等；④由于陆地生态系统的空间异质性强，从样点到区域和全球尺度的转换过程存在较大的不确定性；⑤地面采样点的密度和样地代表性会极大地影响基于清查法的碳汇估算准确度。

概念卡片：

生物量（biomass）：指在某一特定的时刻，单位面积内实存生活的有机物质（干重）的总量，包括地上生物量和地下生物量。

碳储量（carbon storage）：即碳的储备量，指生态系统中储存的碳的总量，包括植被和土壤中的碳。单位面积的碳储量为碳密度。

5.2.2.2 过程模型模拟法

生态系统过程模型通常将土壤-植物-大气作为一个整体来考虑，通过模拟生态系统碳循环的过程，包括光合作用、呼吸作用、碳分配、植物物候、分解作用、土壤矿化、土壤淋溶等，对区域和全球生态系统碳源汇进行估算。过程模型具有较为完整的理论框架和清晰的过程机理，是探究生态系统内部运行机制的一个极其重要的手段，也是目前众多全球和区域机构开展陆地生态系统碳汇评估的重要工具。

20 世纪 80 年代以来，各国科学家为估算区域尺度陆地碳汇建立了大量碳循环过程模型，如 TEM（terrestrial ecosystem model）、Biome-BGC（biome-biogeochemical cycles）、CABLE（community atmosphere biosphere land exchange）、集成生物圈模拟器 IBIS（integrated biosphere simulator）、LPJ（lund-potsdam-jena）、ORCHIDEE（organizing carbon and hydrology in dynamic ecosystEms）模型等。与此同时，我国学者也自主研发了一系列生态系统过程模型，如草地生态系统碳循环模型 DCTEM（dynamic Chinese terrestrial ecosystems model；周广胜等，2008）、森林生态系统过程模型 FORCCHN（forest ecosystem carbon budget model for China；延晓冬和赵俊芳，2007）、Forest-CEW（an ecosystem model simulating carbon-energy-water processes in forest；谭正洪等，2018）、农田生态系统碳收支模型 Agro-C（a biogeophysical model for simulating the carbon budget of agroecosystems；Huang et al.，2009）等。从 20 世纪 90 年代中期开始，生态系统过程模型的发展非常迅速，逐渐从单一要素的碳循环模型向碳、氮、磷、水等多要素耦合的方向发展，并更加注重碳循环的机理过程模拟（于贵瑞等，2011）。

下面本书将基于集成生物圈模拟器详细介绍生态系统过程模型的原理和框架。IBIS 模型是美国威斯康星大学全球环境与可持续发展中心的 Foley 等于 1996 年开发的陆地生物圈模型，属于新一代动态全球植被模型，能够动态模拟陆地表面生物物理特性、陆地碳通量以及植被动态特征（Foley et al.，1996）。该模型采用分级和模块化结构设计，由四个子模块组成，包括陆面过程模块、植被物候模块、植被动态模块和土壤碳氮循环模块（图 5-7）。其中，陆面过程模块通过模型输入的气象驱动数据，模拟地表以及植被冠层的能量收支、水分平衡和空气动力学过程，在分钟至小时尺度上实现对不同深度土壤层和叶片表面的水分、温度等变量的动态模拟。在此基础上，植被动态模块进一步模拟生态系统的总初级生产力（GPP）、净初级生产力（NPP）、生态系统呼吸（ER）等，量化生态系统的碳收支，并通过碳分配实现对植被地上和地下生物量及植被结构时空变化的模拟。植被物候模块主要根据陆面过程模块模拟的温度和水分，计算不同类型植被的返青期、枯黄期，实现对生态系统生长季开始、结束日期和生长季长度的模拟，调控叶面积指数等的时空变化。土壤碳氮循环模块主要通过刻画植物凋落物分解、土壤呼吸、土壤氮矿化、淋溶、植物氮吸收等过程，模拟土壤碳、氮通量和储量的变化。最后，耦合四个模块实现生态系统能量、碳、氮和水循环的过程模拟。近年来，IBIS 模型被不断地发展和改进，比如修改了植物返青物候的模拟（Zhang et al.，2018）、发展了新的动态碳分配模块（Xia et al.，2015，2019）、改进了地上凋落物的估算（Zhang et al.，2014b）、引入了三维动态根系生长模型（DyRoot）（Lu et al.，2019），此外还耦合了生态系统 CH_4 和 N_2O 收支模型（Song et al.，2020；Ma et al.，2022）。

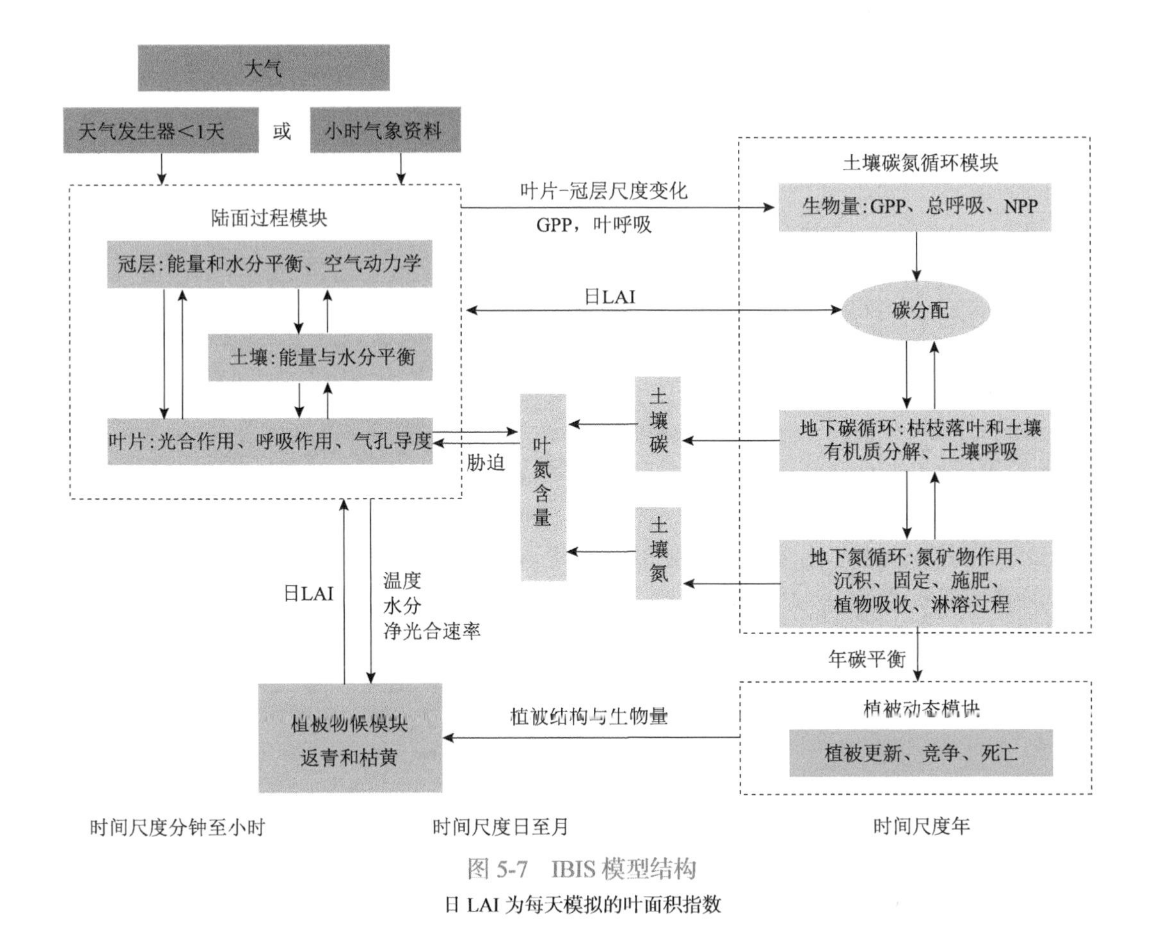

图 5-7 IBIS 模型结构

日 LAI 为每天模拟的叶面积指数

过程模型法的优势在于机理过程清晰，能够定量区分不同因子对生态系统碳汇变化的贡献，并能预测碳（源）汇的未来变化。局限性主要在于：①模型参数、结构、驱动数据以及用于模型校准的观测数据都可能给模型模拟结果带来较大不确定性（Seiler et al., 2022）；②模型普遍未考虑或简化考虑人类活动及生态系统管理措施对碳循环的影响；③模型多没有考虑非 CO_2 形式的碳排放（如生物源挥发性有机物）和河流输送等横向碳传输过程；④没有考虑野生动物的作用，在一些野生动物数量庞大、种类繁多的自然区域，野生动物的影响不容忽视。TRENDY（trends in the land carbon cycle）、MsTMIP（multi-scale synthesis and terrestrial model intercomparison project）、ISIMIP（inter-sectoral impact model intercomparison project）、NMIP（global N_2O model intercomparison project）等多模型比较计划以及全球碳收支评估（global carbon budget）均表明，生态系统过程模型的模拟结果仍存在较大的不确定性，给区域和全球生态系统碳汇模拟的可靠性带来争议。

5.2.2.3 机器学习方法

机器学习方法是一类从数据中自动分析获得规律，并利用该规律对未知数据进行预测的方法。机器学习方法作为一种数据驱动的模型，从数据中分析并学习预测结果，其优势是不需要明确内在的机理过程，可以作为过程模型的替代方法来获得复杂生态系统结构与功能的变化。另外，机器学习方法对输入数据的分布及响应变量和预测变量间的关系通常没有要求，这与传统的经验统计方法不同，如线性回归的前提条件是响应变量应服从正态分布且误差项要满足高斯分布（Li et al.，2021）。当前地球科学正在经历大数据和机器学习尤其是深度学习带来的积极变革，机器学习方法高效的数据分析能力成为全球碳循环研究的助推器，为地球大数据驱动的全球碳源汇估算提供了新的研究范式（Reichstein et al.，2019）。目前广泛使用的传统机器学习方法包括多元非线性回归、随机森林、支持向量机和人工神经网络等，深度学习方法包括卷积神经网络、长短期记忆递归神经网络等。

基于丰富的地面实测数据和遥感数据产品，目前机器学习方法已被广泛用于生态系统碳通量估算及碳源汇评估。如国际著名的 FLUXCOM 计划利用一系列机器学习算法（包括模型树集合、多重自适应回归样条、人工神经网络、核方法等）并采用不同的数据驱动方式，使用气象、土壤和植被分布等数据，将 FLUXNET 站点观测的碳水通量升尺度到区域和全球水平，从而得到包含生态系统 GPP、ER、净生态系统碳交换量（NEE）、潜热（LE）、感热（H）等产品的 FLUXCOM 数据集（Jung et al.，2009；Tramontana et al.，2016）。除此之外，学者也开展了大量的相关研究。如 Jung 等（2011）利用模型树集合（model tree ensembles，MTE）方法，将 FLUXNET 站点观测的二氧化碳、水和能量通量扩展到全球水平，从而得到 1982～2008 年全球 0.5°、月分辨率的陆地生态系统 GPP、ER、NEP、潜热（LE）、感热（H）产品。Huang 等（2020）基于多源遥感数据和全球土壤呼吸观测数据集，利用四种机器学习算法（多元非线性回归、随机森林、支持向量机和人工神经网络）生产了 2000～2014 年全球 1km 分辨率的陆地生态系统土壤呼吸产品。Zeng 等（2020）基于全球通量观测资料，采用随机森林建立了陆地生态系统碳通量估算模型，结合 MODIS 遥感产品和气象资料，研制了 1999～2019 年全球 0.1°、10 天分辨率的陆地生态系统碳通量产品。Lu 等（2021）基于随机森林估算了全球陆地生态系统的总呼吸量以及自养呼吸量和异养呼吸量。

尽管机器学习方法相对简单有效，但基于机器学习的全球碳源汇估算仍面临挑战。首先，实测数据作为机器学习方法的训练数据和测试数据，对于机器学习的模拟效果至关重要，因此，走航观测、固定通量站观测样地或野外采样点的数量和位置分布，以及样本的精度会显著影响估算的准确性。全球大约 85%的 FLUXNET 站点处于低通量和中低碳储量地区，而在具有高通量和高碳储量的热带地区，通量站点的分布极其稀疏。由于站点空间分布不均和代表性不足等问题，基于 FLUXNET 站点数据驱动得到的全球 GPP 产品出现非常严重的高估现象（刘良云和宋博文，2022）。其次，FLUXNET 站点观测的碳通量通常不包含采伐、火灾等干扰因素的影响，因此利用机器学习方法升尺度后会明显高估区域及全球尺度的生态系统碳汇。如研究表明，基于 FLUXNET 站点观测数据和机器学习方法估算的全球陆地 NEP 约为 23Gt C/a，是其他方法估算全球陆地碳汇量的 8 倍，这也是机器学习方法用于大尺度碳源汇评估的主要弊端（Jung et al.，2011）。最后，机器学习方法本质上是数据驱动的“黑箱模型”，因此无法基于该类方法开展碳循环过程及碳收支变化的机理研究，另外由于不能反映生态系统对气候变化的响应、反馈和适应机制，利用机器学习方法难以准确地预测未来生态系统的碳源汇大小及其变化。

知识卡片：

FLUXNET 指全球长期通量观测网络，主要观测生物圈和大气圈间的二氧化碳、水汽和能量交换通量特征。欧洲的一些国家，以及美国、日本等发达国家率先开展了陆地生态系统二氧化碳、水汽、热量通量的观测研究，并建立了欧洲观测网、美洲观测网和日本通量网等地区通量观测网络，它们先后自愿加入 FLUXNET，形成全球性的通量观测网。该网络由全球 100 多个国家的 1000 多个站点组成。

FLUXCOM 计划基于 FLUXNET 全球站点观测数据，利用机器学习算法将站点尺度观测的碳水通量上升到区域和全球尺度，从而得到一系列区域和全球水平的碳水通量产品，包括生态系统总初级生产力（GPP）、生态系统呼吸（ER）、净生态系统碳交换量（NEE）、潜热（LE）、感热（H）等。

5.2.3 评估方法的比较和不确定性

总体而言，“自上而下”的评估方法采用了大气 CO_2 浓度观测数据作为约束，估算精度较高。不足之处在于模拟结果的空间分辨率较低，无法准确区分地表不同生态系统的碳通量，同时无法估算非 CO_2 形式的碳通量以及国际贸易造成的碳排放转移（Piao et al.，2022）。“自下而上”的评估方法正好相反，它们的优势主要是估算结果的空间分辨率较高，不足之处在于区域模拟缺乏观测数据的约束，具有较大的不确定性。“自上而下”和“自下而上”评估方法的优缺点总结见表 5-2。

表 5-2 不同生态系统碳源汇估算方法的优缺点

评估方法		优点	缺点
“自下而上”	清查法	能够直接、相对准确地测算样点尺度植被和土壤碳储量	①清查周期长；②仅包括部分生态系统类型；③缺乏林下植物和地下部分的调查数据，未包含生态系统碳的横向转移；④从样点到区域尺度的碳汇转换过程不确定性较大；⑤受地面样点密度和代表性的制约
	过程模型模拟法	机理过程清晰，可定量区分不同驱动因子的贡献，能预测生态系统碳汇未来变化	①模型参数、结构等存在较大不确定性；②未考虑或简化考虑人类活动或生态系统管理措施对碳循环的影响；③多数未考虑非 CO_2 形式的碳排放和河流输送等横向碳传输过程；④未考虑野生动物的影响
	机器学习方法	简单高效，不须明确内在机理过程，可进行尺度扩展	①地面站点的数量和代表性以及观测数据的精度会显著影响估算的准确性；②可能导致大尺度碳通量和碳源汇的高估；③无法反映碳循环过程及碳收支变化的机理
“自上而下”	大气反演法	区域和全球模拟时有观测资料加以约束，模拟精度高	①空间分辨率较低，无法准确区分不同生态系统类型的碳通量；②反演精度受限于大气 CO_2 观测站点的数量与分布格局、大气化学传输模式和 CO_2 排放清单的不确定性等；③普遍未考虑非 CO_2 形式的陆地-大气间碳交换以及国际贸易导致的碳排放转移等

“自上而下”的大气反演法的不确定性主要来源于观测数据和模型方法两个方面。在观测数据方面，大气反演法的核心是采用观测的大气 CO_2 浓度数据约束模拟结果，因此观测数据的准确性对于模拟结果的精度至关重要。目前大气 CO_2 浓度的观测数据来源于两个渠道，即地基大气 CO_2 浓度观测和卫星大气 CO_2 柱浓度观测。虽然地基观测的精

度高，但是观测站点数量有限，空间分布不均匀，因此基于地基大气 CO_2 观测的反演通量具有较大的不确定性。相比于地基观测，基于卫星遥感技术对大气 CO_2 柱浓度的观测大大增加了观测范围，弥补了地基观测站点分布不均的弊端，但是遥感观测受限于传感器的分辨率和遥感数据的质量，而且遥感卫星观测的是大气 CO_2 柱浓度，还需要对数据进一步处理，这又增加了数据不确定性。模型方法的不确定性主要来源于大气化学传输模式和为大气化学传输模式提供先验碳通量场的生态系统模型，研究人员需要将它们结合起来模拟大气 CO_2 浓度，然后通过同化大气 CO_2 浓度观测值与模拟值来得到最接近真实情况的数值。

“自下而上”的估算方法是将样点或网格尺度的观测、模拟结果推广到区域及全球尺度，因此不确定性主要来源于尺度的上推过程。清查法受限于地面调查的内容和样点的数量、分布以及代表性，观测不足是清查法的最大瓶颈。过程模型模拟法可以直接得到区域或全球网格化的生态系统碳通量，但也有很大的不确定性，不同模型的物理机制、参数设置、驱动数据、初始条件等不同都会导致结果的巨大差异。机器学习方法是一类数据驱动的方法，不确定性主要来源于数据和方法本身，训练数据不足或不完整对于机器学习的准确性影响较大，不同方法的学习过程及其对学习过程中误差的处理也会产生不确定性。

生态系统碳（源）汇“可测量、可报告、可核查”是世界各国及地区制定减排增汇政策的重要科学基础，如何及时、有效地满足这一决策需求对科学界既是一个挑战，更是一个机遇。因为不同方法的结果差异很大，为减少生态系统碳收支评估的不确定性，建议在进一步完善各估算手段的基础上，通过“多数据、多过程、多尺度、多方法”相融合，构建“天-空-地”一体化、星地协同的生态系统碳收支计量体系。同时，要补齐观测短板，扩展地面 CO_2 观测网络，加强遥感 CO_2 观测及大气 CO_2 示踪物观测，建立统一标准的国家尺度生态系统碳收支观测体系和化石燃料碳排放协同反演体系。

5.3　海洋生态系统碳源汇评估模型

自 20 世纪 60 年代起，海洋碳循环模型经历了由简单到复杂的发展过程。从早期的箱式模式到三维海洋环流-无机碳循环模式，再到基于海洋环流动力学耦合生物地球化学过程的三维碳循环模式，直至今天的气候-碳循环耦合模式和大洋碳循环模式，研究逐步深入、全面、细化。然而近海区域生态系统群落组成复杂、季节动态显著、温盐变化较快，潮波系统复杂、陆源输入影响严重，导致近海区域生物过程和物理过程模拟难度较大，因此，近海区域碳循环模式的研究起步较晚，直至 90 年代末才陆续出现。目前海洋碳循环模型基本包括陆源输入过程（淡水、营养盐、碳），海-气交换过程（CO_2），大气沉降过程（营养盐），沉积物-水界面交换过程，生物作用下营养盐及碳的迁移转化过程，近海与外海的交换以及跨陆架输运等碳循环关键过程。同时，基于地球物理流体力学原理所建立的海洋环流模式提供了更为真实、结构更复杂的海洋物理场，这使得对近海区域碳循环的模拟也更为准确。下面将详细介绍几个主要的海洋生态系统碳循环模型。

5.3.1 箱式模式

在海洋生态系统碳循环模式的早期发展阶段，箱式无机碳循环模式起到了十分重要的作用。早期的箱式碳循环模式十分简单，如在最简单的三箱模式中，除了大气外，海洋仅被分成混合均匀的表层碳库和深层碳库。最早的海洋碳循环模式是由 Crag 于 1957 年提出，模式中海洋吸收 CO_2 的能力在很大程度上取决于上层海洋的箱数和设计平流及扩散的相对重要性。显然，该模式最大的问题是未将温跃层区分出来。Oeschger 等提出的箱室扩散模式是碳循环模式的一个新的起点，他们认为深海是一个由垂直涡度扩散（箱扩散）完成交换的库。该模式中上层深度（即混合层深度）和涡度扩散系数是两个十分关键的参数，对模式结果起决定性的作用。在此基础上，包含海洋生化过程的箱室模式相继被提出，这类模式认为海洋的生物化学过程对大气 CO_2 在较长时间尺度上存在调控作用。20 世纪 80 年代，Broecker 等以二维的形式耦合了许多箱来表征全球海洋的各种区域，这种模式叫作二维箱式模式，是简单箱式模式的扩展。

"箱"扩散模式明晰了各主要碳库之间整体上的交换关系，可以进行不同的压力源对碳通量影响的敏感性分析。IPCC 的第一次和第二次评估报告相关结果均是来自该类模式，即便是 IPCC 第三次评估报告，在评价大气 CO_2 对不同 CO_2 排放情景的响应和考察模式对气候变化的敏感性时，箱式模式仍被使用并进行讨论。然而，该类模式多数没有严格的动力过程，且模型参数较多，箱与箱之间的交换往往通过给定的交换系数来确定，增加了模型的不确定性。尽管可利用示踪物（如 ^{14}C）观测资料进行"校正"，但模式对某些参数的敏感性仍使其结果不确定。此外，箱式模式无法准确模拟时空异质性或广泛不同的生物活动引起的复杂循环过程。

5.3.2 基于海洋环流的三维碳循环模式

早期三维海洋环流-无机碳循环模式相较于箱式模式在空间和时间尺度上扩展了对无机碳循环物理机制的理解。Maier-Reimer 和 Hasselmann 在 1987 年提出了一个基于大洋环流模式的三维碳循环模式，用于研究海洋中 CO_2 的输运和储存问题。该模式主要考虑海-气 CO_2 交换、三维定常流动对总无机碳的输运作用，以及海洋混合层中 CO_2 转化为总无机碳的化学平衡过程。此类模式在后续发展中也加入了高度参数化的生物过程，使得模式对大洋总无机碳和总碱度空间分布特征的模拟能力有所提升。这一时期的三维碳循环模式，以基于营养盐和营养盐恢复的模式为主，前者模式中碳向表层海水以下输出表示为营养盐的函数，后者模式中生物碳通量等于需要维持观测到的营养盐浓度梯度的速率。这类模式属于简单的生物地球化学模式，大部分工作主要针对全球海洋大尺度特征和变化规律的认识。由于科技界对海洋物理、化学和生物过程的认识还存在很多不确定性，而且多数碳循环模式以研究无机碳为主，尚不能显式地模拟海洋生态系统，仅对生化过程进行简单参数化，模式的模拟结果与观测现象存有一定差异。

20 世纪 90 年代后，基于海洋环流动力学耦合生物地球化学过程的三维碳循环模式取得突破性的进展，提升了科技界对全球或区域尺度碳循环过程和各界面碳通量的定量认识，广泛地应用于联合国政府间气候变化专门委员会（IPCC）气候变化评估报告、“全球碳计划”、世界气候研究计划“耦合模拟工作组”第六次国际耦合模式比较计划（CMIP6），为评估、理解和改进海洋、海冰和生物地球化学过程提供了全球海域长时间序列的模拟。然而，全球海洋生物地球化学模式往往因分辨率过于粗糙而难以为近海区域海洋碳通量的分析提供可靠的基础，且这些模型不包括或只考虑简单的近海海洋界面过程，从而给全球碳汇及气候变化评估带来不确定性。虽然近年来随着计算能力的发展，全球碳循环模式分辨率不断提升，但当前最先进的全球模式的发展难点仍在于如何解决近海海洋的精细尺度特征（如河口羽流、沿岸锋）及界面过程（如具有时间变化的河流通量及其对河口-近海水生生态连续体的影响、沉积-水界面碳交换过程等），因此，发展近海区域模型进行近海碳循环、碳通量及相关环境效应评估至关重要。

近海区域模式研发的关键是需要确定控制近海区域碳循环，特别是有机碳与无机碳进出近海区域系统的过程。因此，近海碳源汇的科学评估需要模式能够准确地再现近海与开阔大洋、陆地、大气和沉积物界面之间的碳交换过程，以及通过海洋环流和生物地球化学过程（如净生态系统生产、异养呼吸、钙化过程）等来模拟碳的内部运输和迁移转化过程。这些详细过程在全球模式中是比较难实现的，但高分辨率区域模式能够刻画全球模式中不易解决的过程（如中尺度、亚中尺度环流）或某些特定系统过程（如较低营养水平结构的系统）。双向嵌套的高分辨率区域模型不仅能够为全球模式提供近海系统反馈，还能够对近海碳循环在全球和局地强迫的历史及未来条件下进行情景测试。目前，区域模式已在全球不同近海海区（如中国近海、北美东北部陆架海区、北海、北冰洋陆架边缘海、西南极罗斯海等）成功地进行建模研究，探究了近海岸碳循环的主控因子、跨陆架输运、碳化学时空变化和历史演变趋势等科学问题。近海碳循环关键过程如图 5-8 所示。

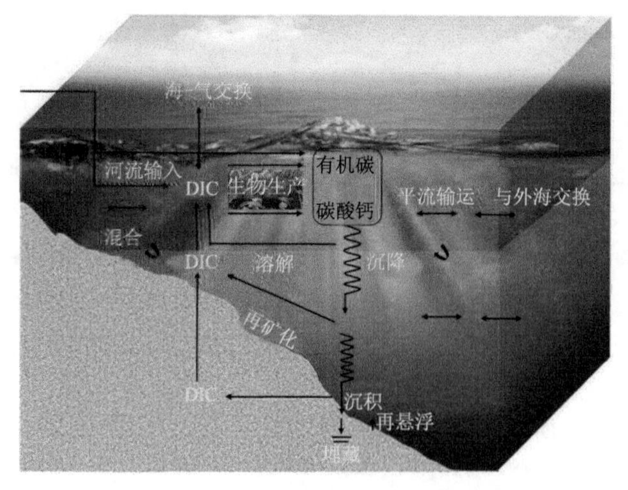

图 5-8　近海碳循环关键过程示意图

DIC 为溶解无机碳（dissolved inorganic carbon）

5.3.3 海洋碳循环模式发展面临的挑战

海洋碳循环模式的模拟能力在很大程度上依赖物理环流模式的模拟精度。相较于大洋环流，近海环流的精确模拟存在很大挑战。这主要是因为由陆地至开阔大洋，近海地形和动力过程变化剧烈，模式应配置能够解决局部地形控制和高频过程强迫（如潮汐）所需的高时空分辨率数据参数，这对数值方法的发展提出了更高的要求。配置具有时空变化的边界条件也是提升近海区域模式性能的关键点。尽管一些模式通过降尺度等方法从大尺度的模式中得到了边界通量及强迫条件，但这并非总是可靠的。此外，受人类活动直接影响的陆-海界面，其变化对近海碳循环系统的影响也有待准确评估。该界面主要表现为河流输入的碳通量、营养盐、悬浮泥沙以及淡水通量等，影响近岸水体的层化、可见光的利用以及生物地球化学循环过程。在模式中，河流碳输入资料的匮乏，时间变化的不确定性，模式分辨率不足等都可能影响河口低盐区的模拟精度，另外河口过程、湿地等增加了问题的复杂性，陆-海界面过程是近海碳循环模式研究的一个难点。河流碳在海洋中的迁移转化，特别是有多少有机碳被埋藏在靠近河口的沉积物中，有多少有机碳进入海洋，以及这些碳被再矿化回 CO_2 的速度有多快，都是有待研究和明确的问题。而在非河流影响的近海海区，海底是重要的物质来源，潮流、风场扰动以及底栖生物的作用，为沉积-水界面交换过程的模拟带来难度，而这一过程在全球大洋模式中往往是不考虑的。此外，科学界对近海岸生态系统动态变化的机制认知和过程观测能力等都有一定的局限性，如何获取控制碳循环速率的可靠参数也是生物地球化学建模面临的重大挑战。我们需要进一步提高海洋生物学对温度、海洋酸化和其他参数变化的敏感性的认识，也需要更好地了解碳在陆地-海洋水生生态连续体的迁移转化过程，以及气候变化背景下极区海洋生态系统和碳循环的变化等，以此推动区域-全球碳循环-气候模式的协同发展。

5.4 生态系统的碳源汇强度及其时空格局

根据“全球碳计划”的估算结果，陆地和海洋生态系统碳汇分别占生态系统总固碳比例的 55%和 45%。然而，值得注意的是，两者的碳汇强度和变化趋势也存在着显著的差异。第一，陆地生态系统碳汇强度和增加趋势明显高于海洋生态系统碳汇[图 5-9（a）]（He et al.，2021）。1960～2021 年陆地生态系统年均碳汇强度为 2.35Gt C，显著高于海洋碳汇强度 1.75Gt C。同时，陆地生态系统碳汇整体呈现增长的趋势，增长速率为 0.0415Gt C/a，也显著高于海洋碳汇的增长速率（0.0299Gt C/a）。这主要是大气 CO_2 浓度的增加极大地促进了陆地植物的光合作用（即 CO_2 施肥效应），然而却导致了海洋酸化，即海水 pH 浓度持续下降，限制了海洋浮游植物和藻类的生长，制约了海洋碳汇；同时由于海水温度上升，海水饱和 CO_2 浓度下降，也会限制海洋碳汇的增加。第二，陆地生态系统碳汇年际变异显著高于海洋碳汇。在去除两者长期变化趋势后，陆地生态系统碳汇年际波动幅度是海洋生态系统碳汇年际波动的近 3.94 倍[图 5-9（b）]，这是由于陆地生态系统碳汇强烈地受到气象因素以及人类活动的影响，气象因子和人类活动强度的年际波动能显著地调节其年际波动。

以下分别介绍陆地和海洋生态系统碳源汇强度及其时空格局特征。

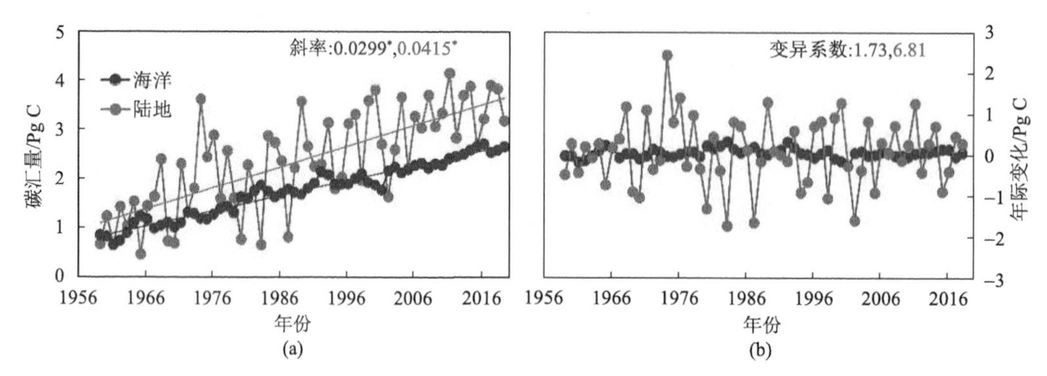

图 5-9 陆地和海洋碳汇长时期变化趋势和年际波动（He et al.，2021）

（a）长时期变化趋势；（b）年际波动。*表示趋势显著（p<0.05）

5.4.1 陆地生态系统碳源汇

《2020 年全球碳收支报告》（Global Carbon Budget 2020）表明，受大气 CO_2 浓度增加和气候变化等因素的影响，过去 60 年全球陆地碳汇呈增加趋势，从 1960～1969 年的 1.3±0.4Gt C/a 增加至 2010～2019 年的 3.4±0.9Gt C/a，2019 年全球陆地碳汇达到 3.1±1.2Gt C（Friedlingstein et al.，2020）。在空间分布上，陆地碳汇主要分布在北半球中高纬度地区，即 30°N 以北的温带和寒温带地区，生态系统过程模型和大气反演模型的模拟结果均表明该地区是个显著的碳汇，2010～2019 年碳汇量分别为 1.1±0.6Gt C/a 和 1.7±0.8Gt C/a。然而，南半球中高纬度地区（30°S 以南）的陆地生态系统几乎呈碳中性，过程模型和大气反演法估算的 2010～2019 年陆地碳通量分别为 0.0±0.1Gt C/a 和 0.1±0.2Gt C/a。在热带地区（30°N～30°S），生态系统过程模型和大气反演法估算的过去十年陆地碳通量分别为 0.2±0.7Gt C/a 和−0.2±0.6Gt C/a，表明热带地区可能接近碳中性。

5.4.1.1 森林生态系统

森林生态系统是地球上最重要的生态系统类型，是陆地生物圈的主体。根据联合国粮食及农业组织（FAO）发布的《2020 年全球森林资源评估报告》（Global Forest Resources Assessment 2020），全球森林总面积约为 40.6 亿 hm^2，占陆地总面积的 31%，全球森林碳储量达 662Gt C，主要储存在森林植被（约 44%）、土壤（约 45%）、凋落物（约 6%）和枯死木（约 4%）中。森林在不受到强烈扰动的情况下，通常表现为碳汇，并且是陆地碳汇的主体。FAO 评估显示，每年全球森林固定的碳约占整个陆地生态系统固碳量的 2/3，因此森林被认为是抵消化石燃料燃烧碳排放的有效途径。

目前多数研究认为全球森林总体上是一个碳汇。Pan 等基于主要国家和地区的森林清查资料及生态系统长期观测数据，通过“自下而上”的方法估算出 1990～2007 年间全球森林总碳汇量约为 4.05±0.67Gt C/a，但热带地区毁林造成 2.94±0.47Gt C/a 的碳排放，因此这期间全球森林净碳汇量约为 1.11±0.82Gt C/a（Pan et al.，2011）。Harris 等基于 IPCC

指南方法学框架，集成地面监测、卫星观测和激光雷达数据绘制了2001～2019年间全球森林碳汇30m分辨率的空间分布图，结果表明2001～2019年间毁林等干扰造成了全球森林2.2±0.7Gt C/a（其中CO_2约占98.9%）的温室气体排放，同期全球森林碳汇量约4.3±13.4Gt C/a，相抵后全球森林净碳汇量约为2.1±13.4Gt C/a（Harris et al.，2021）。然而，森林并不是持续地维持碳汇的状态，尤其是在气候干旱、火灾频发或砍伐过度的情况下，森林有可能从碳汇转变为碳源。如气候干旱和森林火灾导致亚马孙热带森林生物量碳汇从1990～1999年的0.54Gt C/a减少到2000～2009年的0.38Gt C/a，减少了将近30%（Brienen et al.，2015）。基于FAO《2020年全球森林资源评估报告》数据的研究表明，尽管全球因毁林产生的碳排放从1991～2000年间的1.2Gt C/a下降到2016～2020年间的0.8Gt C/a，但同期全球森林碳汇量也从1.0Gt C/a下降到0.7Gt C/a，综合两者，全球森林表现为碳源，年均净排放量为0.1Gt C（Tubiello et al.，2021）。

第九次全国森林资源清查显示，中国现有森林面积约为2.2亿hm^2，森林蓄积量约为175.6亿m^3。中国森林蕴藏着巨大的碳汇能力，方精云等人估算的2001～2010年中国陆地生态系统年均固碳0.20Gt C，其中森林贡献了约80%的固碳量，年均固碳达0.16Gt C（Fang et al.，2018）。中国森林的碳源汇特征可分为三个阶段：第一阶段是1949年～20世纪70年代末，由于大面积毁林开荒造成水土流失、荒漠化以及生物多样性丧失等，我国森林主要表现为碳源；第二阶段是20世纪80年代初～90年代，政府开始实施生态恢复项目，大面积植树造林使森林逐渐由碳源转变为碳汇；第三阶段是20世纪90年代至今，我国造林工程的进一步实施使得中国森林碳储量不断提高，碳汇强度也逐渐增加（Fang et al.，2001）。研究表明，我国森林年均碳汇量已由20世纪90年代（1990～1999年）的0.14Gt C/a增加到2000～2007年的0.18Gt C/a，平均单位面积的碳汇量也由0.96Mg C/（$hm^2 \cdot a$）（1Mg C = 10^6g C = 1t C）增加到1.22Mg C/（$hm^2 \cdot a$）（Pan et al.，2011）。中国陆地生态系统总碳储量在1900～1980年间下降了6.9Gt C，但是1980～2019年又增加了8.9Gt C，陆地碳汇（约0.23Gt C/a）的最主要贡献来自森林扩张和恢复（贡献约44%），可见我国林业生态工程建设所取得的瞩目成就，也表明森林在减少碳排放方面发挥着重要作用（Yu et al.，2022）。

5.4.1.2 草地生态系统

全球草地总面积约为24亿hm^2，占全球陆地面积的五分之一（Lieth，1978），是地球上重要的陆地生态系统，在全球碳循环中发挥着重要作用。以往研究估算的全球草地碳储量范围为308～605Gt C（Schuman et al.，2002；Carvalhais et al.，2014；Zhang et al.，2016），其中90%以上的碳储存在土壤中（范围为279～592Gt C），剩余的少部分碳储存在植被里（范围为24～120Gt C）（Zhang et al.，2016）。目前对于草地生态系统属于碳源还是碳汇存在较大的争议。如基于全球通量数据的分析结果显示，1982～2001年全球草地是显著的碳源（Liang et al.，2020），这与基于生态过程模型模拟的1990～2007年全球草地碳汇的结果相同（Chang et al.，2021）。然而，基于遥感数据和碳库变化的估算结果显示，2003～2012年全球草地表现出碳中性特征（Liu et al.，2015）。因此关于全球草地的碳源汇特征、大小以及变化趋势等问题，未来还需要进一步分析和明确。另外，由于草地生态系统通常处于干旱半干旱地区，容易受到干旱胁迫，草地生物量和生产力年际变异较大，其碳储量和碳源汇变化也更容易体现全球气候的波动情况。

我国草地十分辽阔，总面积约为 2.9 亿 hm^2，占国土面积的 30.5%（方精云等，2018）。草地生态系统是我国仅次于森林的第二大陆地碳库，生态系统碳储量在 17.3～59.5Gt C 之间，其中土壤碳储量在 16.7～56.3Gt C 之间，植被碳储量在 0.6～4.7Gt C 之间（Xie et al.，2007；Zhang et al.，2016；Tang et al.，2018）。我国草地生态系统的碳源汇特征具有明显的时间变化，在过去几十年表现出由碳汇逐渐转变为碳中性或弱碳源的趋势（Piao et al.，2007；Fang et al.，2018）。已有研究显示，我国草地生态系统在 20 世纪 80 年代和 90 年代表现为碳汇，碳汇强度为 0.007～0.018Gt C/a（方精云等，2007；Piao et al.，2007，2009；Zhang et al.，2016），而在 2001～2010 年间，我国草地植被碳库呈下降趋势，草地生态系统表现为弱碳源（−0.003Gt C/a）（Fang et al.，2018）。此外，草地生态系统容易受气候变化和放牧等因素干扰，碳源汇特征可能会因此改变，有研究表明我国北方草原受干扰之后可能表现为碳中性或弱碳源（Yu et al.，2016）。

5.4.1.3 灌丛生态系统

灌丛是指由中生或中旱生灌木占优势的植被类型，群落高度通常小于 5m，在气候过于干燥或寒冷、森林难以生长的地方，常有灌丛分布。全球灌丛总面积约 12 亿 hm^2，约占全球陆地总面积的 10%（Sulla-Menashe and Friedl，2018）。近年来，由于全球变暖等因素，灌丛面积不断扩张，对全球陆地碳汇的影响程度也日趋加大（Briggs et al.，2005）。已有研究估算的全球灌丛碳储量在 149～310.3Gt C 之间，其中植被碳储量在 14～61.6Gt C 之间，土壤碳储量在 135～248.7Gt C 之间（Prentice et al.，1993，2011；Foley，1995）。不管是区域还是全球尺度，灌丛生态系统一般都表现为碳汇。全球灌丛的碳汇强度约为 0.2Mg C/（hm^2·a），碳汇总量约为 0.3Gt C/a（Keenan and Williams，2018）。

我国的灌丛面积约为 0.7 亿 hm^2，占全国陆地总面积的 7%，主要分布在西南地区，在青藏高原和云贵高原的垂直山地带上多有原生灌丛分布（谢宗强和唐志尧，2017）。我国灌丛碳储量约为 6.7Gt C，其中植被碳库为 0.7Gt C，土壤碳库为 5.9Gt C（Tang et al.，2018）。由于青藏高原生态保护、京津风沙源治理和退耕还林还草等生态工程的实施，我国灌丛碳储量在 2003～2013 年间呈显著增加趋势，碳汇强度约为 0.6Mg C/（hm^2·a），与同期亚洲和北美洲的灌丛碳汇能力相当，高于 20 世纪 80～90 年代我国灌丛生态系统的平均碳汇强度 0.3Mg C/（hm^2·a），且东南地区灌丛生态系统的固碳量大于西南地区（Tian et al.，2011；Chuai et al.，2018）。方精云等（2007）利用灌丛碳汇与其植被净初级生产力（NPP）间的经验统计关系和灌丛的碳汇效率（carbon sink efficiency，CSE）两种不同方式估算出 1981～2000 年我国灌丛生态系统的碳汇量为 0.014～0.024Gt C/a，平均值为 0.019Gt C/a。

5.4.1.4 荒漠生态系统

荒漠生态系统是地球上最耐旱的，以超旱生的灌木、半灌木或小半灌木为优势种的生物群落与其周围环境所组成的综合体。全球荒漠面积约为 27.7 亿 hm^2，约占全球陆地面积的五分之一（Beer et al.，2010）。荒漠生态系统的生物量和植被净初级生产力都远低于其他生态系统，但其相对初级生产力（指年净初级生产力与成熟期生物量之比）却是全球生态系统中最高的（表 5-3，Evenari et al.，1976）。因为荒漠生态系统的植被覆盖率很低，所以土壤中的碳占荒漠生态系统碳库的绝大部分。目前对于荒漠生态系统的碳储量和通量研究主要集中在区域尺度，全球尺度的研究非常少且不确定性较大（Li et al.，2015），如 Trumper 等（2009）给出的全球荒漠（包括沙漠和干旱灌丛区）碳储量约为 180Gt C，而 Carvalhais 等（2014）估算的全球荒漠生态系统总碳库高达 250Gt C。

表 5-3 荒漠群落和世界其他重要生物群落的成熟期生物量和初级生产力

植物类群	成熟期生物量/（t/hm^2）	年净初级生产力/[t/（hm^2·a）]	相对初级生产力
热带雨林	60～800	10～50	0.004～0.05
落叶林	370～450	12～20	0.03～0.06
北方森林	60～400	2～20	0.03～0.05
萨瓦纳	20～150	2～20	0.1～0.14
温带草地	20～50	1.5～15	0.08～0.3
苔原	1～30	0.7～4	0.09～0.1
荒漠	1～4.5	0.5～1.5	0.33～0.5

注：表中相对初级生产力为年净初级生产力与成熟期生物量的比值。修改自 Evenari 等（1976）。

近年来，由于大气中的 CO_2 含量增加、气候变暖等因素，全球不同区域都观察到荒漠生态系统地上生物量增加的现象，木本植物生物量增加速率约为 0.01Mg C/（hm^2·a），这意味着荒漠生态系统的碳储量也在增加（Brandt et al.，2019）。荒漠生态系统的碳源汇特征与降水有着明显关系（Liu et al.，2012），尽管荒漠生态系统碳库呈增加的趋势，但年际和年内降水都存在巨大的波动，荒漠生态系统的固碳能力和净初级生产力（NPP）也有巨大的时空差异，因此尚未确定荒漠生态系统能否形成稳定的碳汇。当前对于荒漠生态系统的研究手段还比较单一，多局限于站点水平的通量观测，这造成不同地区对于荒漠碳源汇特征的评估结果有很大差异，在碳源汇形成机制上也存在较大争议，所以目前全球荒漠的碳汇大小还不明确。

我国荒漠生态系统的总面积约为 1.65 亿 hm^2，占我国国土总面积的 17%（程磊磊等，2020），主要分布在北部和西北部地区，包括八大沙漠、四大沙地与广袤的戈壁。根据目前的估计，我国荒漠生态系统的总碳库约为 3.45Gt C，其中土壤碳库为 2.48Gt C，而植被碳库仅为 0.97Gt C（Wang et al.，2021）。我国荒漠生态系统整体表现出碳汇特征，从 20 世纪 80 年代到 21 世纪前十年，中国荒漠土壤有机碳库从 1.5Gt C 增加至 1.7Gt C（Wang et al.，2021）。在毛乌素沙漠、古尔班通古特沙漠等地，通量观测均显示灌丛生态系统具有稳定的碳汇过程，碳汇速率为 0.3～0.8Mg C/（hm^2·a）（Jia et al.，2014；Ma et al.，2014；Xie et al.，2015）。然而，我国荒漠生态系统并非持续地表现出碳汇特征。比如在我国新疆准噶尔盆地沙漠地区，研究发现荒漠生态系统在旱季表现为弱碳汇或碳源，但是在雨季表现为较强的碳汇（Liu et al.，2012）。

5.4.1.5 湿地生态系统

湿地是介于陆地和水生环境之间的过渡带，被称作“地球之肾”。全球湿地面积约为 8.6 亿 hm^2，占全球陆地面积的 6.4%（Mitsch et al.，2013）。湿地生态系统不仅是地球生物圈的重要碳汇之一，同时也是 CH_4 的主要排放源，排放的 CH_4 占全球排放量的 20%～30%（Saunois et al.，2020）。不同学者估算的全球湿地碳储量在 154～550Gt C 之间，占全球陆地碳储量的 12%～24%（Eswaran et al.，1993；Nahilk and Fennessy，2016）。全球湿地总体上表现为碳汇，其碳汇量约为 0.83Gt C/a（Mitsch et al.，2013）。从不同空间区域来看，热带湿地的碳汇速率最高[1.3Mg C/（hm^2·a）]，其次是温带湿地[0.9Mg C/（hm^2·a）]，寒带湿地最低[0.2Mg C/（hm^2·a）]（Villa and Bernal，2018）。从不同的湿地类型来看，滨海湿地的碳汇速率明显高于内陆湿地，前者表现为较强的碳汇[2.1Mg C/（hm^2·a）]，后者表现为弱碳汇或碳中性[0.9Mg C/（hm^2·a）]（Lu et al.，2017）。

中国湿地总面积约为 0.36 亿 hm^2，占我国国土面积接近 4%。我国湿地主要分为内陆湿地、滨海湿地和人工湿地三种类型，其中内陆湿地占绝大部分（面积占比约为 94.4%），滨海湿地占比约为 4.9%，人工湿地仅占 0.7%（牛振国等，2009）。由于目前关于湿地的定义存在着广泛的分歧，不同研究所采用的湿地面积有较大出入，所以我国湿地碳库的估算结果也存在很大差异，当前已有研究估算的我国湿地碳储量大概在 3.7～16.9Gt C 之间（郑姚闽等，2013；Xiao et al.，2019）。中国的湿地研究起步较晚，湿地碳汇方面的研究尚不多见，目前国家尺度的湿地碳汇研究仅见 Xiao 等基于文献数据开展的全国湿地碳汇估算，得到的我国湿地碳汇总量约为 0.12Gt C/a，其中湖泊、河流、滨海湿地和沼泽的碳汇量分别约为 0.038Gt C/a、0.028Gt C/a、0.024Gt C/a 和 0.030Gt C/a（Xiao et al.，2019）。

5.4.1.6 农田生态系统

农田生态系统是典型的人工生态系统，是人类活动最频繁、最剧烈的陆地生态系统。全球农田面积约 14 亿 hm^2，约占陆地总面积的 12%（Jobbágy and Jackson，2000）。由于人工施用水分或者养分，以及定期的人工管理，农田生态系统的净生态系统生产力（NEP）与森林生态系统相当甚至更高。但是，收获后农作物籽粒被人类食用后会很快以 CO_2 的形式返回到大气中，因此研究者普遍认为农田生物量碳汇约为零，加之农作物秸秆也会被用于动物饲料或者焚烧使得其包含的碳以 CO_2 的形式返回到大气中，真正能够被固定下来的碳（NBP，即 NEP 减去干扰碳通量）储存在土壤碳库中，并且量较小。

土壤碳库大小与研究的土层深度有关，大部分研究都是基于土壤 1m 深处进行调查。根据已有文献分析、模型模拟和定位观测等方法估算的结果，全球农田表层 1m 深土壤有机碳库大小为 128～165Gt C（Lal，2004；Ren et al.，2020）。相较于历史时期，人类长期的农业活动已经使农田土壤碳含量显著下降，损失的土壤碳已经超过一半（Lal，2007），若继续采用高强度利用方式则可能会使农田生态系统变成碳源。如果及时采用合理手段优化耕作方式，比如轮作、间作和免耕以及覆盖作物等，不仅可以使损失的碳库逐步得到恢复，还能增强土壤的固碳能力，从而提高作物产量。

中国自古以来就是一个农业大国，《第三次全国国土调查主要数据公报》显示，我国现有农田面积 12786.19 万 hm^2，约占我国陆地面积的 14%。根据土壤普查数据和统计学模型估计，我国农田土壤碳储量为 11.8～13.0Gt C，其中表层土（0～30cm）碳储量约占 45%（5.0～7.5Gt C），植被碳储量仅为 0.55～0.98Gt C（Tang et al.，2018）。对基于土壤样地调查和过程模型模拟的研究分析显示，自 20 世纪 80 年代以来，除了用反硝化-分解模型（DeNitrification-DeComposition model）模拟出我国农田为碳源外，其他方法模拟的结果均表现出明显的碳汇特征，20 世纪 80 年代至 21 世纪前十年，我国农田表层土壤固碳速率为 0.07～0.28Mg C/（hm^2·a），碳汇强度为 0.01～0.03Gt C/a（杨元合等，2022）。另外，赵明月等（2022）通过文献分析，得出中国农田生态系统的碳源汇范围为 −0.002～0.120Gt C/a，平均值为 0.043±0.010Gt C/a。1995～2010 年我国农业生产的碳排放量、碳汇量和净碳汇量均呈增加趋势，且碳汇增速（年均递增 1.73%）明显快于碳排增速（年均递增 1.03%），可见我国在农业节能减排方面取得了一定成效（田云和张俊飚，2013）。虽然自然环境因素被认为是影响农田碳汇的主要因素，但如果能够进一步完善管理措施，比如休耕、间作和合理施肥，走绿色农业发展道路，对于实现社会可持续发展则具有重要意义。

5.4.2 海洋生态系统碳源汇

“海洋是大气 CO_2 的碳汇”这一观点已经在国际海洋学研究中达成了普遍共识，然而，区域尺度上海洋碳源汇仍存在着地理异质性，呈现显著的纬度梯度特征。南北半球的中纬度和高纬度海区是碳汇，赤道与南极附近海区主要是碳源，如赤道东太平洋、西北印度洋索马里急流区和大西洋中西部，以及 60°S 附近的沿南极大陆部分海域（图 5-10）。研究表

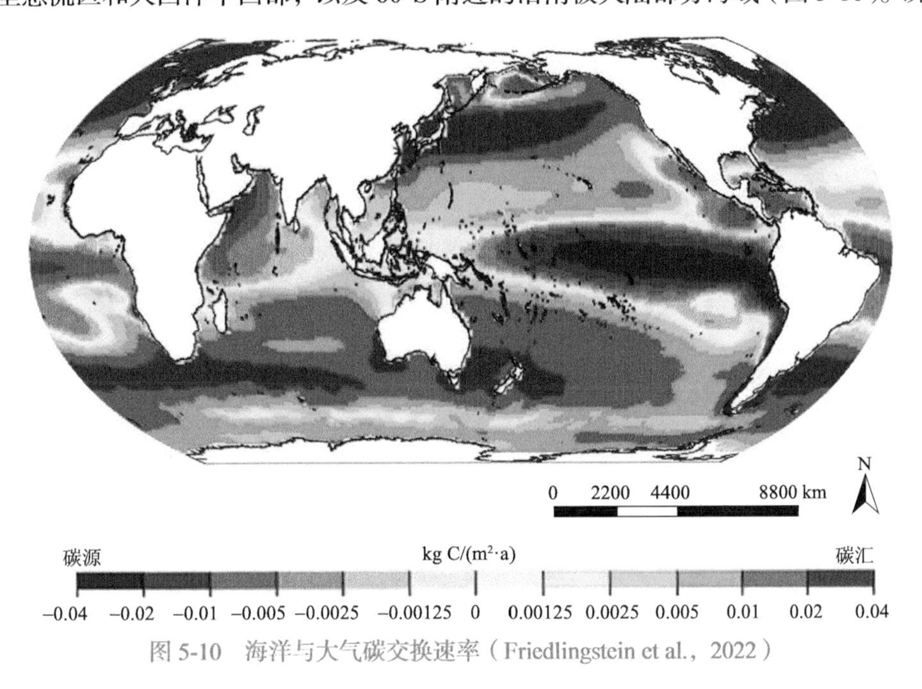

图 5-10 海洋与大气碳交换速率（Friedlingstein et al.，2022）

明，仅占全球海域面积 23%的大西洋贡献了 41%的全球海-气 CO_2 通量，而占有全球海域面积 47%的太平洋却仅贡献了 33%左右的全球海-气 CO_2 通量，这是因为赤道太平洋主要是碳源海域（Takahashi et al.，2009）。

5.4.2.1 北高纬海域

60°N～90°N 海域是全球最大的海洋碳汇区。该海域温度较低，CO_2 溶解度较高，依靠溶解泵吸收大量大气中的 CO_2。另外，丰富的陆源输入为浮游植物提供了重要营养物质来源，使得北高纬海域浮游植物光合作用较强（即生物泵），形成了显著的海洋碳汇区域（图 5-10）。另外，海冰面积的季节性变化也是增汇的原因之一，随着季节温度升高，当海冰变薄或消退后，表层浮游植物迅速繁殖可以固定大量的大气 CO_2，并且海冰融化所造成的海-气接触面积增大也使得海洋吸收大气中 CO_2（即“溶解泵”）的能力更高。以北冰洋为例，其面积虽然仅占全球海洋的 3%～4%，但其 CO_2 净吸收量却占全球海洋的 5%～14%（Bates and Mathis，2009）。

5.4.2.2 中纬度辐合区海域

中纬度辐合区海域（纬度 20°～60°之间）在全球碳循环中主要表现为碳汇（图 5-11），其中，南半球 22°S～50°S 海域碳汇约为每年 1.05Gt C，50°S 以南的海域碳汇较弱，约为 0.06Gt C（Takahashi et al.，2009）。太平洋中纬度辐合海域的碳汇能力约为每年 0.91Gt C，大西洋中纬度辐合海域的碳汇能力约为每年 0.42Gt C。该海域溶解泵和生物泵同时存在，但由于辐合区海域洋流动力为下降流，海底的无机盐等营养物质无法输送到海表供浮游植物生长和光合作用固碳，生物泵所需的营养物质仅依靠陆源输入，因此溶解泵对碳的吸收作用几乎为生物泵的 100 倍。此外，该区域受辐射和风强的季节性变化影响，其碳汇能力也呈现出显著的季节变化，如大西洋、印度洋和太平洋中纬度海域都将从夏季的接近零或弱源特征转变为冬季的强汇（Takahashi et al.，2009）。

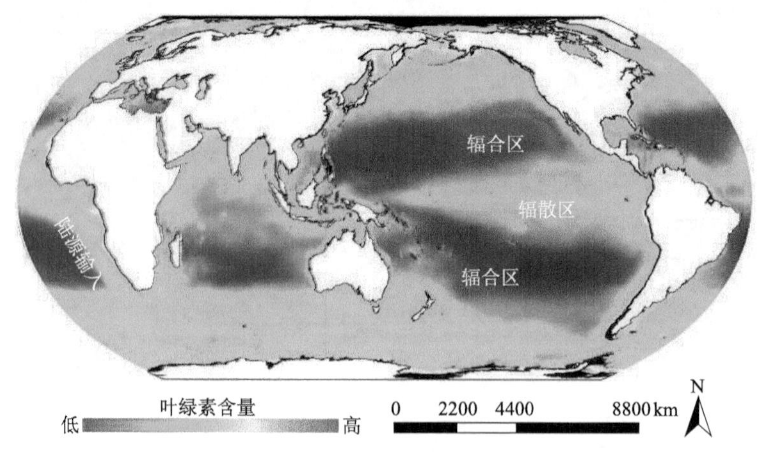

图 5-11 SeaWiFS 平均叶绿素分布（2000 年 7 月 9 日～8 月 9 日）

SeaWiFS 为传感器，全称 Sea-viewing wide field-of-view sensor，可译为“宽视场海洋观测传感器”

5.4.2.3 低纬近赤道辐散区海域

赤道海域是全球海洋最大的碳源。该海域属于典型的辐散海域，洋流动力为上升流，会将富含 CO_2 和营养盐的深层海水上涌到表层海水。一方面，由于 CO_2 在海水中的溶解度受海水温度的影响，深层冷水上涌变为表层暖水，CO_2 溶解度降低，进而会向大气析出 CO_2，该过程是溶解泵的反作用过程。另一方面，深层水上涌带来的营养盐刺激了表层浮游植物生长，生物泵增强了光合作用固定的 CO_2，但增强的这部分碳汇在赤道海域往往小于深层水上涌释放的游离 CO_2 量，再加上随赤道上升流上涌到表面的海底碳酸盐岩，会经变质作用产生大量 CO_2。因此，低纬近赤道海域通常是 CO_2 的源（张远辉等，2000）。研究表明赤道太平洋每年向大气输送 1.0Gt C 的 CO_2，占海洋释放的 CO_2 总量的 60%（Keeling et al.，1996）。

5.4.2.4 大陆架边缘海域

大陆架边缘海域面积很小但在全球碳循环发挥着重要作用。该生态系统的蓝色碳汇主要由红树林、盐沼和海草床等生境捕获的生物量碳和储存在沉积物（或土壤）中的有机碳组成（Herr et al.，2012）（图 5-12，表 5-4），生物泵是该海域最主要的碳汇原因。红树林具有富含有机质的土壤层，厚度一般是 0.5～3m，其固定的有机碳占整个红树林系统的 49%～98%（Donato et al.，2011）。盐沼碳库所积累的有机物有内源输入和外源输入两种，内源输入包括湿地植被凋落物、浮游植物和底栖生物生产的有机物，而外源输入指通过外界水源补给的有机物，如地表径流、地下水和潮汐等挟带的颗粒态和溶解态有机质。海草床碳库主要来自海草初级生产的有机物、附生植物的固碳作用以及海草草冠对有机悬浮颗粒物的捕获等几个方面。现有研究认为，全球陆架边缘的海域（即海岸带）总体是大气 CO_2 的汇，每年吸收 0.21～0.45Gt C 的大气 CO_2（Cai，2011）。从时间动态上来看，该海域春季多是碳汇，夏季则为碳源（Chen and Borges，2009）；从空间格局上来看，温带陆架边缘海通常是碳汇，亚热带和热带陆架边缘海通常为碳源（Laruelle et al.，2010）。

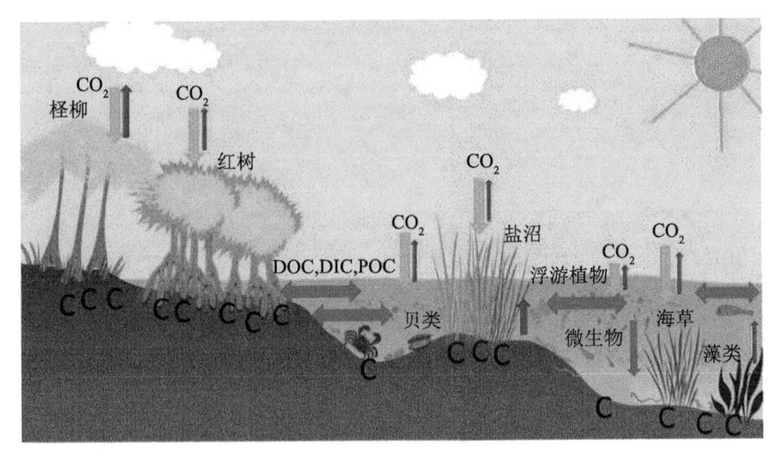

图 5-12 海岸带蓝碳过程示意图（唐剑武等，2018）

红色箭头表示 CO_2 排放到大气中；绿色箭头表示 CO_2 的吸收；蓝色箭头表示溶解有机碳（DOC）、溶解无机碳（DIC）、颗粒碳（POC）在海水中的交换和沉积

表 5-4　全球海岸带及深海蓝碳的覆盖面积及有机碳的年埋藏特征（章海波等，2015）

海岸带系统	覆盖面积/10^6 km^2	固碳效率/[Mg C/（hm^2·a）]	全球总固碳量/（Gt C/a）
红树林	0.138～0.152	2.26±0.39 （0.20～9.49，*n*=34）	0.30±0.05 0.33±0.06
盐沼	0.022*～0.4	2.18±0.24 （0.18～17.13，*n*=96）	0.05±0.005 0.85±0.09
海草床	0.177～0.6	1.38±0.38 （0.45～1.90，*n*=123）	0.47～1.09

*数据只包括加拿大、美国，以及欧洲、南非地区的盐沼面积之和。

知识卡片：

红树林（mangrove）是生长在热带、亚热带海岸潮间带，由红树植物为主体的常绿乔木或灌木组成的湿地木本植物群落。红树林并非指一种树木，其在净化海水、防风消浪、固碳储碳、维护生物多样性等方面发挥着重要作用，有“海岸卫士”“海洋绿肺”美誉，也是珍稀濒危水禽重要栖息地，是鱼、虾、蟹、贝类的生长繁殖场所。中国红树植物分布在广东、广西、海南、福建、浙江等省区。

课后思考

1. 如何定义一个自然生态系统是碳源还是碳汇？
2. 陆地生态系统的关键过程有哪些？与生产力有什么关系？
3. 海洋生态系统的碳泵有哪些？如何影响着海洋碳源汇格局？
4. “自上而下”和“自下而上”的评估方法原理及其优缺点是什么？
5. 陆地与海洋生态系统碳循环模拟及估算的不确定性是否有区别？

参考文献

陈报章, 张慧芳. 2015. 中国碳同化系统及其应用研究. 北京: 科学出版社.

程磊磊, 却晓娥, 杨柳, 等. 2020. 中国荒漠生态系统: 功能提升、服务增效. 中国科学院院刊, 35(6): 690-698.

方精云, 郭兆迪, 朴世龙, 等. 2007. 1981-2000 年中国陆地植被碳汇的估算. 中国科学 D 辑: 地球科学, 37(6): 804-812.

方精云, 耿晓庆, 赵霞, 等. 2018. 我国草地面积有多大? 科学通报, 63(17): 1731-1739.

何建坤. 2021. 碳达峰碳中和目标导向下能源和经济的低碳转型. 环境经济研究, 6(1): 1-9.

焦念志. 2012. 海洋固碳与储碳——并论微型生物在其中的重要作用. 中国科学: 地球科学, 42(10): 1473-1486.

刘良云，宋博文. 2022. 陆地生态系统固碳速率立体监测方法：进展与挑战. 大气科学学报，45(3)：321-331.
刘毅，姚璐，王靖，等. 2022. 中国碳卫星数据的应用现状. 卫星应用，(2)：46-50.
牛振国，宫鹏，程晓，等. 2009. 中国湿地初步遥感制图及相关地理特征分析. 中国科学D辑：地球科学，39(2)：188-203.
宋金明. 2003. 海洋碳的源与汇. 海洋环境科学，(2)：75-80.
谭正洪，曾继业，刘曙光，等. 2018. Forest-CEW：一个模拟森林“能-碳-水”过程的生态系统模型. 海南大学学报(自然科学版)，36(3)：285-292.
唐剑武，叶属峰，陈雪初，等. 2018. 海岸带蓝碳的科学概念、研究方法以及在生态恢复中的应用. 中国科学：地球科学，48(6)：661-670.
田云，张俊飚. 2013. 中国农业生产净碳效应分异研究. 自然资源学报，28(8)：1298-1309.
肖兴威. 2005. 中国森林资源清查. 北京：中国林业出版社.
谢宗强，唐志尧. 2017. 中国灌丛生态系统碳储量的研究. 植物生态学报，41(1)：1-4.
延晓冬，赵俊芳. 2007. 基于个体的中国森林生态系统碳收支模型 FORCCHN 及模型验证. 生态学报，27(7)：2684-2694.
杨元合，石岳，孙文娟，等. 2022. 中国及全球陆地生态系统碳源汇特征及其对碳中和的贡献. 中国科学：生命科学，52(4)：534-574.
于贵瑞，王秋凤，朱先进. 2011. 区域尺度陆地生态系统碳收支评估方法及其不确定性. 地理科学进展，30(1)：103-113.
章海波，骆永明，刘兴华，等. 2015. 海岸带蓝碳研究及其展望. 中国科学：地球科学，45(11)：1641-1648.
张远辉，王伟强，陈立奇. 2000. 海洋二氧化碳的研究进展. 地球科学进展，(5)：559-564.
赵明月，刘源鑫，张雪艳. 2022. 农田生态系统碳汇研究进展. 生态学报，42(23)：9405-9416.
郑帷婕，包维楷，辜彬，等. 2007. 陆生高等植物碳含量及其特点. 生态学杂志，164(3)：307-313.
郑姚闽，牛振国，宫鹏，等. 2013. 湿地碳计量方法及中国湿地有机碳库初步估计. 科学通报，58(2)：170-180.
周广胜，王玉辉，许振柱，等. 2008. 草地生态系统碳收支模型//黄耀，周广胜，吴金水，等. 中国陆地生态系统碳收支模型. 北京：科学出版社.
周国逸，尹光彩，唐旭利，等. 2018. 中国森林生态系统碳储量：生物量方程. 北京：科学出版社.
Bates N R, Mathis J T. 2009. The Arctic ocean marine carbon cycle evaluating of air-sea CO_2 exchange, ocean acidification impacts and potential feedbacks. Biogeosicence, 6(11): 2433-2459.
Beer C, Reichstein M, Tomelleri E, et al. 2010. Terrestrial gross carbon dioxide uptake: global distribution and covariation with climate. Science, 329(5993): 834-838.
Bonan G B, Doney S C. 2018. Climate, ecosystems, and planetary futures: the challenge to predict life in Earth system models. Science, 359(6375): eaam8328.
Brandt M, Hiernaux P, Rasmussen K, et al. 2019. Changes in rainfall distribution promote woody foliage production in the Sahel. Communications Biology, 2: 133.
Brienen R J W, Phillips O L, Feldpausch T R, et al. 2015. Long-term decline of the Amazon carbon sink. Nature, 519: 344-348.
Briggs J M, Knapp A K, Blair J M, et al. 2005. An ecosystem in transition: causes and consequences of the conversion of mesic grassland to shrubland. Biology Science, 55(3): 243-254.
Cai W J. 2011. Estuarine and coastal ocean carbon paradox: CO_2 sinks or sites of terrestrial carbon incineration? Annual Review of Marine Science, 3: 123-145.
Carvalhais N, Forkel M, Khomik M, et al. 2014. Global covariation of carbon turnover times with climate in

terrestrial ecosystems. Nature, 514: 213-217.

Chang J, Ciais P, Gasser T, et al. 2021. Climate warming from managed grasslands cancels the cooling effect of carbon sinks in sparsely grazed and natural grasslands. Nature Communication, 12: 118.

Chen B, Zhang H, Wang T, et al. 2021. An atmospheric perspective on the carbon budgets of terrestrial ecosystems in China: progress and challenges. Science Bulletin, 66(17): 1713-1718.

Chen C T A, Borges A V. 2009. Reconciling opposing views on carbon cycling in the coastal ocean: continental shelves as sinks and near-shore ecosystems as sources of atmospheric CO_2. Deep Sea Research Part II: Topical Studies in Oceanography, 56: 578-590.

Chuai X, Qi X, Zhang X, et al. 2018. Land degradation monitoring using terrestrial ecosystem carbon sinks/sources and their response to climate change in China. Land Degradation & Development, 29: 3489-3502.

Clarke L, Jiang K, Akimoto K. 2014. Assessing Transformation Pathways// Edenhofer O R, Pichs-Madruga Y, Sokona E, et al. Climate Change 2014: Mitigation of Climate Change. Contribution of Working Group III to the Fifth Assessment Report of the Intergovernmental Panel on Climate Change. Cambridge, United Kingdom and New York, USA: Cambridge University Press.

Dai M, Cao Z, Guo X, et al. 2013. Why are some marginal seas sources of atmospheric CO_2? Geophysical Research Letters, 40(40): 2154-2158.

Donato D C, Kauffman J B, Murdiyarso D, et al. 2011. Mangroves among the most carbon-rich forests in the tropics. Nature Geoscience, 4: 293-297.

Eswaran H, van Den Berg E, Reich P. 1993. Organic carbon in soils of the world. Soil Science Society of America Journal, 57(1): 192-194.

Evenari M, Schulze E D, Lange O, et al. 1976. Water and Plant Life Problems and Modern Approaches. Berlin: Springer: 439-451.

Fang J, Chen A, Peng C, et al. 2001. Changes in forest biomass carbon storage in China between 1949 and 1998. Science, 292(5525): 2320-2322.

Fang J, Chen A, Peng C, et al. 2018. Climate change, human impacts, and carbon sequestration in China. Proceedings of the National Academy of Sciences of the United States of America, 115(16): 4015-4020.

Foley J A. 1995. An equilibrium model of the terrestrial carbon budget. Tellus B, 47: 310-319.

Foley J A, Prentice I C, Ramankutty N, et al. 1996. An integrated biosphere model of land surface processes, terrestrial carbon balance, and vegetation dynamics. Global Biogeochemical Cycles, 10: 603-628.

Friedlingstein P, O'Sullivan M, Jones M W, et al. 2020. Global Carbon Budget 2020. Earth System Science Data, 12(4): 3269-3340.

Friedlingstein P, O'Sullivan M, Jones M W, et al. 2022. Global Carbon Budget 2022. Earth System Science Data, 14(11): 4811-4900.

Griscom B W, Adams J, Ellis P W, et al. 2017. Natural climate solutions. Proceedings of the National Academy of Sciences of the United States of America, 114: 11645-11650.

Harris N L, Gibbs D A, Baccini A, et al. 2021. Global maps of twenty-first century forest carbon fluxes. Nature Climate Change, 11(3): 234-240.

He B, Chen C, Lin S, et al. 2021. Worldwide impacts of atmospheric vapor pressure deficit on the interannual variability of terrestrial carbon sinks. National Science Review, 9(4): nwab150.

He W, Jiang F, Wu M, et al. 2022. China's terrestrial carbon sink over 2010–2015 constrained by satellite observations of atmospheric CO_2 and land surface variables. Journal of Geophysical Research: Biogeosciences, 127(2): e2021JG006644.

Herr D, Pidgeon E, Laffoley D, et al. 2012. Blue Carbon. Policy Framework 2.0: Based on the Discussion of the International Blue. Gland: IUCN and Arlington, USA: CI.44

Huang Y, Yu Y Q, Zhang W, et al. 2009. Agro-C: a biogeophysical model for simulating the carbon budget of agroecosystems. Agricultural and Forest Meteorology, 149(1): 106-129.

Huang N, Wang L, Song X P, et al. 2020. Spatial and temporal variations in global soil respiration and their relationships with climate and land cover. Science Advances, 6: eabb8508.

Jackson R B, Canadell J, Ehleringer J R, et al. 1996. A global analysis of root distributions for terrestrial biomes. Oecologia, 108: 389-411.

Jia X, Zha T S, Wu B, et al. 2014. Biophysical controls on net ecosystem CO_2 exchange over a semiarid shrubland in northwest China. Biogeosciences, 11: 4679-4693.

Jiao N Z, Herndl G J, Hansell D A, et al. 2010. Microbial production of recalcitrant dissolved organic matter: long-term carbon storage in the global ocean. Nature Reviews Microbiology, 8: 593-599.

Jin Z, Wang T, Zhang H, et al. 2023. Constraint of satellite CO_2 retrieval on the global carbon cycle from a Chinese atmospheric inversion system. Science China: Earth Sciences, 66(3): 609-618.

Jobbágy E G, Jackson R B. 2000. The vertical distribution of soil organic carbon and its relation to climate and vegetation. Ecological applications, 10: 423-436.

Jung M, Reichstein M, Bondeau A. 2009. Towards global empirical upscaling of fluxnet eddy covariance observations: validation of a model tree ensemble approach using a biosphere model. Biogeosciences, 6(10): 2001-2013.

Jung M, Reichstein M, Margolis H A, et al. 2011. Global patterns of land-atmosphere fluxes of carbon dioxide, latent heat, and sensible heat derived from eddy covariance, satellite, and meteorological observations. Journal of Geophysical Research-Biogeosciences, 116: 16.

Keeling R F, Najjar R P, Heimann M. 1996. Global and hemispheric CO_2 sinks deduced from changes in at mospheric O_2 concentration. Nature,381: 218-221.

Keenan T F, Williams C A. 2018. The terrestrial carbon sink. Annual Review of Environment and Resources, 43: 219-243.

Lal R. 2004. Soil carbon sequestration to mitigate climate change. Geoderma, 123: 1-22.

Lal R. 2007. Carbon management in agricultural soils. Mitigation and adaptation strategies for global change, 12: 303-322.

Laan-Luijkx I T V D, Velde I R V D, Veen E V D, et al. 2017. The Carbon Tracker Data Assimilation Shell(CTDAS) v1.0: implementation and global carbon balance 2001-2015. Geoscientific Model Development, 10: 2785-2800.

Laruelle G G, Dürr H H, Slomp C P, et al. 2010. Evaluation of sinks and sources of CO_2 in the global coastal ocean using a spatially-explicit typology of estuaries and continental shelves. Geophysical Research Letters, 37(15): 242-247.

Li C, Zhang C, Luo G, et al. 2015. Carbon stock and its responses to climate change in Central Asia. Global Change Biology, 21(5): 1951-1967.

Li X, Yuan W, Dong W, et al. 2021. A machine learning method for predicting vegetation indices in China. Remote Sensing, 13: 1147.

Liang W, Zhang W, Jin Z, et al. 2020. Estimation of global grassland net ecosystem carbon exchange using a model tree ensemble approach. Journal of Geophysical Research: Biogeosciences, 125: e2019JG005034.

Lieth H. 1978. Patterns of primary productivity in the biosphere. Hutchinson & Ross, Stroudsberg, PA: 342.

Liu R, Pan L P, Jenerette G D, et al. 2012. High efficiency in water use and carbon gain in a wet year for a desert halophyte community. Agricultural and Forest Meteorology, 162-163: 127-135.

Liu Y, van Dijk A I J M, de Jeu R A M, et al. 2015. Recent reversal in loss of global terrestrial biomass. Nature Climate Change, 5: 470-474.

Lu H, Yuan W, Chen X. 2019. A process-based dynamic root growth model integrated into the ecosystem model. Journal of Advancing in Modeling Earth Systems, 11: 2019MS001846.

Lu H, Li S, Ma M, et al. 2021. Comparing machine learning-derived global estimates of soil respiration and its components with those from terrestrial ecosystem models. Environmental Research Letters, 16(5): 054048.

Lu W, Xiao J, Liu F, et al. 2017. Contrasting ecosystem CO_2 fluxes of inland and coastal wetlands: a meta-analysis of eddy covariance data. Global Change Biology, 23: 1180-1198.

Ma J, Liu R, Tang L S, et al. 2014. A downward CO_2 flux seems to have nowhere to go. Biogeosciences, 11: 6251-6262.

Ma M, Song C, Fang H, et al. 2022. Development of a process-based N_2O emission model for natural forest and grassland ecosystems. Journal of Advances in Modeling Earth Systems, 14: e2021MS002460.

Mitsch W J, Bernal B, Nahlik A M, et al. 2013. Wetlands, carbon, and climate change. Landscape Ecology, 28(4): 583-597.

Nahlik A M, Fennessy M S. 2016. Carbon storage in US wetlands. Nature Communications, 7: 13835.

Pan Y, Birdsey R A, Fang J, et al. 2011. A large and persistent carbon sink in the world's forests. Science, 333(6045): 988-993.

Peters W, Miller J B, Whitaker J, et al. 2005. An ensemble data assimilation system to estimate CO_2 surface fluxes from atmospheric trace gas observations. Journal of Geophysical Research: Atmospheres, 110: D24304.

Peters W, Jacobson A R, Sweeney C, et al. 2007. An atmospheric perspective on North American carbon dioxide exchange: Carbon Tracker. Proceedings of the National Academy of Sciences of the United States of America, 104: 18925-18930.

Piao S, Fang J, Zhou L, et al. 2007. Changes in biomass carbon stocks in China's grasslands between 1982 and 1999. Global Biogeochemical Cycles, 21: GB2002.

Piao S, Fang J, Ciais P, et al. 2009. The carbon balance of terrestrial ecosystems in China. Nature, 458: 1009-1013.

Piao S, He Y, Wang X, et al. 2022. Estimation of China's terrestrial ecosystem carbon sink: methods, progress and prospects. Science China: Earth Sciences, 65(4): 641-651.

Prentice I C, Sykes M T, Lautenschlager M, et al. 1993. Modelling global vegetation patterns and terrestrial carbon storage at the Last Glacial Maximum. Global Ecology and Biogeography Letters, 3: 67-76.

Prentice I C, Harrison S P, Bartlein P J. 2011. Global vegetation and terrestrial carbon cycle changes after the last ice age. New Phytologist, 189: 988-998.

Reichstein M, Camps-Valls G, Stevens B, et al. 2019. Deep learning and process understanding for data-driven Earth system science. Nature, 566: 195-204.

Ren W, Banger K, Tao B, et al. 2020. Global pattern and change of cropland soil organic carbon during 1901—2010: roles of climate, atmospheric chemistry, land use and management. Geography and Sustainability, 1: 59-69.

Schuman G E, Janzen H H, Herrick J E. 2002. Soil carbon dynamics and potential carbon sequestration by ranglands. Environmental Pollution, 116: 391-396.

Saunois M, Stavert A R, Poulter B, et al. 2020. The global methane budget 2000—2017. Earth system science data, 12: 1561-1623.

Seiler C, Melton J R, Arora V K, et al. 2022. Are terrestrial biosphere models fit for simulating the global land carbon sink? Journal of Advances in Modeling Earth Systems, 14(5): e2021MS002946.

Song C, Luan J, Xu X, et al. 2020. A microbial functional group-based CH_4 model integrated into a terrestrial ecosystem model: model structure, site-level evaluation, and sensitivity analysis. Journal of Advances in Modeling Earth Systems, 12: e2019MS001867.

Sulla-Menashe D, Friedl M A. 2018. User guide to collection 6 MODIS land cover(MCD12Q1 and MCD12C1) product. Reston: United States Geological Survey.

Takahashi T, Sutherland S C, Wanninkhof R, et al. 2009. Climatological mean and decadal change in surface ocean pCO_2, and net sea-air CO_2 flux over the global oceans. Deep Sea Research Part II: Topical Studies in Oceanography, 56: 554-577.

Tang X, Zhao X, Bai Y, et al. 2018. Carbon pools in China's terrestrial ecosystems: new estimates based on an intensive field survey. Proceedings of the National Academy of Sciences of the United States of America, 115: 4021-4026.

Tian H, Xu X, Lu C, et al. 2011. Net exchanges of CO_2, CH_4, and N_2O between China's terrestrial ecosystems and the atmospheric and their contributions to global climate warming. Journal of Geophysical Research, 116: G02011.

Tian X, Xie Z, Liu Y, et al. 2014. A joint data assimilation system(Tan-Tracker) to simultaneously estimate surface CO_2 fluxes and 3-D atmospheric CO_2 concentrations from observations. Atmospheric Chemistry and Physics, 14(23): 13281-13293.

Tramontana G, Jung M, Schwalm C R, et al. 2016. Predicting carbon dioxide and energy fluxes across global FLUXNET sites with regression algorithms. Biogeosciences, 13: 4291-4313.

Trumper K, Ravilious C, Dickson B. 2009. Carbon in drylands: desertification, climate change and carbon finance. Istanbul, Turkey: A UNEP-UNDP-UNCCD technical note for discussions at CRIC 7.

Tubiello F N, Conchedda G, Wanner N, et al. 2021. Carbon emissions and removals from forests: new estimates, 1990-2020. Earth System Science Data, 13(4): 1681-1691.

Villa J A, Bernal B. 2018. Carbon sequestration in wetlands, from science to practice: an overview of the biogeochemical process, measurement methods, and policy framework. Ecological Engineering, 114: 115-128.

Wang J, Feng L, Palmer P I, et al. 2020. Large Chinese land carbon sink estimated from atmospheric carbon dioxide data. Nature, 586: 720-723.

Wang L X, Gao J X, Shen W M, et al. 2021. Carbon storage in vegetation and soil in Chinese ecosystems estimated by carbon transfer rate method. Ecosphere, 12: e03341.

Wang Y, Tian X, Chevallier F, et al. 2022. Constraining China's land carbon sink from emerging satellite CO_2 observations: progress and challenges. Global Change Biology, 28(23): 6838-6846.

Xia J, Chen Y, Liang S, et al. 2015. Global simulations of carbon allocation coefficients for deciduous vegetation types. Tellus B: Chemical and Physical Meteorology, 67(1): 28016.

Xia J, Yuan W, Lienert S, et al. 2019. Global patterns in net primary production allocation regulated by environmental conditions and forest stand age: a model-data comparison. Journal of Geophysical Research: Biogeosciences, 124: 2039-2059.

Xiao D, Deng L, Kim D G, et al. 2019. Carbon budgets of wetland ecosystems in China. Global Change Biology, 25: 2061-2076.

Xie J, Zha T, Jia X, et al. 2015. Irregular precipitation events in control of seasonal variations in CO_2 exchange in a cold desert-shrub ecosystem in northwest China. Journal of Arid Environments, 120: 33-41.

Xie Z, Zhu J, Liu G, et al. 2007. Soil organic carbon stocks in China and changes from 1980s to 2000s. Global Change Biology, 13: 1989-2007.

Yu G R, Ren W, Chen Z, et al. 2016. Construction and progress of Chinese terrestrial ecosystem carbon, nitrogen and water fluxes coordinated observation. Journal of Geographical Sciences, 26(7): 803-826.

Yu Z, Ciais P, Piao S, et al. 2022. Forest expansion dominates China's land carbon sink since 1980. Nature Communications, 13(1): 1-12.

Zeng J, Matsunaga T, Tan Z H, et al. 2020. Global terrestrial carbon fluxes of 1999–2019 estimated by upscaling eddy covariance data with a random forest. Scientific Data, 7(1): 313.

Zhang H F, Chen B Z, van der Laan - Luijkx I T, et al. 2014a. Net terrestrial CO_2 exchange over China during 2001–2010 estimated with an ensemble data assimilation system for atmospheric CO_2. Journal of Geophysical Research: Atmospheres, 119(6): 3500-3515.

Zhang H, Yuan W, Dong W, et al. 2014b. Seasonal patterns of litterfall in forest ecosystem worldwide. Ecological Complexity, 20: 240-247.

Zhang H, Liu S, Regnier P, et al. 2018. New insights on plant phenological response to temperature revealed from long-term widespread observations in China. Global Change Biology, 24(5): 2066-2078.

Zhang L, Zhou G S, Ji Y H, et al. 2016. Spatiotemporal dynamic simulation of grassland carbon storage in China. Science China: Earth Sciences, 59: 1946-1958.

Zhang S, Yi X, Zheng X, et al. 2014c. Global carbon assimilation system using a local ensemble Kalman filter with multiple ecosystem models. Journal of Geophysical Research: Biogeosciences, 119: 2171-2187.

6 中国碳达峰和碳中和目标实施路径

袁文平，王大菊

“双碳”目标是中国政府经过深思熟虑后提出的。然而，我国仍处在工业化深化期，实现“双碳”目标面临多重挑战：中国产业结构偏重，仍处在工业化深化期；能源结构以煤炭为主体，仍处在能源需求增长期；能源效率偏低，仍处在高耗能发展阶段；绿色低碳关键技术尚待突破；市场化体制机制有待完善；外部环境仍面临诸多挑战。在这种情况下，如何既能实现“双碳”目标，又能保持我国社会经济的高速健康发展，是一个亟须解决的重要命题。综合我国国情及未来发展规划，我国科学家提出了实现“双碳”目标的实施路径（丁仲礼和张涛，2022），分为以下四个阶段。

第一个阶段为“控碳阶段”，争取到 2030 年把 CO_2 排放总量控制在每年 100 亿 t。在这个阶段，交通部门争取大幅度增加电动汽车和氢能运输占比，建筑部门的低碳化改造争取完成一半，工业部门利用煤、氢、电取代煤炭的工艺过程大部分完成研发和示范。在这期间尽量少用火电，而应以风电、光电为主，内陆核电完成应用示范，制氢和用氢的体系完成示范并有所推广。

第二个阶段为“减碳阶段”，争取到 2040 年把 CO_2 排放总量控制在每年 85 亿 t 之内。在这个阶段，争取基本完成交通部门和建筑部门的低碳化改造，工业部门全面推广用煤、石油、天然气、氢、电取代煤炭的工艺过程，并在技术成熟领域推广无碳新工艺。

第三个阶段为“低碳阶段”，争取到 2050 年把 CO_2 排放总量控制在每年 60 亿 t 之内。在此阶段，建筑部门和交通部门达到近无碳化，工业部门的低碳化改造基本完成。2040～2050 年火电装机总量再降低 25%，风、光电及制氢作为能源主力，经济适用的储能技术基本成熟。

第四个阶段为“中和阶段”，力争到 2060 年把 CO_2 排放总量控制在每年 25 亿～30 亿 t。在此阶段，智能化、低碳化的电力供应系统得以建立，火电装机量只占目前总量的 30%左右，并且一部分火电用天然气替代煤炭，火电排放 CO_2 力争控制在每年 10 亿 t，火电只作为应急电力和一部分地区的“基础负荷”，电力供应主要为水、光、风、核。除交通和建筑部门外，工业部门也全面实现低碳化。尚有 15 亿 t 的 CO_2 排放空间主要分配给水泥生产、化工、某些原材料生产和工业过程，以及边远地区的生活用能等“不得不排放”领域。其余 5 亿 tCO_2 排放空间机动分配。

为实现上述目标，我国科学家对应地提出具体的发展策略，总结为“三端共同发力体系”（丁仲礼和张涛，2022）：发电端要构建新型电力系统；能源消费端要实现电力替代、氢能替代以及工艺重构；固碳端要加强生态建设。在发电端方面，估算 2060 年总的电力装机容量需要在 60 亿～80 亿 kW 之间，并且稳定电源从目前的火电为主逐步转化为以核电、水电和综合互补的清洁能源为主。在能源消费端方面，用非碳能源发电、制氢，再用电力、氢能替代煤炭、石油、天然气，用于工业交通、建筑等部门，从而实现能源消费端的低碳化甚至非碳化，这是实现碳中和的核心内容。然而无论是发电端还是能源消费端，到 2060 年时，都会有相当数量的碳排放存在，需要固碳措施予以中和。在固碳端方面，其方法主要分四类。第一类是通过对退化生态系统的修复、保育等措施，提高光合作用并将更多碳以有机物形式固定在植物和土壤之中，这是最重要的固碳过程，2010～2020 年我国陆地态系统的固碳能力为每年 10 亿～15 亿 t CO_2，最有可能的估计范围为每年 11 亿～13 亿 t CO_2。第二类是将低浓度 CO_2 进行捕集富集为高浓度的氧化碳，再通过化学转化、生物转化、矿化以及地质利用转化制成或得到各类化学品、燃料、材料和资源。第三类是捕集 CO_2 后，将其封存于地层之中。第四类是生物质燃料利用、采伐树木及秸秆等闷烧还田等。固碳端首先聚焦于生态建设。在 2060 年之前，对非生态碳固存技术先做深入研究和技术储备，力争掌握知识产权和工程技术，大幅度减少成本，临近 2060 年时，根据我国“不得不排放的 CO_2”量和生态固碳贡献状况，再逐步推动这些技术的应用。

以下各小节分别详细介绍我国能源、工业、交通、建筑部门的碳减排路径，以及碳捕集、利用与封存技术在实现“双碳”目标过程中的潜力和作用，最后介绍基于自然解决方案加强我国陆地生态系统碳汇的贡献，以期全面介绍我国实现“双碳”愿景目标的实施途径。

6.1　能源部门的碳减排路径

能源部门是最大的温室气体排放部门。中国能源消费总量和 CO_2 排放位居全球第一。特别是改革开放以来，中国经济持续保持高速增长，成为世界第二大经济体，工业化和城镇化进程大大增加了能源消费及其碳排放。2006 年和 2009 年中国碳排放和能源消费先后超过美国，成为世界第一。2017 年，中国一次能源消费总量 45 亿 t 标准煤，是 1980 年的 7.44 倍，是同期美国能源消费总量的 1.4 倍。与能源相关的碳排放，2017 年为 93 亿 t 碳，是 1980 年的 7.3 倍，平均年增长率为 5.5%。从逐年增长速度来看，2004 年中国碳排放增长速度达到峰值（即 16%），之后增长速度逐年下降。与 2013 年相比，2014 年、2015 年和 2016 年 CO_2 排放量逐年略为下降，2017 年和 2018 年小幅反弹。总体上，2013 年之后，中国 CO_2 排放量开始处于平台期。

因此，能源部门的碳减排关系到中国能否成功实现“双碳”目标。我国科学家对于未来我国能源部门的碳减排总结为四个阶段，在四十年时间内，大致以十年为一个阶段，走从控碳、降碳、低碳到近零碳之路（丁仲礼和张涛，2022）。

1）控碳阶段（2021～2030 年）

在此阶段，全国总发电量大幅增长，其中水、风、光、核发电量占比提升到 46%以上，根据发展需要合理建设煤电产能。电力装机的增长应以风力和光伏发电为主，但为保障能源安全和产业链稳定，应合理建设先进煤电产能，逐步淘汰落后煤电产能。电力装机规模增长和结构不断优化，减缓了碳基电力上升势头。在技术发展方面，2030 年前应突破效率 28%以上的光伏电池、1.5 万 kW 级海上风力发电机组、大功率高温气冷堆核电站等关键技术，为全国发电设施建设提供大功率、高效率的先进装备，并形成海上风力发电大规模利用成套技术；掌握并推广煤电机组灵活性改造和快速启停技术，推动抽水蓄能技术和可调节性水电技术进步。同时大幅提升上述技术的经济性和实用性，支撑可再生能源规模化发展和消纳。

2）降碳阶段（2031～2040 年）

全国总发电量持续增长，其中水、风、光、核发电量占比达到 62%以上。煤电机组发电量转向下降，带动电力生产过程中 CO_2 排放量逐步下降。在此阶段，应持续扩大电力供给总量，大力推动全国发电结构调整，煤电发展进入下行通道。同时，不再新建煤电机组并淘汰老旧落后机组，剩余煤电机组逐步改造为调节性电源机组，燃煤机组发电小时数也将有所下降。在技术发展方面，2040 年前突破效率 30%的光伏电池、2 万 kW 级海上风力发电机组、100 万 kW 级新一代核电站及年处理 800t 乏燃料等关键技术，发电成本持续下降；大规模储能技术逐步推广应用，全部煤电机组完成灵活性改造。

3）低碳阶段（2041～2050 年）

全国总发电量持续平稳增长，其中水、风、光、核发电量占比提高到 74%，稳定电源及新型电力技术将支撑系统可靠运行。在此阶段，电力降碳进入“深水区”，重点加强多元化电力装机建设平衡波动性发电和非波动性发电的装机比例关系。为了平抑大规模高比例风力发电和光伏发电的波动性影响，非波动性发电装机（包括水电、核电、太阳能热发电等其他非碳基发电和一部分煤电）承担电力调度和实时调节控制任务；同时推广应用可再生能源主动支撑、大规模电力储能、灵活性资源调控等一批新型电力关键技术，实现电力系统灵活、高效、安全、可靠运行。在技术发展方面，2050 年前突破效率 30%以上的光伏电池产业化技术、3 万 kW 级海上风力发电机组技术，实现钍基熔盐堆商业化、加速器驱动的先进核能系统工业级标准化；由于大量煤电机组逐步退役，加大建设新型调节电源力度，低成本储热的太阳能热发电、P2X、度电成本 0.12 元/（kW·h）以下的大规模储能技术将得到推广应用。

4）近零碳阶段（2051～2060 年）

全国总发电量进一步增长，其中水、风、光、核发电量占比达到 85%以上，建成新型电力系统，实现“近零碳”。在此阶段，继续加强非碳基电力系统技术创新，提升非碳基电力装机比例和非碳基电力系统运行水平。到 2060 年，电力系统结构、控制、安全、稳定新技术和新装备得到全面应用。通过进一步降低煤电装机规模和发电小时数，电力生产过程中的 CO_2 排放量不超过 10 亿 t。在技术发展方面，2060 年高效率、低成本的太阳能、风能发电技术将支撑我国陆上、海上可再生能源的大规模开发利用，先进核能技术实现钍基燃料贡献率 80%以上；先进太阳能热发电、储电、储热技术水平持续提升，消费侧灵活性调节资源得到深度开发利用，为全国电力系统增加上亿千瓦的可调电源。

6.2 工业部门的碳减排路径

我国工业部门的四个最主要的支柱产业为钢铁、有色、化工和建材，它们也是整个工业部门碳排放的主要行业，因此从这四个行业入手开展碳减排就成为整个工业部门实现“双碳”目标的关键。

第一，我国是最大的钢铁生产国和消费国。2017 年，中国的粗钢产量首次超过世界其他地区的总和。2020 年，尽管受新冠疫情的影响，年初的防疫期间钢铁产量大幅下降，但到年底，中国的粗钢产量仍增长了 6.9%，达到了 10.6 亿 t，占世界产量的 56.7%。钢铁行业总耗能约 5.8 亿 t 标准煤，占全国总能耗的 11%左右，由此导致的 CO_2 排放量约为全国总排放量的 15%，是重要的高碳排放量行业。我国钢铁冶炼技术以高炉-转炉长流程为主，主要的碳排放单元是高炉炼铁过程，约占整个钢铁行业的 74%。随着现代工业技术的快速发展，已经出现了大量的技术可以有效降低钢铁冶炼过程中的碳排放量，关键技术包括氢冶金技术、废钢回用短流程技术、富氧高炉技术、余热余能利用技术、钢化联产技术等。

第二，有色金属行业是指除了铁、铬以外的所有金属，广义上还包括有色合金。我国有色金属资源丰富，主要集中在长江流域。有色金属工业包括了地质勘探、采矿、选矿、冶炼和加工等过程，其中冶炼过程是最主要的碳排放过程。2020 年，我国有色金属行业碳排放量约为 6.6 亿 t，其中冶炼过程排放 5.88 亿 t，铝冶炼过程的碳排放约为 5 亿 t，占有色金属行业总排放量的 75%，是有色金属行业碳减排的重点（张锁江等，2022）。

第三，我国是世界化工产值第一大国，按总产值计算，我国化工行业产值占全球化工行业产值的 40%。化工产业也是我国的支柱产业之一，2020 年我国化工行业碳排放量约为 10 亿 t，主要来自石油化工、煤及天然气化工等。其中，石油化工排放量占化工行业的 35%，煤及天然气化工碳排放量占化工行业的 60%左右，其他化工碳排放量占化工行业的 5%左右。石油化工碳排放主要来自石油炼制和催化裂化制烯烃、芳烃过程；煤及天然气化工中煤制合成气和合成氨是最大的两个碳排放过程；其他化工，如“三酸两碱”生产、精细化工等碳排放量相对较低。

第四，建材行业是我国国民经济的基础和支柱产业之一，对经济社会的发展发挥着不可或缺的作用。同时，建材行业也是碳排放量较大的行业之一。由于包含了水泥生产工业，建材行业 2020 年碳排放量达到了 14.8 亿 t，水泥总产量达 23.8 亿 t，导致的碳排放量约为 12.3 亿 t，占建材行业总碳排放的 83%。总体而言，建材行业的碳排放主要来自燃料燃烧排放、生产过程（碳酸盐原料分解）排放、用电间接排放三个方面。以水泥生产过程的碳排放为例，石灰石原料分解约占 60%，燃料燃烧占 30%，电力消耗间接碳排放约占 10%。

2021 年，工业和信息化部印发《“十四五”工业绿色发展规划》，对“十四五”时期工业部门减排的主要工作进行部署。2022 年工业和信息化部、国家发展和改革委员会和生态环境部印发《工业领域碳达峰实施方案》，提出工业领域碳达峰的总体目标：到 2025 年，规模以上工业单位增加值能耗较 2020 年下降 13.5%，单位工业增加值二氧化碳排放下降幅度大于全社会下降幅度，重点行业二氧化碳排放强度明显下降。“十五五”期间，产业结构布局进一步优化，工业能耗强度、二氧化碳排放强度持续下降，努力达峰削峰，在实现工业领域碳达峰的基础上强化碳中和能力，基本建立以高效、绿色、循环、低碳为重要特征的现代工业体系，确保工业领域二氧化碳排放在 2030 年前达峰。

具体到我国工业部门的减排路径，诸多研究进行了减排路线的模拟。在 2050 年或者 2060 年，工业部门仍会有一定量的碳排放。在与碳中和接近的情景中，工业部门的碳排放普遍认为在 0～15 亿 t（表 6-1），其中水泥和钢铁部门仍是工业部门中主要排放的子部门，分别会保留 3 亿～4 亿 t 的碳排放。这意味着在整个经济社会净零排放的情况下，工业部门仍需要靠其他部门（如能源和农林等）的负碳排放去抵消难以完全脱碳的部分。例如，我国工业部门能源相关的直接碳排放需要在 2035 年左右进入快速下降期，到 2060 年宜控制在 1 亿～7 亿 t CO_2，不足 2020 年排放水平的 20%（张希良等，2022）。

表 6-1 不同研究对于中国工业部门实现碳中和路径的预测（王灿等，2021）

行业	目标年份	情景	达峰时间	峰值/亿 t	目标年排放/亿 t	下降趋势	数据来源
工业	2050	政策情景	2025 年左右	58	46.1	—	清华大学气候变化与可持续发展研究院项目综合报告编写组（2020）
		强化政策	2025 年左右	57	34.2	—	
		2℃情景	2025 年左右	53	16.7	—	
		1.5℃情景	立即达峰	—	7.1	近似线性	
工业	2050	基准情景	—	—	37～39	—	波士顿咨询公司（2020）
		2℃情景	—	—	25～27	—	
		1.5℃情景	—	—	13.65～15.6	—	
工业	2050	2℃情景	立即达峰	—	8～18	—	能源基金会（2020）
		1.5℃情景	立即达峰	—	2～10	—	
工业	2050	强化行动	立即达峰	—	29	先慢后快	世界资源研究所（2020）
工业	2050	碳中和路径	立即达峰	—	4	近似线性	高盛（2021）
工业	2050	最佳估计	立即达峰	—	4	先慢后快	DNV GL（2019）
工业	2050	1.5℃情景	立即达峰	—	0～13	不统一	Duan 等（2021）
水泥	2060	碳中和情景	立即达峰	—	4.96	先快后慢	中国国际金融股份有限公司（2020）
钢铁			立即达峰	—	4.6	先快后慢	
水泥	2060	碳中和情景	立即达峰	—	3.1	先快后慢	中国国际金融股份有限公司（2021）
钢铁			立即达峰	—	3.2	先快后慢	

资料来源：根据文献和公开资料整理。

工业部门实现碳中和目标需要重点关注以下两个方面（王灿等，2021）：

（1）能源消费结构调整是我国工业部门实现碳中和的重要抓手。具体而言，钢铁、水泥、化工等工业部门，需要进一步提高电力及其他非化石能源的比例，逐步降低煤炭、石油、天然气等化石能源的消费比例。对于钢铁部门，我国需要加大对氢能炼钢技术的研发。对于水泥部门，我国在能源效率提高和降低熟料系数方面已走在前列，需要加大对燃料替代和原料替代技术的研发。在燃料替代方面，可利用沼气或生物质（高热值固体废物）代替化石燃料，依托国内垃圾分类制度的推进，研发多源替代燃料的综合处理与应用技术；同时可使用脱硫石膏、电炉渣等低碳排放的替代原料，降低石灰石分解带来的碳排放，研发氧化镁和碱/地质聚合物黏合剂等更广泛替代原料的综合应用技术。

（2）研发重点工业部门的碳捕集与封存技术（CCS）有助于保障我国工业部门打赢碳中和目标下的“决胜战”。由于工业生产过程不可避免地会释放二氧化碳，CCS 技术将是工业部门深度脱碳的兜底技术。目前 CCS 技术还未能实现商业化应用，只在国际上有一些大型试点项目，我国目前研发较为落后，应当在钢铁、水泥等重点部门开展重点研发工作。例如，可采用创新的窑炉设计，将燃料燃烧的废气（低 CO_2 含量）与煅烧废气（高 CO_2 含量）分离。

6.3　交通部门的碳减排路径

交通运输是国民经济中基础性、先导性、战略性的产业和重要的服务性行业，是现代化经济体系的重要组成部分，同时也是能源消费和温室气体排放的重点领域。我国交通基础设施发展迅速，基本形成了以“十纵十横”综合运输通道为主骨架、内畅外通的综合立体交通网络。高速铁路营业总里程、高速公路总里程、内河航道通航里程、民用运输机场数量等位居世界前列。2021 年我国交通基础设施主要规模如图 6-1 所示。

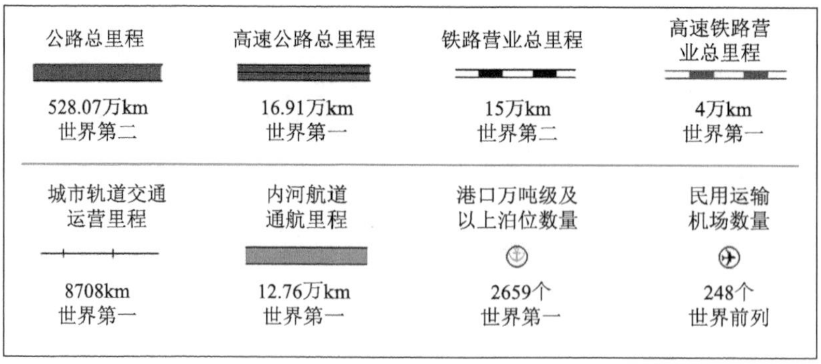

公路总里程	高速公路总里程	铁路营业总里程	高速铁路营业总里程
528.07万km 世界第二	16.91万km 世界第一	15万km 世界第二	4万km 世界第一
城市轨道交通运营里程	**内河航道通航里程**	**港口万吨级及以上泊位数量**	**民用运输机场数量**
8708km 世界第一	12.76万km 世界第一	2659个 世界第一	248个 世界前列

图 6-1　2021 年我国交通基础设施主要规模（交通运输部，2022）

交通运输迅速发展的同时带来了能耗和碳排放的增长。截至 2018 年，交通部门的能耗是 4.58 亿 t 标准煤，占能源使用的 15%，按照能源类型测算，直接产生了 9.82 亿 t CO_2 排放。虽然，其能源消耗和温室气体排放占比不高，但是正在快速增长，增长率为 5%，交通运输能力、车辆燃油技术水平等尚有较大提升空间，这将对完成国家2030年前碳达峰造成很大压力。总体而言，交通部门的碳排放表现出以下几个方面的特点。

（1）交通碳排放占全国比例较低，但是上升速度较快。根据国际能源署的研究，交通运输需求的强劲增长使其在中国终端能源消费量中的占比已从1980年的5%上升为2005年的11%，再继续上升到2017年的15%。在不考虑交通低碳转型的情况下，与2005年相比，2030年中国交通运输业的石油需求将会增长近3倍，占全国石油需求增量的40%以上（国际能源署，2017；王庆一，2019）。

（2）以道路交通碳排放为主，但航空排放增速最快。在交通运输业快速增长的碳排放中，道路运输占主体地位，但航空对未来碳排放总量贡献日益加大。2018年，中国交通运输业的能源消耗量是4.58亿t标准煤，占最终能源使用的15%，按照能源类型测算，产生9.82亿t CO_2直接排放。在交通部门的总排放量中，道路运输、铁路运输、水路运输和航空运输分别占76.3%、2.8%、9.5%、11.4%，道路运输占比最高。

（3）以汽油和柴油产生的碳排放为主。目前，在基于能源类型的交通运输碳排放中，汽油、柴油、电力和煤油碳排放占比分别为39%、49.6%、0%和11.4%，由汽油和柴油产生的碳排放占88.6%，占绝对主体部分（王庆一，2019）。目前，交通运输业仍处于一个快速的发展阶段，以化石燃料为驱动的交通运输工具仍会在未来一段时期内存在，由此也导致汽油和柴油产生的碳排放在相当一段时间内仍占主体，这将是交通部门深度脱碳面临的主要挑战（国际能源署，2017）。

（4）电力消耗的间接排放不容忽视。目前，尽管交通部门的电能消耗占比不高，但未来铁路运输、城市轨道、有轨电车、无轨电车和电动气候消耗的电能快速增加，电力消耗对应的碳排放不容忽视。

有学者结合我国实际和碳中和目标，初步测算了中国道路交通领域碳减排路径（薛露露和刘岱宗，2022）。预计交通领域碳排放量将在2025～2035年达到峰值，道路交通领域石油需求将在2024～2030年达到峰值。受快速增长的运输与出行需求的推动，中国道路交通领域温室气体排放在未来一段时期内都将保持增长的势头。但是，如果现有政策目标与相关行业目标能够如期达成，中国有可能在2030年前实现道路交通温室气体排放达峰，并于2027年前实现道路交通石油消耗量达峰。在此基础上，如果施以更为积极的运输结构优化措施（包括运输结构调整及车辆客运满载率/货运负载率提升措施）与新能源汽车推广措施，中国有望将道路交通温室气体排放与石油消耗量的达峰时间分别提前至2025年与2024年。值得注意的是，与更激进的新能源汽车推广措施相比，更激进的运输结构优化措施有助于温室气体排放更早达峰，且峰值也会更低。到2060年，道路交通领域温室气体排放量有望比2020年降低50%～95%。其中，如果现有政策目标与相关行业目标能如期达成，2060年道路交通温室气体排放可能在2020年的水平上降低50%。如果采取更为激进的新能源汽车推广措施，2060年道路交通温室气体排放有望在2020年的水平上降低95%，几乎在不借助大量碳汇的前提下，实现碳中和。

为实现上述目标，新能源汽车推广与应用、运输结构优化及车辆能效提升是三大关键措施。众多措施中，新能源汽车推广与应用的减排潜力最大。与基准情景中2020～2060年的累计排放量相比，深度减排情景中的新能源汽车推广措施有望实现48%的温室气体减排。如果上游电力和制氢部门能够遵循有关政府部门与行业协会制定的减排路线图并在中长期实现行业深度脱碳，则新能源汽车推广措施可较基准情况减排 60%。其次，运输结构优化（含客货运运输结构调整及车辆满载率/负载率提升）的减排潜力仅次于新能源汽车推广与应用，有望帮助道路交通实现 23%的温室气体减排。值得注意的是，在 2020～2035 年，运输结构优化的减排潜力最大，甚至高于新能源汽车推广与应用，这主要是因为新能源汽车（特别是温室气体排放占比较大的中重型货车）的市场渗透率难以在 2030 年前实现爆发式增长。最后，车辆能效提升可在 2020～2060 年间累计减排 17%。另外，从严规定企业平均车辆燃料消耗标准有利于激励新能源汽车的生产；建立新能源商用车能效标准也有利于提升续航里程与降低新成本，加速其推广。

6.4　建筑部门的碳减排路径

中国正处于城镇化建设时期，建筑和基础设施建造能耗与排放已成为全社会能耗与排放的重要组成部分。2020 年，我国建筑运行的化石能源消耗相关的 CO_2 排放量约 21.9 亿 t，占全国化石能源消耗相关 CO_2 排放总量的 22%，是我国碳排放总量的重要组成部分。建筑运行排放中，直接 CO_2 排放量约占 27%，电力相关的间接 CO_2 排放约占 52%，热力相关的间接 CO_2 排放约占 21%（江亿和胡姗，2021）。建筑行业作为三大能源消费部门之一，也将在实现“双碳”目标方面承担重要作用。

为了给出我国建筑部门的碳减排路径，需要较为准确地了解未来我国建筑部门的发展情况。我国科学家根据建筑存量、人口数量和人均建筑面积的变化趋势预测了到 2035 年的建筑面积变化。总体而言，2020～2035 年估算的全国建筑总面积呈递增趋势。2020 年全国建筑总面积为 688 亿 m^2，其中城镇居住建筑面积为 287 亿 m^2，农村居住建筑面积为 274 亿 m^2，城镇公共建筑面积为 127 亿 m^2。2025 年全国建筑总面积为 763 亿 m^2，其中城镇居住建筑面积、农村居住建筑面积和城镇公共建筑面积的占比分别为 43.7%、36.8%和 19.5%，且该年新建建筑面积为 62 亿 m^2。预计建筑部门在 2030 年碳排放达峰，届时全国建筑存量增加到 817 亿 m^2，比 2025 年增加了 7.1%。城镇居住建筑、农村居住建筑和城镇公共建筑存量依次为 377 亿 m^2、271 亿 m^2 和 160 亿 m^2。2035 年，预计年度建筑碳排放已处于下降阶段，全国的建筑存量仍在增加，达到 857 亿 m^2。其中城镇居住建筑、农村居住建筑和城镇公共建筑存量分别为 412 亿 m^2、260 亿 m^2 和 284 亿 m^2。总体来看，随着年份的增加，农村居住建筑面积逐渐减少，而城镇居住建筑和城镇公共建筑面积表现为上升趋势。对比新建建筑和既有建筑的变化发现，新建建筑呈逐渐增加的趋势，但年均增长率在 2030 年之后减小，既有建筑则为下降趋势，降幅同样是碳达峰后小于达峰前。

在上述对于未来我国建筑面积的变化预测的基础上，可以预测未来我国建筑部门的碳排放量。具体而言，在核算建筑部门碳排放的过程中，可以将建筑部门划分为 4 个子部门：北方城镇供暖、城镇居住建筑（不包括北方地区的供暖）、城镇公共建筑（不包括北方地区的供暖）和农村居住建筑。其中，北方城镇供暖指采取集中供暖方式的省、自治区和直辖市的冬季供暖。杨璐等（2021）结合建筑存量和建筑单位面积的碳排放估算值（35kg CO_2/m^2），得出 2020 年、2025 年、2030 年、2035 年中国建筑部门在不考虑减排技术应用的情况下，CO_2 排放总量分别约为 24.08 亿 t、26.71 亿 t、28.60 亿 t、30.00 亿 t。

同时，杨璐等（2021）根据建筑子部门类别对减排技术进行归类，同时结合新公布的相关政策文件，筛选出 26 项建筑部门的 CO_2 减排技术，并在此基础上估算了这些技术所带来的碳减排潜力（表 6-2）。2025 年，由 26 项减排技术实施产生的 CO_2 减排潜力为 4.62 亿 t，各建筑子部门，包括北方城镇供暖、城镇居住建筑、城镇公共建筑和农村居住建筑产生的减排潜力依次为 1.98 亿 t、0.54 亿 t、0.33 亿 t 和 1.77 亿 t。2030 年，建筑部门 CO_2 减排潜力为 4.74 亿 t。与 2025 年相比，2030 年除北方城镇供暖子部门的 CO_2 减排潜力下降 25.1%外，其余建筑子部门的年度 CO_2 减排潜力均表现为不同程度的上升，且以城镇居住建筑的减排潜力上升最快，5 年增长了 29.7%。到 2035 年，建筑部门的年度 CO_2 减排潜力为 4.68 亿 t。仅有农村居住建筑子部门的年度 CO_2 减排潜力较 2030 年增长了 30.8%。对比 4 个建筑子部门的年度 CO_2 减排潜力可知，北方城镇供暖在建筑碳排放达峰前为主要建筑减排子部门，但在建筑碳排放达峰后其减排潜力以逐年约 5.5%的下降趋势减少。在不考虑能源收益的情况下，各项技术的平均 CO_2 单位减排成本为 1603 元/t。对应 2020 年年度总减排成本为 2582.6 亿元（表 6-2）（杨璐等，2021）。2025 年、2030 年和 2035 年，分别对应产生 2960.2 亿元、3353.4 亿元和 2685.6 亿元的减排成本。

表 6-2 我国建筑部门 2020～2035 年 26 项关键技术的减排潜力和成本（杨璐等，2021）

编号	技术名称	CO_2 单位减排成本/（元/t）	年度 CO_2 减排潜力/10^6t				CO_2 总减排成本/亿元			
			2020 年	2025 年	2030 年	2035 年	2020 年	2025 年	2030 年	2035 年
1.1	城市住宅围护结构改造	399	49.9	42.6	61.2	28.8	199.1	170.0	244.2	114.9
1.2	住宅实行近零能耗建筑技术标准	652	48.3	53.5	46.9	8.6	314.9	348.8	305.8	56.1
1.3	高效热电联产系统	313	21.9	45.7	22.3	24.5	68.5	143.0	69.8	76.7
1.4	区域燃气锅炉替代燃煤锅炉	37	17.5	35.6	6.8	15.4	6.5	13.2	2.5	5.7
1.5	热计量系统改造	2873	9.5	13.9	4.2	1.5	272.9	399.3	120.7	43.1
1.6	新建住宅建筑热计量系统安装	331	5.7	7.1	7.3	10.4	18.9	23.5	24.2	34.4
2.1	住宅太阳能热水器	915	12.5	12.5	19.2	17.3	114.4	114.4	175.7	158.3
2.2	一级能效洗衣机	2046	1.7	1.7	2.6	2.4	35.2	35.2	53.8	49.7
2.3	一级能效电冰箱	941	26.0	26.0	27.3	28.7	244.7	244.7	256.9	270.1
2.4	一级能效电视	3981	10.9	10.9	16.7	15.1	433.9	433.9	664.8	601.1
2.5	一级能效变频空调	9082	2.5	2.5	3.8	3.4	227.1	227.1	345.1	308.8
3.1	绿色建筑	5373	1.1	2.1	2.8	2.1	59.1	112.8	150.4	112.8
3.2	地源热泵	5013	0.5	1.2	4.8	2.7	25.1	60.2	240.6	135.4
3.3	温湿度分离控制系统	1515	0.5	1.7	3.8	2.4	7.6	25.8	57.6	36.4
3.4	数据中心蒸发空调	40	0.6	1.2	1.4	1.1	0.2	0.5	0.6	0.4

续表

编号	技术名称	CO_2 单位减排成本/（元/t）	年度 CO_2 减排潜力/10^6t				CO_2 总减排成本/亿元			
			2020年	2025年	2030年	2035年	2020年	2025年	2030年	2035年
3.5	高效暖通空调系统改造	453	9.8	17.2	13.8	8.1	44.4	77.9	62.5	36.7
3.6	商业建筑中的太阳能热水器	1360	7.8	7.8	11.9	10.7	106.1	106.1	161.8	145.5
3.7	电能计量系统（EMS）	561	1.0	1.9	0.8	1.7	5.6	10.7	4.5	9.5
4.1	被动式太阳房	879	0.6	1.4	0.8	1.3	5.3	12.3	7.0	11.4
4.2	建筑围护结构改造	837	14.2	14.5	13.1	14.2	118.9	121.4	109.6	118.9
4.3	节能吊炕	7	18.1	27.2	41.7	37.6	1.3	1.9	2.9	2.6
4.4	高效土暖气	44	19.8	13.2	40.4	80.7	8.7	5.8	17.8	35.5
4.5	太阳能热水器	186	4.0	4.0	6.2	5.6	7.4	7.4	11.5	10.4
4.6	太阳能地面供暖系统	3421	0.1	0.3	0.2	0.0	3.4	10.3	6.8	0.0
4.7	高效节能灶	162	43.0	43.1	33.0	54.5	69.7	69.8	53.5	88.3
4.8	户用沼气池	251	73.2	73.4	80.8	88.8	183.7	184.2	202.8	222.9

6.5 碳捕集、利用与封存

6.5.1 碳捕集、利用与封存的概念和过程

碳捕集、利用与封存（carbon capture，utilization and storage，CCUS）是指将 CO_2 从工业过程、能源利用或大气中分离出来，直接加以利用或注入地层以实现 CO_2 永久减排的过程。按照技术流程，CCUS 主要分为碳捕集、碳运输、碳利用、碳封存等环节（图 6-2）。

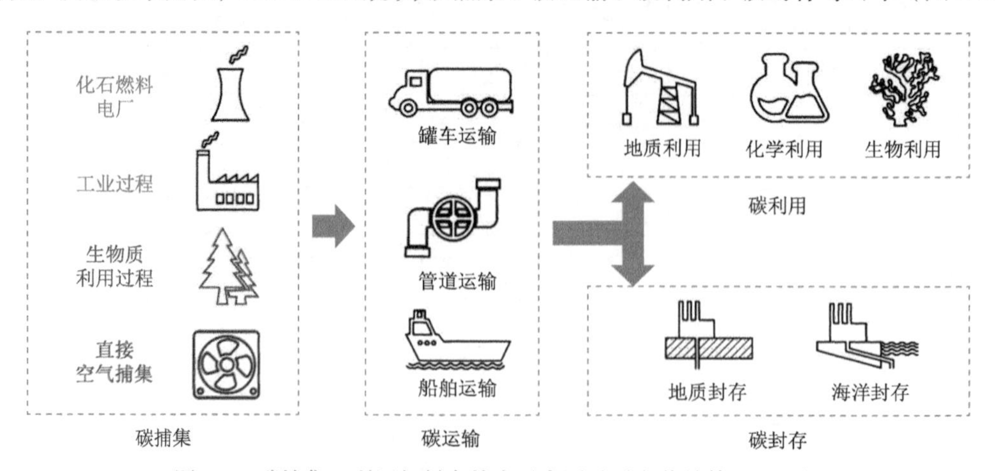

图 6-2 碳捕集、利用与封存技术示意图（引自黄晶等，2021）

碳捕集主要方式包括燃烧后捕集、燃烧前捕集和富氧燃烧等，以下逐一简要加以介绍（董瑞等，2022）。

（1）燃烧后捕集技术是从燃烧生产的烟气中分离 CO_2，主要应用于火力发电、钢铁、水泥等行业。燃烧后捕集技术主要包括化学吸收、吸附、膜分离等。总体而言，燃烧后捕集技术成熟、原理简单、固定投资相对较少、捕集系统独立灵活，可以在不改变原有燃烧方式的基础上进行改造，是目前燃煤电厂采用的捕集技术。

（2）燃烧前捕集技术是在燃烧前将 CO_2 从燃料或者燃料变换气中进行分离，如天然气、煤气、合成气和氢气的 CO_2 捕集。该技术主要适用于以煤气为核心的整体煤气化联合循环电站、天然气联合循环电站、煤化工过程及化工-动力多联产系统。由于分离前 CO_2 的浓度较高，且分压较大，燃烧前捕集技术的主要分离工艺包括溶液吸收法、固体吸附法、膜分离法、低温分离法，以及多种方法的综合使用。

（3）富氧燃烧技术是在现有电站锅炉系统的基础上，用 O_2 替代空气与煤燃烧，同时通过烟气循环调节炉膛内的燃烧和传热特性，直接获得高浓度的 CO_2 烟气。应用该技术的烟气中 CO_2 浓度范围为 70%～90%，仍然包含了 O_2、N_2 等，为了满足大规模的 CO_2 输送和封存的要求，一般采用深冷分离法对烟气进行多次压缩和冷凝以除去杂质。

（4）化学链燃烧技术是利用固体载氧体（金属氧化物等）将空气中的氧传递给燃料进行燃烧，避免燃料与空气直接接触，这样就可以产生不含氮的高浓度 CO_2 烟气。不同于上述的碳捕集技术，化学链燃烧的主要特点是在燃烧过程中就能够实现 CO_2 富集，理论上具有较高的热效率，也是最具潜力的碳减排途径。

（5）生物质能碳捕集技术是将生物质燃烧或转化过程中产生的 CO_2 进行捕集、利用或封存的过程。由于生物质被认为是碳中性的能源，即生物质燃烧或转化产生的 CO_2 与其生长过程吸收的 CO_2 相当，因此如果将其利用过程中的 CO_2 进行捕集、封存，再扣除相关过程中的额外排放之后，就实现了负排放。

（6）直接空气捕集 CO_2 是直接从大气中捕集 CO_2，并将其利用或封存的过程。这种技术的优势是可以对小型化石燃料燃烧装置和交通工具等移动式排放源排放的 CO_2 进行捕集处理。该技术的特点在于空气中 CO_2 分压远低于燃烧后烟气，为保证一定的捕集率，一般先通过引风机等设备提高 CO_2 分压，再通过固体吸附或液体吸收材料吸附吸收。

碳在捕集后以生物和化学利用的方式实现 CO_2 资源化、高值化并兼具减排效应。生物利用技术主要包括以下四种（王静等，2021；尚丽等，2022）：

（1）CO_2 微藻生物利用技术是利用微藻通过光合作用将 CO_2 转化为生物质，经下游利用最终实现 CO_2 的资源化。这种技术主要得益于微藻高效的光合作用效率，其光合作用效率是森林植被的 10～50 倍。微藻固定 CO_2，并将其转化为生物燃料、化学品、食品饲料和生物肥料等。

（2）CO_2 气肥利用技术是指将 CO_2 注入温室，人为增加温室中 CO_2 浓度以提升作物光合作用的速率，从而提高作物产量的技术。

（3）微生物化能驱动固定 CO_2 合成有机酸技术是指利用微生物发酵过程中底物代谢产生的多余还原力及能量固定 CO_2 合成有机酸。在生物制造过程中，主要以葡萄糖、脂肪酸等生物质原理为有机酸合成提供前体，同时产生大量的额外能量与还原力。

（4）人工淀粉合成技术是利用合成生物学理念，完成能量转化、CO_2 固定、多碳聚合等关键过程的耦合，以 CO_2 为源头实行淀粉的人工合成，并突破自然淀粉合成的速度极限。相比于自然淀粉合成，人工淀粉合成的特点是利用高能量的电能、氢能、高浓度的 CO_2，使不依赖耕地的工业化方式生产淀粉成为可能。

除了上述四种生物利用以外，还有三种化学利用方式（王静等，2021；尚丽等，2022）：

（1）CO_2 还原利用技术是指通过还原剂在外部供能的条件下将 CO_2 还原为甲烷、甲醇、烯烃和油等碳基能源化学品，实现碳元素循环利用。该技术需要能量消耗，因此在碳中和背景下，该技术所需的能耗将主要通过可再生能源供给才能够取得真正的减排效果。

（2）CO_2 非还原利用技术是指在碳原子的化合价不发生变化的情况下，CO_2 分子作为一个整体进入产物中。具体地可以用于植被有机碳酸酯、羧酸、羧酸酯等，这些产品在环保溶剂、汽油添加剂、锂离子电池电解液等领域有广泛的应用，具有较好的经济收益。

（3）CO_2 矿化利用技术是指基于 CO_2 与碱性金属氧化物之间的化学反应，将 CO_2 以碳酸盐的形式固定，同时获取建筑材料等产品的技术。

在碳捕集和利用的同时，还可以应用地质利用与封存技术，即通过工程技术手段将捕集的 CO_2 进行地质利用或注入深部地质储层，实现与大气长期隔绝的技术。地质利用和封存技术具体有：CO_2 强化深部咸水开采与封存、CO_2 强化采油、CO_2 强化常规天然气开采、CO_2 驱煤层气、CO_2 强化页岩气开采、CO_2 置换天然气水合物中的甲烷、CO_2 铀矿浸出增采、CO_2 原位矿化封存、CO_2 采热等九大类技术。从全球范围看，CO_2 强化采油和 CO_2 铀矿浸出增采技术发展较快，已开始商业化应用；其余技术中，除 CO_2 强化深部咸水开采与封存技术正在开展工业示范以外，其他技术均处在中试及以下阶段。以下简要介绍这三种技术。

（1）CO_2 强化采油技术是将 CO_2 注入油藏作为驱油介质，在 700m 以上的深度，CO_2 变成超临界状态，并作为一种很好的溶剂，从岩层中释放石油和天然气，将它们冲到井口，提高采油效率。同时，注入的 CO_2 部分通过驱替，或溶于地层水，或与岩石反应成矿固化，或在盖层阻挡下形成构造圈层，永久滞留并封存于地下。

（2）CO_2 铀矿浸出增采技术是指将 CO_2 与融浸液注入砂岩型铀矿层，通过抽注平衡维持融浸液在铀矿中运移，促使含铀矿物发生选择性溶解，在浸采铀资源的同时实现 CO_2 的地质封存。

（3）CO_2 强化深部咸水开采与封存技术是指将 CO_2 注入深部咸水含水层或卤水层，强化深部地下水及地层内高附加值的溶解态矿产资源的开采，同时实现 CO_2 在地层内长期隔离。

6.5.2 碳捕集、利用与封存的实施路径与成本

CCUS 是实现碳中和目标的必要技术手段。过去十年间，CCUS 产能规模翻了一番。当前全球产能达到 4000 万 t，约半数集中在美国。未来将有约 35 个 CCUS 项目计划在

2030 年前建成。如能按期建成达产，CCUS 产能将较当前增加两倍。预计到 2050 年 CCUS 将抵消当前全球碳排放量的 10%～20%。

CCUS 是中国实现碳中和目标的关键技术抓手，可广泛应用于各行各业，特别是占中国 CO_2 排放量 60%～75%的电力行业及减排较难的工业部门，CCUS 更是不可或缺的技术手段。难减行业减排目标的 35%～40%需要依靠 CCUS 等尚不成熟的技术加以解决（华强森等，2022）。如果其他减排抓手的应用速度与规模不理想，就更需要 CCUS 来填补碳中和缺口。到 2050 年，CCUS 年减排量要达到约 14 亿 t CO_2，而当前产能仅 100 万 t，因此中国发展 CCUS 技术任重道远。

近年来，我国高度重视 CCUS 技术发展，相关技术成熟度快速提高，系列示范项目落地运行，呈现出新技术不断涌现、效率持续提高、能耗成本逐步降低的发展态势。与此同时，CCUS 技术的内涵和外延进一步丰富和拓展。《“十四五”规划和 2035 年远景目标纲要》明确将 CCUS 技术作为重大示范项目进行引导支持，未来 CCUS 技术在我国实现碳中和目标、保障国家能源安全、促进经济社会发展全面绿色转型、推进生态文明建设的过程中将会发挥更为重要的作用。《中国碳捕集利用与封存技术发展路线图》和《中国二氧化碳捕集利用与封存（CCUS）年度报告（2021）》对我国 CCUS 技术现状进行了总结与梳理，提出了政策建议与发展路径。《第三次气候变化国家评估报告》和《中国二氧化碳利用技术评估报告》从技术角度阐述了 CO_2 利用技术的成熟度、减排潜力和发展趋势。国际能源署、IPCC 对 CCUS 在全球范围内的减排潜力进行了评估，2070 年全球要实现近零排放，CCUS 技术累计减排约 15%的排放量；2100 年要实现 1.5℃温升控制目标，全球 CCUS 累计减排 5.5×10^{11}～1.017×10^{12} t CO_2。在碳中和情景下，2060 年我国 CCUS 捕集量可达约 16 亿 t CO_2（张贤等，2021）。

“十一五”时期以来，国家自然科学基金、国家重点研发计划等科技计划持续支持 CCUS 技术研发，通过加强基础研究、关键技术攻关、项目集成示范，CO_2 捕集、运输、利用、封存等各技术环节发展迅速，取得了系列成果。尤其是燃烧前捕集、运输、化工利用、强化深部咸水开采与封存、集成优化类的技术近十年来发展迅速。与国际对比分析表明（图 6-3），我国 CCUS 技术与国际先进水平整体相当，但捕集、运输、封存环节的个别关键技术及商业化集成水平有所滞后。

有学者结合国际上 CCUS 发展的趋势以及中国现状，给出了中国 CCUS 推广“三步走”路径（华强森等，2022）。

（1）行业试点期（2021～2030 年）：适当的政策机制（如补贴及碳税）和切实的经营环境保障，可为 CCUS 项目创造经济激励和可持续的商业前景。同时，相关部门应基于 2050 年减排目标，评估 CCUS 设施和研发方面所需的投资，尽早开展资源规划与铺排。

（2）地区推广期（2031～2040 年）：各地区根据行业结构和可用资源，制定自己的 CCUS 发展路线图；同时，对于 CCUS 的应用加大相关支持（如补贴、政策支持），推动应用提速。

（3）全国应用期（2041 年以后）：企业识别潜在的资源整合机会（如 CCUS 企业、输送管道等）后，向价值链外围延伸拓展以捕获成本协同效益；在逐步取消部分 CCUS 补贴后，应学习其他地区商业模式的成功经验，并有序推动 CCUS 在全国的部署。

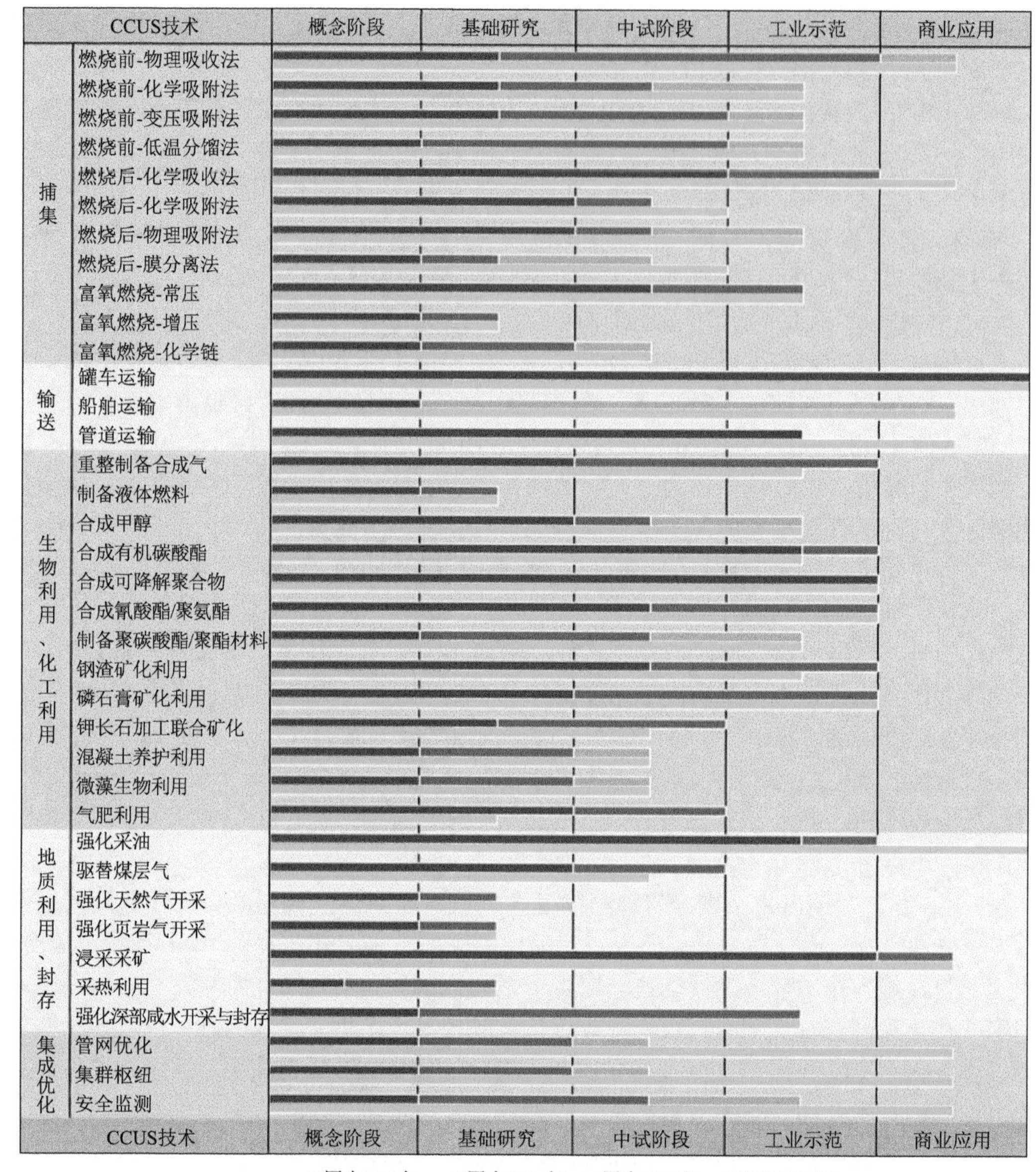

图 6-3　国内外 CCUS 各环节主要技术的发展水平（张贤等，2021）

CCUS 的成本主要集中在捕集环节，且随着需求量的扩大，2030 年后成本将会大幅上升。为扩大 CCUS 的应用规模，亟须进一步研究降本抓手，包括开发第二代碳捕集技术、降低电力成本、形成规模经济效应、优化封存点规划、合理利用社会资源等。其中，潜力最大的降本抓手为降低电力成本、提高能源效率和利用规模经济，通过降低单位二氧化碳耗电量和用电成本，实现在捕集环节显著降本；同时利用规模经济效应优化封存点规划，能够进一步降低运输和封存成本。在相对乐观的情景预测下，CCUS 成本可能降低 30%～40%（华强森等，2022）。

6.6 基于自然的解决方案

6.6.1 基于自然的解决方案的概念

基于自然的解决方案（Nature-based Solution，NbS）这一概念最初是由世界银行在2008年发布的《生物多样性、气候变化和适应：世界银行投资中基于自然的解决方案》中提出的，用于强调生物多样性保护对于适应与减缓气候变化的重要性。2009年，世界自然保护联盟向《联合国气候变化框架公约》第15届缔约方大会（COP15）提交的建议报告中强调了NbS对于应对气候变化的重要作用（IUCN，2019）。随后，NbS开始在地区层面逐步深化。2014年欧盟启动“地平线2020”研究和创新议程，后一年将NbS纳入该议程，计划大规模地开展研究和试点。2015年，欧盟发布了《基于自然的解决方案和自然化城市》报告，并将NbS定义为受到自然启发和支撑的解决方案，在具有成本效益的同时，兼具环境、社会和经济效益，并有助于建立韧性的社会生态系统（European Union，2015）。2016年的世界自然保护大会上，世界自然保护联盟通过了NbS的明确定义，即通过保护、可持续管理和修复自然或人工生态系统，从而有效和适应性地应对社会挑战，并为人类福祉和生物多样性带来有益处的行动。同年该机构发布研究报告，系统梳理NbS的概念、内涵、社会价值、实施方案与实践案例（Cohen-Shacham et al.，2016）。

概念卡片：

基于自然的解决方案是强调尊重自然规律，通过造林、加强农田管理、保护湿地、海洋等生态保护和生态修复、改善生态管理等实施路径，提升大自然的服务功能，实现控制温室气体排放、提高应对气候风险的能力，同时还能增加碳汇，是一种减缓和适应气候变化，提高气候韧性的综合手段。

2017年Griscom等科学家第一次在全球尺度上评估了NbS在减缓气候变化方面的潜力。该研究分析了20种基于自然的气候减缓路径可能带来的减排强度及其经济成本，量化了NbS对于减缓生态系统碳排放和增加碳汇方面的巨大潜力（Griscom et al.，2017）。2019年在纽约召开的联合国气候行动峰会上，NbS被列入全球加速气候行动的九大领域之一。峰会设立全球NbS联盟，由中国和新西兰联合领导，发布了《基于自然的气候解决方案宣言》与《基于自然的解决方案中国实践典型案例》。其中，《基于自然的气候解决方案宣言》得到了全球70多个国家政府、私营部门、民间社会和国际组织的支持，为NbS的进一步研究与实践提供了坚实的基础。

总体而言，对于降低生态系统碳排放（或者甲烷和氧化亚氮排放）和增加碳汇的NbS路径大致可以按照生态系统类型加以区分。表6-3总结了目前得到普遍承认的或者已经提出的NbS措施及其含义。

表 6-3　主要的 NbS 措施及其固碳增汇和生态效益作用

生态系统	NbS 措施	含义	其他生态效益
森林	避免毁林	通过规避和减少森林损失而降低排放	abws
	薪炭林利用	通过规避和减少取暖做饭类薪材使用而降低排放	abws
	林火管理	通过火情管理（防火、控火）来增大固碳、降低排放	abws
	植树造林	增强植被和土壤固碳	abws
	天然林管理	改善树木生长，降低采伐强度和周期，增大森林储碳	bws
	人工林管理	延长轮作周期等措施来促进森林（尤其是土壤）固碳	b
	城市造林*	城市绿化造林形成植被和土壤固碳	abws
农业	稻田管理改进	通过灌溉和秸秆管理减少 N_2O、CH_4 等排放	b
	养分管理	降低农田施肥量，改进施肥方式和时间等措施减少温室气体排放	abws
	保护性耕作	现有农田进行绿肥、有机肥、免耕等保护性措施提升土壤质量，促进土壤固碳	ws
	生物炭	农田中施用生物炭来增强土壤碳含量	s
	农林混种	农田中合理种植林木（田间、田埂等）来增强植被和土壤固碳	abws
草地	避免草地变农田	减少和避免草地开垦来规避排放	bws
	退化草地恢复	恢复退化草地的植被和土壤，促进固碳	bws
	退耕还草	恢复草地（尤其是土壤）的固碳能力	abws
	放牧管理*	合理采用禁牧、休牧、轮牧等措施避免草地退化，保持和促进土壤固碳	bws
	畜牧饲料改进	改善饲料来规避动物肠道发酵产生 CH_4 排放	aw
	牲畜管理*	提升牲畜产量、降低动物总量、管理畜禽粪便等措施降低牲畜系统的整体排放	aws
湿地	避免泥炭地损失	避免因泥炭地破坏造成的植被和土壤碳损失	abws
	泥炭地恢复	恢复泥炭地的土壤固碳能力	abws
多系统	生物质能与碳捕集和储存（BECCS）*	通过利用森林、农业（包括畜禽粪便）等剩余生物质生产生物质能并结合碳捕集和储存技术降低排放	a
海洋	陆海统筹	通过控制陆源营养盐的输入，减少缓解近海富营养化，增加近海碳储量	aw
	养殖区上升流增汇工程	通过人工上升流把海底富营养盐带到上层，增加初级生产力和碳汇	aw
	滨海湿地恢复	针对红树林、盐沼及海草等滨海系统，规避排放，增强土壤固碳	abws
	避免滨海湿地损失	避免因滨海湿地损失造成的植被和土壤碳损失	abws

*城市造林（Ren et al.，2019）、放牧管理（Deng et al.，2017）、牲畜管理（Bai et al.，2018）和 BECCS 则是具有中国特色的路径，不同于目前的全球生态管理评估。

注：其他生态效益为大气（a）、生物多样性（b）、水资源（w）及土壤（s）相关的生态服务效益（Fargione et al.，2018；Griscom et al.，2017；Smith et al.，2020）。

6.6.2 基于自然的解决方案测算方法

基于自然的解决方案是最近几年兴起的减缓气候变化的新方案，对于准确评估温室气体减缓强度或增加生态系统碳汇强度仍然存在着巨大的挑战。最早估算其对于减缓气候变化作用的研究是 Griscom 等（2017）。之后，Fargione 等（2018）和 Drever 等（2021）基于 Griscom 的方法分别评估了美国和加拿大的 NbS 减缓潜力。相比 Griscom 等（2017）对全球尺度的评估，国家尺度的评估充分结合了国家实际政策和国情，实现了更详尽的 NbS 减缓潜力评估。最近，我国科学家也系统地提出了适合于中国国情的测算方法（Lu et al.，2022；Wang et al.，2023）。在此，本节以 Wang 等（2023）为例介绍方法细节以及成本核算方法。

Wang 等（2023）的核算是在保障粮食和纤维生产的前提下，估计了 18 种 NbS 的缓解潜力，包括碳封存或温室气体减排。因此，该研究没有减少现有的耕地面积，只包括对作物产量没有负面影响的耕地管理干预措施。特定途径增加碳汇或减少排放的年度减缓潜力（M_x）被计算为年度范围（A_x，适用的土地面积或数量）和强度（F，每单位范围可避免的排放或增强的碳封存）的乘积，其中 $M_x = A_x \times F$。计算每种措施实施成本时，考虑措施实施需要耗费的人工、材料等直接成本，同时也考虑由于实施该措施导致的机会成本。对于后者，比如延长经济林砍伐的措施，会减少木材收获，从而减少从木材收获中增加收益的机会，该损失即为这个措施的机会成本。以下具体介绍各种措施的具体算法。

1）避免森林转换

避免森林转换为其他生态系统类型可减少 CO_2 排放（参见本书 4.1 节）。避免的森林转换的面积是根据树木覆盖损失数据集估计的，该数据集以 30m×30m 的空间分辨率测量全球树木覆盖损失的面积（Hansen et al.，2010）。在这个数据集中，树木覆盖损失被定义为林分被替代或完全移除。森林转换为不同类型对碳源汇影响有着很大的差异，因此还需要知道森林转换的类型。Curtis 等（2018）制作了全球 10km×10km 尺度的森林转化数据，利用该数据提取了 2010～2019 年中国各省因商业驱动的森林砍伐（定义为长期、永久性地将森林和灌木林地转化为非森林土地用途，如农业、采矿或能源基础设施）、转移农业（定义为小到中等规模的森林和灌木林地转化为农业用途，后被遗弃，然后进行森林再生）和城市化（定义为将森林和灌木林地转化为城市用地）导致的年度树木覆盖损失面积。同时为了避免与森林管理和火灾管理途径的重复计算，排除了林业活动和野火造成的损失面积。假设由森林转换引起的毁林会损失所有的生物量（Griscom et al.，2017）。为了保证计算准确，从第九次全国森林资源清查（2014～2018 年）中获取了各省的森林植被碳密度（地上+地下）。

由于不可再生资源开采、能源基础设施和城市建设包含了广泛的经济、人口和监管因素（Drever et al.，2021），假设这些转换不具有成本效益。成本只计算不转换为耕地的机会成本扣除避免的与森林开垦有关的费用（Drever et al.，2021）。机会成本被定义为农业效益，统计年鉴提供了各省主要农作物的种植面积（A_i）和单位面积效益（B_i），因此，计算了各省的平均农作物效益（B_{ave}）。

$$B_{ave}=\frac{\sum_{i=1}^{n}\left(A_i\times B_i\right)}{\sum_{i=1}^{n}A_i} \tag{6-1}$$

式中，i 表示第 i 种作物，一个省有 n 种作物类型。不转换为耕地的机会成本是 B_{ave} 和避免的森林转换面积的乘积。主要农作物效益和农作物面积的数据分别来自《全国农产品成本收益资料汇编》(2011～2019 年)和《中国农村统计年鉴》(2010～2019 年)。森林清理的成本包括砍伐树木、挖出树根和清理场地，计算为砍伐树木的人工成本。经过调查，得到广西砍伐树木的人工成本为 2361.15 $/hm^2，以各省的人均收入与广西的人均收入之比作为加权系数，估算其他省份砍伐树木的成本。各省的人均收入数据来自《中国国家统计年鉴》，按最近十年的平均值计算。

概念卡片：

全国森林资源清查（NFI）：又称国家森林资源连续清查。以宏观掌握森林资源现状及其动态变化，客观反映森林的数量、质量、结构和功能为目的，以省（自治区、直辖市）或重点国有林区管理局为单位，设置固定样地为主进行定期复查的森林资源调查方法，简称一类调查。

2）植树造林

植树造林可以通过积累生物量和土壤有机碳来增加碳汇。造林的范围为现有的宜林面积，根据第九次全国森林资源清查，现有宜林地面积约为 50 Mhm^2，占中国国土面积的 5%。植树造林的碳汇强度是基于集成生物圈模拟器（IBIS）来模拟的（Yuan et al., 2014）。之前的研究表明，IBIS 可以很好地模拟植树造林对碳汇的贡献（Liu et al., 2014）。目前，造林的具体位置还不清楚，因此，在每个省随机选择了 50 个现有森林像素来代表造林，假设造林大多发生在现有森林附近。我们使用各省选定的 50 个森林像素的计量数据来驱动 IBIS，模拟造林过程中碳汇随林龄的动态变化。这 50 个像素的年平均碳汇被认为是各省的植树造林的碳汇强度。使用 2020 年的 MODIS 土地覆盖产品（MOD13）来表示森林，并使用社区气候系统模型（CCSM4）在代表浓度途径 4.5（RCPs 4.5）(Gent et al., 2011）下的气象输出作为 IBIS 的输入。

造林的实施成本包括造林当年的植树成本和随后几年的树木管护成本。根据对福建省的实地调查，第一年植树的平均成本为 2355 $/hm^2，第二年和第三年的抚育成本分别为 1177 $/hm^2 和 235 $/hm^2，而在随后的几年里的抚育成本几乎可以忽略不计。我们通过计算各省的人均收入与福建省的人均收入之比作为加权系数，确定了其他省份的造林成本。

3）天然林管理

天然林管理的目标是通过停止天然林商业性采伐来增加碳吸收。本途径只考虑天然用材林的保护和管理，其面积来自第九次 NFI。人工林的快速发展缓解了天然林采伐的压力，截至第七次 NFI，人工林采伐量占全国森林采伐量的 39.44%，与第六次 NFI 相比增加了 12.27%。第八次 NFI 指出，人工林采伐量占森林采伐量的 46%，比上期增加了 7%。我们估计，到 2020 年，最多有 45%的木材供应来自天然林。我们的目标是完全停止对天然林的商业采伐，所以额外的碳封存被计算为停止砍伐的天然林持续增长的碳封存量。不同生态区的天然林生物量净增长提取自 IPCC 国家温室气体清单（IPCC，2006）。该途径的成本以生态护林员的薪酬计算，薪酬数据来自《中国林业和草原统计年鉴》，根据实地调查，采用人均年管理面积 200hm^2 来估算单位面积成本。

4）人工林管理

人工种植林管理通过延长用材林的采伐周期，减少年度采伐量，从而增加碳汇。人工林管理的范围计算为人工用材林的面积，各省的数据来自第九次 NFI。根据历次森林清查，森林采伐不断向人工林转移。根据一个给定的树种生长函数，经济优化使现值利润最大化，而生物优化使木材的年平均生长量最大化（Perman et al.，2003）。先前研究表明，将惯常情景（BAU）或者基线情景的经济轮伐期延长 1.45 倍便是生物最佳轮伐期（Cubbage et al.，2014；Griscom et al.，2017）。为了方便计算，我们将轮伐期延长至 BAU 的 1.5 倍。木材林分为一般用材林、速生丰产用材林和短轮伐工业原料用材林，轮伐期从 10 年以下到 100 年以上不等[《主要树种龄级与龄组划分》（LY/T 2908—2017）]。作为主要的木材来源，速生丰产林具有适度的轮伐期，被选为 BAU 轮伐期。各省的主要人工林品种来自 2005 年人工林类型的空间分布数据集（Yu et al.，2020）。采伐利用率和标准年采伐量分别根据 BAU 和延长轮伐期确定（张会儒等，2018）。

$$V_s = V_T \times P = \frac{2V_T}{u} \tag{6-2}$$

式中，V_s 为标准年采伐量；V_T 为总蓄积量；P 为采伐利用率；u 为轮伐期，各省的用材林蓄积量来自第九次 NFI。那么延长轮伐期与 BAU 的 V_s 之差便是木材采伐的年减少量，并根据生物量转换和扩展因子[0.43（0.31～0.54）]（IPCC，2006）转换为 C 当量。该途径的成本是利用木材价格计算出的木材产量减少带来的经济损失。

5）避免木质燃料收获

通过避免和减少使用薪材取暖和做饭，特别是在农村地区，可以减少 CO_2 的排放。因烹饪和取暖而导致的木材采伐数据来自一项具有代表性的全国性调查（Tao et al.，2018）。该调查记录了 1992～2012 年中国农村居民能源转型的情况。我们根据 1992～2012 年的数据估计了 2017 年的木材燃料消耗量，并用作该途径总的可避免的木材燃烧消耗量。以各省的乡村人口为权重计算每个省的木材燃料消耗量。假设木材最终会被完全燃烧，木材的碳分数为 0.5，则 1kg 干木材完全燃烧后会释放 1.83kg CO_2。该路径的成本计算为用天然气替代木材燃料的支出。木材燃料和天然气的热值分别为 1.20×10^7/kg 和 3.6×10^7J/m^3[《天然气》（GB 17820—2018）]。木质燃料的使用效率很低，只有 15%的木质燃料热值可用于取暖和烹饪（马娜和祁黄雄，2013），但天然气的使用效率为 90%（GB/T 10820—2011）。扣除天然气燃烧释放的 CO_2，用 32.17m^3 的天然气替代 545.45kg 的木材燃料，可以避免 1t CO_2 排放。根据中国各省的天然气价格计算出每单位的 CO_2 减排成本，全国平均价格约为 0.39 $/m^3$。

6）火灾管理

火灾管理通过火灾预防、火灾控制和清除可燃物减少森林火灾造成的 CO_2 排放。研究表明，火灾管理可以减少约 50%由森林火灾引起的 CO_2 排放（Narayan et al.，2007）。因此，假设受森林火灾影响的面积不会减少，但由于森林火灾管理，火灾引起 CO_2 排放量将下降 50%。2010～2019 年各省森林火灾年平均面积来自《中国统计年鉴》。根据 Zhang 等（2016）的研究，火灾引起的 CO_2 排放量的全国平均值为 12.48t C/hm^2，则通过火灾管理减少的排放量为 6.24t C/hm^2。该途径的成本计算与天然林管理途径相同。

7）耕地养分管理

耕地养分管理通过减少氮肥施用和改进氮肥施用技术，避免了氧化亚氮（N_2O）的排放。耕地养分管理的范围是指在不降低作物产量的情况下减少氮肥的幅度。根据《中国农村统计年鉴》，中国 2010～2019 年实际施用的平均氮肥量为 2.94×10^7 t/a，处于过度施用氮肥的状态（Qin et al.，2021；Zhang et al.，2020；Yin et al.，2021）。根据巨晓棠和谷保静（2020）估计，2020 年的合理氮肥需求量为 2.10×10^7t/a。基于耕地面积不增加的假设，我们将此值作为中国 2060 年前的合理氮肥需求。因此，所有省份的耕地养分管理需要减少 28.57%的氮肥施用量，该比率处于基于文献回顾的总氮肥率减少的范围内（21%～33%，Yin et al.，2021；Qin et al.，2021）。对于耕地养分管理强度，采用排放因子（N_2O 排放与氮肥施用量之比，t N_2O/t 氮肥）方法计算氮肥施用量导致的 N_2O 排放。然而排放因子存在很大的不确定性，从 0.3%～3%不等（Shcherbak et al.，2014），根据实际情况，采用 1%，最后使用 100 年 N_2O 的全球变暖潜能值（即 265）来计算 CO_2e。

耕地养分管理对农民来说是有利可图的，因为它减少了施肥的成本。统计年鉴提供了各省主要农作物的种植面积和单位面积的氮肥成本，据此我们可以计算各省的氮肥施用总成本，则利润或节省的成本占氮肥总成本的 28.57%。主要农作物的种植面积和单位面积氮肥成本来自《中国农村统计年鉴》（2010～2019 年）和《全国农产品成本收益资料汇编》（2011～2019 年）。

8）生物炭实施

生物炭的实施可以减少异养呼吸，并通过将作物秸秆转化为生物质热解的固体产品，增加耕地生态系统的土壤碳储存。这一途径的适用范围取决于作物残留物的可用性（CR），可以式（6-3）计算：

$$\mathrm{CR} = \mathrm{Prod} \times R_{\mathrm{residue\_prod}} \times R_{\mathrm{collection}} \times R_{\mathrm{available}} \tag{6-3}$$

式中，$R_{\mathrm{residue\_prod}}$ 为作物残留物（CR）和作物产量（Prod）之间的比例（t 残留物/t 作物产量）；$R_{\mathrm{collection}}$ 为可收集的残留物的比例；$R_{\mathrm{available}}$ 为收集的残留物用于制造生物炭的比例（Yang et al.，2021）。Yang 等（2021）提供了几个主要作物类型的系数，我们使用了这些系数。省级农作物产量数据来自《中国农村统计年鉴》（2010～2019 年）。对于生物炭的实施强度，根据最近的一项研究（Yang et al.，2021），使用转换系数（0.25t C/t 残留物）来计算残留物的碳封存量。

残留物热解的主要产品是生物炭、生物油和沼气，生物油和沼气可以作为能源回收，以抵消煤电。由于生物炭和热解油/气的销售，这一途径是有利可图的。考虑到热解厂的生物质收集、储存和运输设备、劳动力、电力和其他过程，我们采用了 47 $/t 农作物秸秆的效益（Yang et al.，2021）。省级成本按农村家庭的可支配收入加权计算。

9）覆盖作物

在主要作物的非生长季节种植覆盖作物可以增加土壤有机碳，增加耕地生态系统的碳固存。该途径的范围是可以种植覆盖作物的潜在耕地面积，假设中国有 50%的中季稻、单季晚稻、春小麦、春玉米、油料作物、棉花和糖类的潜在耕地适合种植覆盖作物（曹卫东等，2017；Jian et al.，2020）。农作物的面积数据来自《中国农村统计年鉴》（2010～2019 年）。在温带地区，覆盖作物可以以 0.51（0.45～0.57）t C/（$hm^2 \cdot a$）的速率增加碳汇（Jian et al.，2020），我们将其作为该途径的强度。该途径的成本包括种子购买和劳动成本，通过对之前华北地区春玉米（157\$/hm^2）和华南地区水田（247\$/hm^2）成本平均计算，使用 202\$/hm^2 作为该途径的成本（周志明等，2016；Ntakirutimana et al.，2019）。

知识卡片：

生物炭：是来源于秸秆等植物源农林业生物质废弃物，在缺氧或有限氧气供应下通过热化学转化得到的固态产物，作为添加剂使用返还农田可提升耕地质量，同时可以实现碳封存，是温室气体减排的有效手段。生物炭的制作过程如图 6-4 所示：

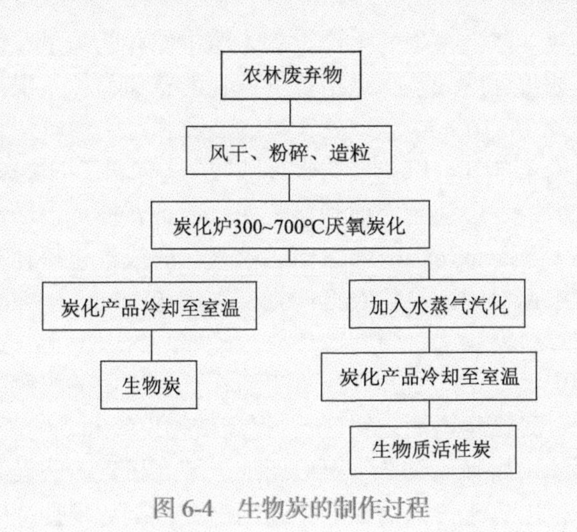

图 6-4　生物炭的制作过程

10）改良水稻种植

通过多次排水的间歇性灌溉和从田间清除稻草，改良的水稻种植可以减少甲烷（CH_4）和 N_2O 的排放。我们假设中国所有的水稻田都会在季节中期进行单次排水和稻草清除，则改良水稻种植的范围等于水稻的种植面积。根据 Nayak 等（2015）的估计，该途径的减排强度为 0.65t C/（$hm^2 \cdot a$）。改良水稻种植的成本包括灌溉、排水和劳动力的成本。我们假设一个农民每天可以灌溉和排水 1.3hm^2 的水稻，根据《全国农产品成本收益资料汇编》（2011～2019 年），平均灌溉和排水费为 46\$/hm^2，劳动力成本约为 7\$/hm^2。

11）农业防护林

农业防护林是沿田边种植的树木，以保护农作物免受强风侵袭，同时这些森林可以增加碳汇，而不会对农作物产量产生负面影响。根据卫星数据，Zomer 等（2016）估计，中国 50%的耕地面积可以种植防护林。我们假设这个比例适合所有省份，然后根据《中国农业年鉴》中得出的各省耕地面积计算出该途径的各省的适用面积。Abbas 等（2017）报告说，农业防护林占农业用地的 3%～5%，我们用 4%来计算防护林的总面积。该途径的强度和成本的计算方法与植树造林途径相同。

12）避免草地转换

避免草地转为耕地可以减少土壤碳储存的损失。根据《中国林业和草原统计年鉴》（http://forestry.gov.cn[2023-11-9]），2010～2017 年草地面积的平均年减少量为 $1.81×10^6hm^2/a$；根据文献综述（Wen et al.，2015；Song and Liu，2017），每年有 46%（35%～57%）的草地转化为耕地。在草地转化为耕地的过程中，0～30cm 土壤层的平均土壤有机碳损失率为 1.93（1.32～2.52）t C/（$hm^2·a$）（Yang et al.，2021），我们将其作为该途径的强度。

避免草地转换的成本被计算为草地未转换为耕地的机会成本，它被定义为过去 10 年的农业效益。我们假设从草地转化的耕地用于种植玉米，因为大部分发生转化的草地通常位于干旱和半干旱地区，适宜种植玉米。玉米效益的数据来自《全国农产品成本收益资料汇编》（2011～2019 年）。

13）最佳的放牧强度

草原上的密集放牧会降低植物的生产力和土壤中储存的碳量，优化放牧强度可以增加草原的碳汇。最佳放牧强度的范围是指过度放牧的草原面积。根据农业部（2016）的统计数据，我国共有 $2.96×10^7hm^2$ 草地处于过度放牧状态，占草地总面积的 13.5%。我们假设所有过度放牧的草地都可以转换为轻度放牧，这有利于土壤碳的积累（Jiang et al.，2020；Zhou et al.，2017）。以前的实地观察表明，这种转换可以增加草原的碳固存，速率为 0.24t C/（$hm^2·a$）（Nayak et al.，2015）。该途径的成本包括补充饲料、机械和劳动力投入的额外支出，根据对内蒙古的农场调查，采用 40\$/hm^2（Wang et al.，2014）。

14）在牧场种植豆科植物

豆科植物可以固定大气中的氮，并通过生活在其根瘤中的根瘤菌制造自己的肥料。这种固氮能力有助于豆科植物增加饲料产量，提高植物垃圾和动物粪便返回土壤的数量。因此，在草地生态系统中播种豆科植物可以增加土壤有机碳。假设豆科植物的播种只发生在农牧区，其播种范围等于可以播种的草地的潜在范围。根据从中国林业知识服务系统（http://forestry.gov.cn[2023-11-9]）获取的统计数据，从 2011～2017 年，农牧区有 $1.13×10^7hm^2$ 的草地播种面积，我们假设在所有的草地播种区都会种植豆科植物。最近的一项全球元分析表明，与非豆科草种相比，播种豆科植物可以增加 0.66（0.45～0.87）t C/（$hm^2·a$）的碳汇（Conant et al.，2017）。在播种草的地区种植豆科植物，不会产生额外的成本。

15）动物管理

动物管理涉及减少肠道 CH_4 的排放，通过育种提高动物的繁殖性能，使其增加体重和抵抗疾病。例如，育种技术，如用优质精液对牲畜进行人工授精，可以改善减少 CH_4

排放与增加饲料摄入量、产奶量、增重和生产力之间的平衡。动物管理适用于所有室内牛、奶牛、猪、绵羊和山羊。我们使用了从《中国农村统计年鉴》（2010～2019 年）中收集的存栏量（牛、奶牛、绵羊和山羊）和出栏量（猪）的统计数据。根据牲畜饲养周期和屠宰量，用式（6-4）计算猪的年存栏量：

$$\text{Annual population} = \frac{\text{slaughter population}}{365} \times 200 \tag{6-4}$$

式中，200 指的是在中国所养殖的猪的饲养周期（天）。

根据全球数据库中 139 项研究的集合分析，计算出绵羊和山羊的这一途径强度为 1.39kg C/（头·a），牛和乳牛为 14.07kg C/（头·a）（Nayak et al.，2015）。由于数据不足，我们使用绵羊和山羊的强度来计算猪的减排潜力[1.39kg C/（头·a）]。绵羊和山羊、牛和奶牛以及猪的动物养殖成本分别为 11$/（头·a）、57 $/（头·a）和 9$/（头·a）（Wang et al.，2014）。

16）改进牲畜饲料

通过优化日粮成分、改善饲料质量、提高瘤胃通过率、添加氢汇和甲烷抑制剂，改进牲畜饲料可以减少反刍动物的肠道 CH_4 排放。假设应用这些做法适用于所有的室内牛、奶牛、绵羊和山羊，因此这一途径的范围与总的牲畜数量相等。根据《中国农村统计年鉴》（2010～2019 年）和牲畜饲养周期，年平均牲畜数量包括 6.90×10^7 头牛、1.34×10^7 头奶牛和 2.81×10^8 只绵羊和山羊。以前的研究还报告牛[1285kg CO_2e/（头·a）]、奶牛[1700kg CO_2e/（头·a）]、绵羊和山羊[75kg CO_2e/（头·a）]的 CH_4 排放系数，用于计算牲畜的 CH_4 排放量（IPCC，2006）。为了估计减排强度，根据美国国家环境保护局的数据，我们假设该途径实现了最大 20%的肠道 CH_4 减排（United States Environmental Protection Agency，2013）。根据美国国家环境保护局的估计，通过改进牲畜饲料减少 1t CO_2 排放的成本低于 100$，因此将 100$/t CO_2e 作为该途径的成本。

17）避免滨海湿地转换

滨海湿地通常包括比其他生态系统类型（如耕地）更多的地上生物量和土壤有机碳。因此，避免将滨海湿地转化为其他生态系统类型，可以减少地上生物量和土壤有机碳的损失。这一途径的范围是每年从滨海湿地转换到耕地和草地的面积。从 1950～2014 年，中国有 $1.25\times10^5hm^2/a$ 的滨海湿地被转换为其他土地利用类型，其中 88%为自然湿地（Cui et al.，2016；Ma et al.，2014；Tian et al.，2016）。根据卫星数据和模型估算，减少的滨海天然湿地中有 9.79%和 0.15%被开垦为耕地和草地，碳储存损失率分别为 1.81t C/（hm^2·a）和 1.49t C/（hm^2·a）（Li et al.，2018）。

这一途径的成本是农业和畜牧业生产的机会成本。我们根据《全国农产品成本收益资料汇编》（2011～2019 年）中的主要农作物和散养牛羊的收益，以及其对应的农作物总面积和屠宰量，计算出农业和畜牧业的效益，农作物总面积和屠宰量来自《中国农村统计年鉴》（2010～2019 年）。然后用耕地和草地与减少的滨海湿地的比例对这一途径的总效益进行加权，以估计实际效益。

18）避免泥炭地转换

避免泥炭地转换可以进一步减少地上生物量和土壤有机碳的损失。一般来说，泥炭地包括一个巨大的碳库，泥炭地向其他土地覆盖物（如耕地、草地和森林）的转化会导致大量的碳损失，主要来自土壤有机碳（Leifeld and Menichetti，2018；Humpenoder et al.，2020；Joosten，2010）。从 1990～2008 年，中国的泥炭地以每年 3.8%的速率转换为其他覆盖类型。由于目前缺乏省级的泥炭地转换面积数据，假设所有省份的泥炭地转换率相同（3.8%/a）。因此，我们根据转换率和泥炭地面积（马学慧，2013）计算出各省的泥炭地转换面积。据估计，在温带地区，保护泥炭地可避免碳排放，其潜力为 5.45t C/（hm^2·a）（Joosten，2010）。泥炭地退化是农业和畜牧业生产排水的结果（Frolking et al.，2011），因此，该路径的成本来自农业和畜牧业生产的机会成本。我们根据《全国农产品成本收益资料汇编》（2011～2019 年）中的主要农作物和牛羊散养的收益，以及其对应的农作物总面积和屠宰量，来计算农牧业的效益。然后将农牧业效益之和按农作物和放牧草地的总面积加权，估算出农牧业生产的实际效益。

6.6.3 基于气候解决方案的碳减排量

由于及时行动可能是实现减排目标的关键（Deng et al.，2022；Zhu et al.，2022），该研究定义了三种情景来研究延迟行动对实施 NbS 的影响。三种情景假设所有路径的潜在范围（Ap）将在 2030 年（S30）、2045 年（S45）和 2060 年（S60）完全实施，并且假设实施率从 2020 年到这三个目标年遵循线性变化。例如，对于植树造林，目前在中国共有 $50Mhm^2$ 适合造林的森林面积。在 S30 情景中，到 2030 年，总共有 $50Mhm^2$ 的适宜森林面积（A_p）将被完全造林，并且总的造林面积从 2020～2030 年被平均分配。因此，NbS 路径的适用土地面积或数量 A_x 将发生线性变化（图 6-5）。在所有 18 条路径中，有 10 条路径依靠减少气体排放，其范围被设定为减少[图 6-5（a）]。相比之下，其他 8 条路径依赖于碳封存的增加，其范围被设定为增加[图 6-5（b）]。最终，A_x 是根据 A_p 来计算的。

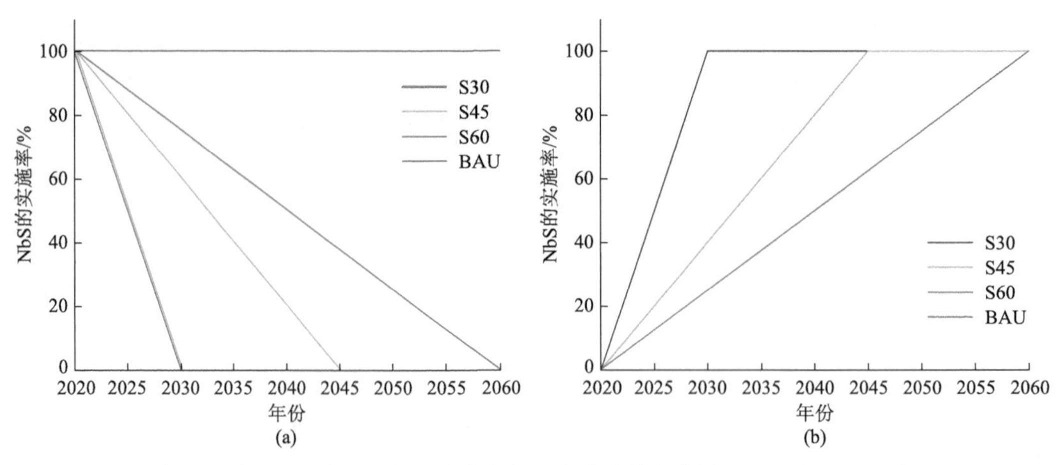

图 6-5　关于基于自然的解决方案实施程度的情景假设（Wang et al.，2023）

（a）减少温室气体排放的 10 条路径；（b）增加碳封存的 8 条路径

6.6.3.1 基于自然的解决方案的减排潜力

通过增加陆地碳汇（8 条路径）或减少温室气体排放（10 条路径），NbS 在中国有很大的缓解潜力。在立即行动的情景下（S30），即在 2030 年之前完全实施所有的 NbS 路径，从 2020～2060 年的累计减排潜力为 55.5（47～65.8）Gt CO_2e[图 6-6（a）]。在另外两种情景下——所有路径完全实施时间延迟到 2045 年（S45）和 2060 年（S60）——累计减排潜力分别为 43.6（37～51.8）Gt CO_2e 和 31.6（26.7～37.6）Gt CO_2e。S30 情景的累计减排潜力分别是 S45 和 S60 情景的 1.3 倍和 1.7 倍。此外，受益于快速行动，S30 情景可以在 2045 年达到 90%的减排潜力，因此比碳中和的目标年（即 2060 年）早得多。相比之下，两个延迟情景在更晚的时候达到最大碳汇。三种情景的年平均减排潜力在 0.67～1.65Gt CO_2e/a 之间，这与中国目前的陆地碳汇（即 0.69～0.95Gt CO_2e/a）相当（Piao et al.，2009）。

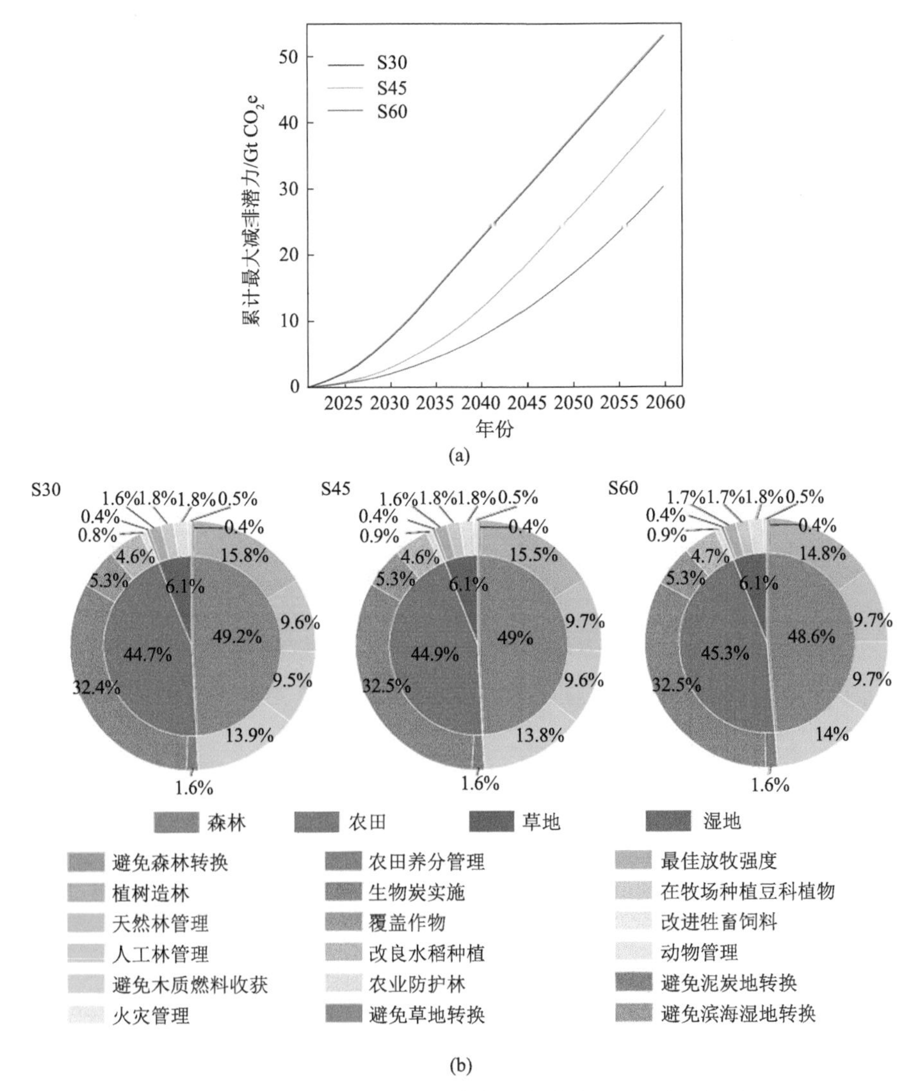

图 6-6 三种情景（S30、S45 和 S60）下 18 种基于自然的解决方案路径的减排潜力（Wang et al.，2023）

（a）三种情景下所有途径累计减排潜力；（b）三种情景下森林、农田、草地和湿地相关路径减排潜力对总减排潜力的贡献

18 条 NbS 路径的减排潜力差异显著。在森林中实施的途径占所有减排潜力的48.6%～49.2%，农田生态系统占 44.7%～45.2%，而草地和湿地加起来只占约 6.1%[图 6-6（b）]。作为最重要的途径之一，生物炭的应用从 2020～2060 年的平均减排潜力为 0.25～0.47Gt CO_2e/a，占所有路径减排潜力的 32%～33%[图 6-6（b）]。植树造林和避免木质燃料收获是最重要的两条森林管理路径，分别占全部六条森林路径减排潜力的 14.8%～15.8%和 13.8%～14%[图 6-6（b）]。

6.6.3.2 基于自然的气候解决方案的成本

除了增加陆地碳汇或减少温室气体排放的巨大减排潜力外，与碳排放的社会成本（the social cost of CO_2 emissions，SCC）、碳价格和 CCUS 的成本相比，NbS 路径也具有成本效益。因为三种情景下的差异很小，这里我们展示了 S30 情景下各种路径的成本差异。所有 18 种路径的成本从 – 304.2\$/t CO_2e 到 1023\$/t CO_2e 不等[图 6-7（a）]，负的成本表明该途径是有利可图的。与全球 SCC（417\$/t CO_2e）相比（Ricke et al.，2018），预计 NbS 路径贡献的 92.4%的减排潜力将在 2025 年变得具有成本效益，而且几乎所有的减排措施在 2030 年之后都将具有成本效益[图 6-7（b）]。与中国的 SCC（24\$/t CO_2e）

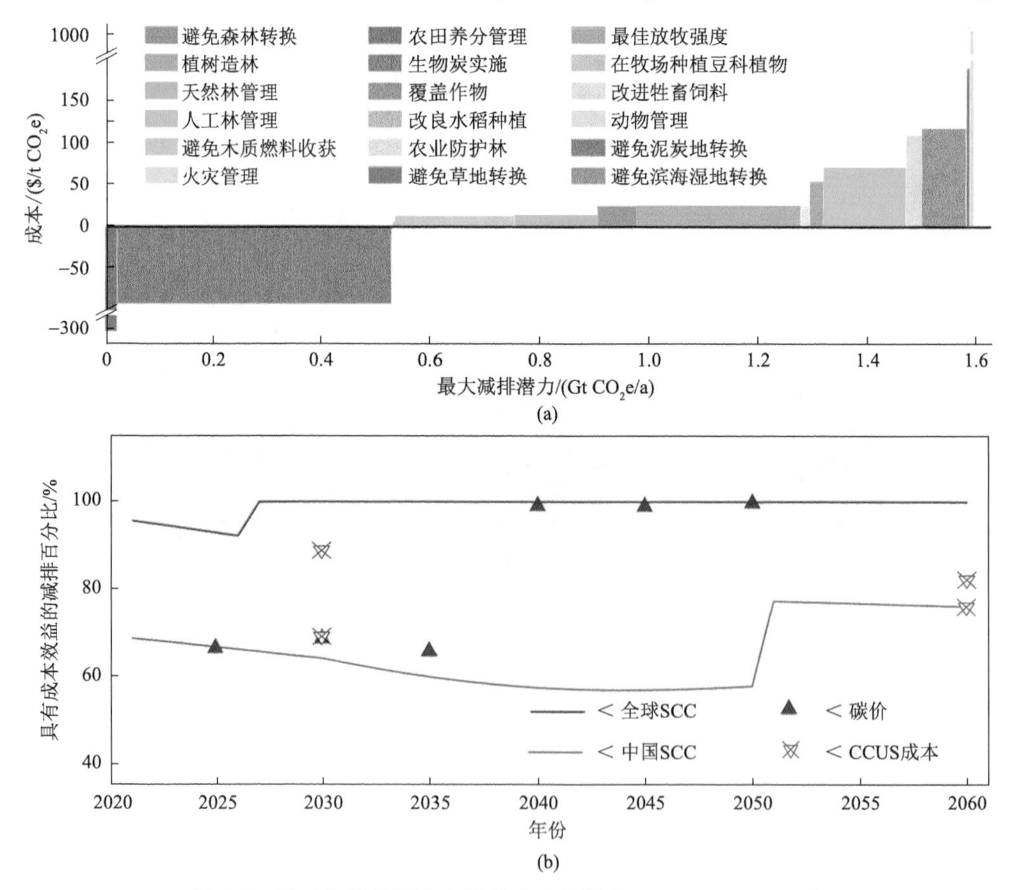

图 6-7 基于自然的解决方案的成本分析（Wang et al.，2023）

（a）所有 18 种路径的成本；（b）与碳的社会成本（SCC）、碳价格，以及碳捕集、利用和封存成本（CCUS）相比，具有成本效益的减排百分比

相比（Ricke et al.，2018），与 NbS 相关的 63.8%、56.7%和 75.7%的减排潜力将分别在 2030 年、2045 年和 2060 年变得具有成本效益[图 6-7（b）]。

此外，我们将 NbS 成本与预测的碳价和 CCUS 的成本进行了比较，以评估 NbS 路径在实现碳中和目标方面是否具有成本效益。从 2025～2050 年的碳价格预测显示出增长趋势：从 2025 年的 21.71$/t CO_2e 到 2050 年的 1167.85$/t CO_2e。相反，所有 18 种路径的平均成本随时间呈下降趋势。因此，到 2050 年，与碳价格相比，NbS 所有减排潜力都是具有成本效益的[图 6-7（b）]。CCUS 包括从烟气和大气中去除二氧化碳的方法和技术，其次是回收二氧化碳并确定安全和永久的储存方案。CCUS 是实现碳中和的重要途径，由于技术的改进，CCUS 的预测成本将从 2030 年的 48.67～120.89$/t CO_2e 下降到 2060 年的 21.98～64.37$/t CO_2e（Cai et al.，2021）。与 CCUS 相比，NbS 的成本显示出更大的下降；因此，到 2060 年，将有更大一部分（75.7%～82%）的 NbS 减排潜力具有成本效益[图 6-7（b）]。

6.6.3.3 省级减排潜力

各个省级行政区的 NbS 减排潜力存在很大差异。与碳价格相比，在 2050 年几乎所有的 NbS 路径都具有成本效益。在 S30 情景下，2050 年我国拥有最大的减排潜力的省级行政区是内蒙古，为 0.19Gt CO_2e/a，是最小的减排潜力省级行政区（即北京）的 40 倍[图 6-8（a）]。此外，黑龙江、河南和山东表现出较大的减排潜力，分别达到 0.14Gt CO_2e/a、0.09Gt CO_2e/a 和 0.08Gt CO_2e/a（图 6-8）。相比之下，北京、上海和天津的减排潜力较低。一般来说，各省级行政区的减排潜力与它们的耕地面积呈正相关。31 个被调查的省级行政区都属于以耕地或森林为主。平均而言，在超过 11 个省级行政区中，耕地 NbS 路径贡献了 50%以上的减缓潜力。在其他 15 个省级行政区中，森林 NbS 路径在减排中占主导地位。

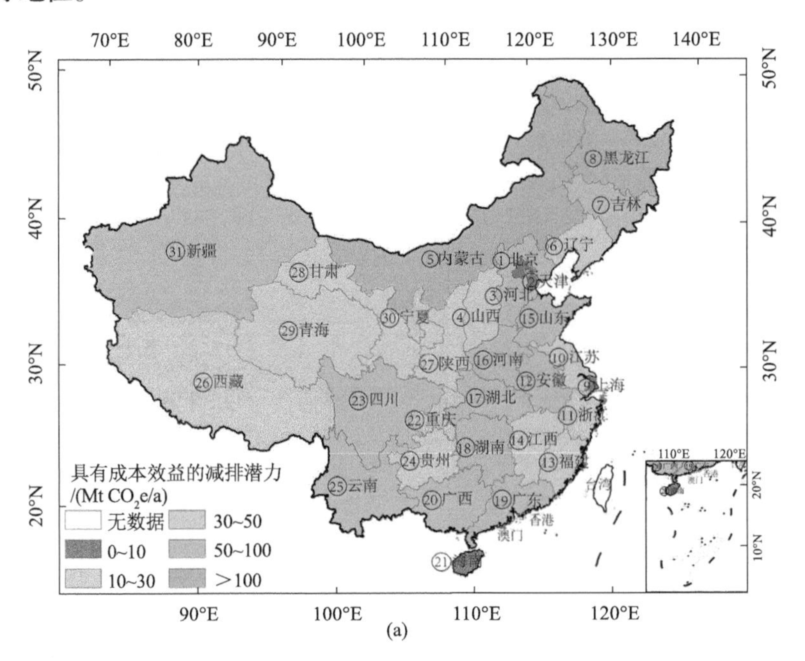

(a)

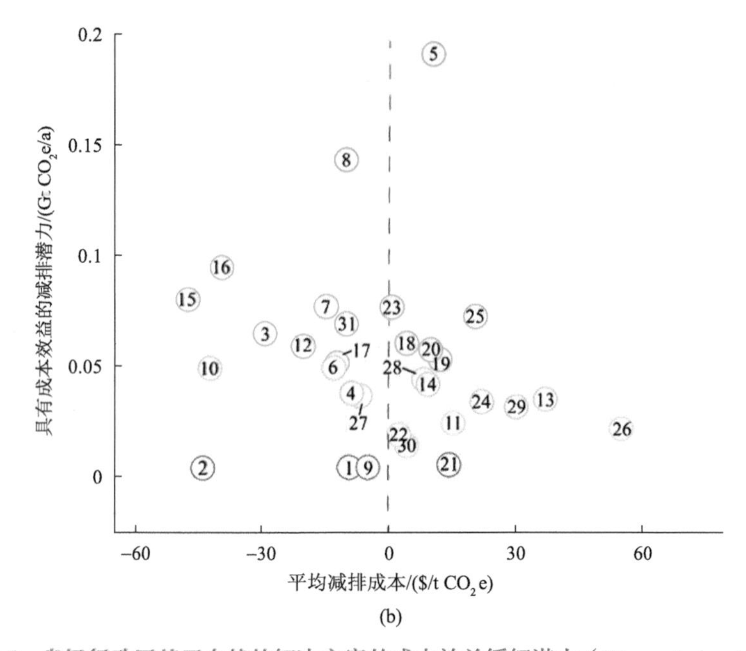

图 6-8 省级行政区基于自然的解决方案的成本效益缓解潜力（Wang et al.，2023）

（a）到 2050 年所有 18 种路径与碳价格比较具有成本效益的减排潜力；（b）所有被调查省级行政区的具有成本效益减排潜力和平均减排成本的比较

此外，所有 18 种路径的平均减排成本有很大差异。在所有调查的省级行政区中，所有路径的平均成本从−47.6$/t CO_2e 到 55.1$/t CO_2e 不等[图 6-8（b）]。山东、河南和江苏显示出最高的收益，利润超过 40$/t CO_2e，而西藏的减排成本最高，为 55.1$/t CO_2e[图 6-8（b）]。省级减排成本与耕地面积呈负相关关系，这表明农业生态系统在决定国家碳排放潜力方面具有重要作用。

Lu 等（2022）也同样估计了中国的 NbS 减排潜力，并报告了 2020～2060 年期间的平均减排潜力为 0.6～1.4Gt CO_2e/a。尽管 Wang 等（2023）的研究估计的总潜力与 Lu 等（2022）的估计值相当，但几条主要路径之间仍有很大差异，主要是各路径给定的假设和应用的数据不同。例如，Lu 等（2022）对“农田养分管理”的估计缓解潜力比 Wang 等（2023）估计的高出 6 倍以上。在估计可减少的氮肥施用量时，Lu 等使用了对中国未来氮肥施用量的预测（Gu et al.，2015），而 Wang 等（2023）使用了《中国农业统计年鉴》提供的历史氮肥施用量。因此，制作准确的生态管理基础数据集，以改善对国家统计局缓解潜力的估计，是一项紧迫的任务。更重要的是，如 Wang 等（2023）的研究强调了及时行动的重要性，正如最近许多研究报告所指出的，延迟行动可能会大大降低 NbS 对气候的缓解影响（Qin et al.，2021；Deng et al.，2022；Zhu et al.，2022）。

课后思考

1. 中国实施“双碳”愿景目标的总体路径是什么？
2. 中国实施“双碳”愿景目标的策略是什么？
3. 各个部门为实现“双碳”目标的碳减排路径是什么？

4. 碳捕集、利用与封存在中国实施“双碳”目标的作用是什么？
5. 基于自然的解决方案在国家实施“双碳”目标中有何重要意义？

参考文献

波士顿咨询公司. 中国气候路径报告. 2020. https://web-assets.bcg.com/89/47/6543977846e090f161c79d6b2f32/bcg-climate-plan-for-china. pdf[2023-11-9].

曹卫东, 包兴国, 徐昌旭, 等. 2017. 中国绿肥科研 60 年回顾与未来展望. 植物营养与肥料学报, 23(6): 1450-1461.

丁仲礼, 张涛, 等. 2022. 碳中和: 逻辑体系与技术需求. 北京: 科学出版社.

董瑞, 高林, 何松, 等. 2022. CCUS 技术对我国电力行业低碳转型的意义与挑战. 发电技术, 43(4): 523-532.

高盛. 2021. 碳经济学: 中国走向净零碳排放之路. https://www.goldmansachs.com/worldwide/greater-china/insights/china-net-zero-f/report. pdf[2023-11-9].

国际能源署(IEA). 2017. 世界能源展望中国特别报告——中国能源展望. 北京: 石油工业出版社.

国家林业局. 2017. 主要树种龄级与龄组划分(LY/T 2908-2017). 北京: 国家林业局.

国家市场监督管理总局, 中国国家标准化管理委员会. 2018. 天然气(GB 17820—2018). 北京: 中国标准出版社.

华强森, 汪小帆, 克林特·伍德, 等. 2022. “中国加速迈向碳中和”之七: 碳捕集利用与封存技术(CCUS). https: //www.yunbaogao.cn/index/partFile/1/mckinsey/2021-12/1_31467. pdf[2023-11-9].

黄晶, 陈其针, 仲平. 2021. 中国碳捕集利用与封存技术评估报告. 北京: 科学出版社.

江亿, 胡姗. 2021. 中国建筑部门实现碳中和的路径. 暖通空调, 51(5): 1-13.

交通运输部. 2022. 2021 年交通运输行业发展统计公报. https://xxgk.mot.gov.cn/2020/jigou/zhghs/202205/t20220524_3656659. html[2023-11-9].

巨晓棠, 谷保静. 2020. 我国农田氮肥施用现状、问题及趋势. 植物营养与肥料学报, 20(4): 783-795.

马娜, 祁黄雄. 2013. 农村薪柴能源的研究综述. 现代妇女(下旬), 7: 3-4.

马学慧. 2013. 中国泥炭地碳储量与碳排放. 北京: 中国林业出版社.

能源基金会. 2020. 中国碳中和综合报告 2020——中国现代化的新征程: “十四五”到碳中和的新增长故事. https://www.efchina. org/Attachments/Report/report-lceg-20201210/SPM_Synthesis-Report-2020-on-Chinas-Carbon-Neutrality_ZH. pdf[2023-11-9].

农业部. 2016. 全国草原保护建设利用“十三五”规划. 北京: 中华人民共和国农业农村部.

清华大学气候变化与可持续发展研究院项目综合报告编写组. 2020. 《中国长期低碳发展战略与转型路径研究》综合报告. 中国人口·资源与环境, 30(11): 1-25.

尚丽, 刘双, 沈群, 等. 2022. 典型二氧化碳利用技术的低碳成效综合评估. 化工进展, 41(3): 1199-1208.

世界资源研究所. 2020. 城市的交通“净零”排放: 路径分析方法、关键举措和对策建议. https: //wri. org.cn/report/202004/AchievingNet-Zero-Carbon-Emission-of-Transportation-Sector-CN[2023-11-9].

王灿, 孙若水, 张九天. 2021. 中国实现碳中和的支撑技术与路径. 中国经济学人, 16(5): 32-70.

王静, 龚宇阳, 宋维宁, 等. 2021. 碳捕获、利用与封存(CCUS)技术发展现状及应用展望. 北京: 中国环境科学研究院.

王庆一. 2019. 2018 能源数据. https://www.efchina.org/Reports-zh/report-lceg-20200413-2-zh [2023-11-9].

薛露露, 刘岱宗. 2022. 迈向碳中和目标: 中国道路交通领域中长期减排战略. https://wri.org.cn/research/decarbonizing-china-road-transport-sector[2023-10-23].

杨璐, 杨秀, 刘惠, 等. 2021. 中国建筑部门二氧化碳减排技术及成本研究. 环境工程, 39: 41-49.
张会儒. 2018. 森林经理学研究方法与实践. 北京: 中国林业出版社.
张锁江, 张香平, 葛蔚, 等. 2022. 工业过程绿色低碳技术. 中国科学院院刊, 37(4): 511-521.
张贤, 李阳, 马乔, 等. 2021. 我国碳捕集利用与封存技术发展研究. 中国工程科学, 23(6): 70-80.
张希良, 黄晓丹, 张达, 等. 2022. 碳中和目标下的能源经济转型路径与政策研究. 管理世界, 38(1): 35-51.
中华人民共和国国家质量监督检验检疫总局. 2011. 生活锅炉热效率及热工试验方法(GB/T 10820-2011). 北京: 中国标准出版社.
中国国际金融股份有限公司. 2020. 碳中和, 离我们有多远. https://www.vzkoo.com/doc/27130.html [2023-11-9].
中国国际金融股份有限公司. 2021. 绿色制造: 从绿色溢价看碳减排路径. https://max.book118.com/html/2021/0420/6023202140003143. shtm[2023-11-9].
周志明, 张立平, 曹卫东, 等. 2016. 冬绿肥-春玉米农田生态系统服务功能价值评估. 生态环境学报, 25(4): 597-604.
Abbas F, Hammad H M, Fahad S, et al. 2017. Agroforestry: a sustainable environmental practice for carbon sequestration under the climate change scenarios-a review. Environmental Science and Pollution Research, 24: 11177-11191.
Bai Z, Ma W, Ma L, et al. 2018. China's livestock transition: driving forces, impacts, and consequences. Science Advances, 4: eaar8534.
Cai B F, Li Q, Zhang X. 2021. Annual Report of China's CO_2 Capture, Utilization and Storage (CCUS) (2021)—China CCUS Path Study. Beijing: Chinese Academy of Environmental Planning of the Ministry of Ecology and Environment, Institute of Rock and Soil Mechanics, Chinese Academy of Sciences, the Administrative Center for China's Agenda 21.
Cervarich M, Shu S, Jain A K, et al. 2016. The terrestrial carbon budget of South and Southeast Asia. Environmental Research Letters, 11: 105006.
Chaturvedi C. 2021. Peaking and net-zero for India's energy sector CO_2 emissions: an analytical exposition. New Delhi: Council on Energy, Environment and Water.
Cohen-Shacham E, Walters G, Janzen C, et al. 2016. Nature-based solutions to address global societal challenges. Gland, Switzerland: IUCN.
Conant R T, Cerri C E P, Osborne B B, et al. 2017. Grassland management impacts on soil carbon stocks: a new synthesis. Ecological Applications, 27: 662-668.
Cubbage F, Mac Donagh P, Balmelli G, et al. 2014. Global timber investments and trends, 2005-2011. New Zealand Journal of Forestry Science, 44: S7.
Cui B S, He Q, Gu B H, et al. 2016. China's coastal wetlands: understanding environmental changes and human impacts for management and conservation. Wetlands, 36: S1-S9.
Curtis P G, Slay C M, Harris N L, et al. 2018. Classifying drivers of global forest loss. Science, 361: 1108-1111.
DNV G L. 2019. Energy Transition Outlook 2019: A Global and Regional Forecast to 2050. http://www.360doc.com/content/19/1025/11/40958856_868964169. shtml[2023-11-9].
Deng L, Shangguan Z P, Wu G L, et al. 2017. Effects of grazing exclusion on carbon sequestration in China's grassland. Earth-Science Reviews, 173: 84-95.
Deng S Y, Deng X P, Griscom B, et al. 2022. Can nature help limit warming below 1.5℃? Globle Change Biology, 29: 289-291.
Dolman A J, Shvidenko A, Schepaschenko D, et al. 2012. An estimate of the terrestrial carbon budget of

Russia using inventory-based, eddy covariance and inversion methods. Biogeosciences, 9: 5323-5340.

Drever C R, Cook-Patton S C, Akhter F, et al. 2021. Natural climate solutions for Canada. Science Advances, 7: eabd6034.

Duan H B, Zhou S, Jiang K J, et al. 2021. Assessing China's Efforts to Pursue the 1.5℃ Warming Limit. Science, 372 (6540) : 378-385.

European Union. 2015. Towards an EU research and innovation policy agenda for nature-based solutions &renaturing cities. https://doi.org/10.2777/765301[2023-11-9].

Fargione J E, Bassett S, Boucher T, et al. 2018. Natural climate solutions for the United States. Science Advances, 4: eaat1869.

Frolking S, Talbot J, Jones M C, et al. 2011. Peatlands in the Earth's 21st century climate system. Environmental Reviews, 19: 371-396.

Gent P R, Danabasoglu G, Donner L J, et al. 2011. The community climate system model version 4. Journal of Climate, 24: 4973-4991.

Griscom B W, Adams J, Ellis P W, et al. 2017. Natural climate solutions. Proceedings of the National Academy of Sciences of the United States of America of the United States of America, 114: 11645-11650.

Gu B, Ju X, Chang J, et al. 2015. Integrated reactive nitrogen budgets and future trends in China. Proceedings of the National Academy of Sciences of the United States of America, 112: 8792-8797.

Hansen M C, Stehman S V, Potapov P V. 2010. Quantification of global gross forest cover loss. Proceedings of the National Academy of Sciences of the United States of America of the United States of America, 107: 650-655.

Humpenoder F, Karstens K, Lotze-Campen H, et al. 2020. Peatland protection and restoration are key for climate change mitigation. Environmental Research Letter, 15: 104093.

IPCC. 2006. IPCC guidelines for national greenhouse gas inventories volume 4: agriculture, forestry and other land use. Geneva, Switzerland: IPCC.

IUCN. 2019. International Union for Conservation of Nature annual report 2019. https://www.iucn.org/resources[2023-11-9].

Janssens I A, Freibauer A, Ciais P, et al. 2003. Europe's terrestrial biosphere absorbs 7 to 12% of European anthropogenic CO_2 emissions. Science, 300: 1538-1542.

Jian J S, Du X, Reiter M S, et al. 2020. A meta-analysis of global cropland soil carbon changes due to cover cropping. Soil Biology and Biochemistry, 143: 107735.

Jiang Z Y, Hu Z M, Lai D Y F, et al. 2020. Light grazing facilitates carbon accumulation in subsoil in Chinese grasslands: a meta-analysis. Global Change Biology, 26: 7186-7197.

Joosten H. 2010. The global peatland CO_2 picture: peatland status and drainage related emissions in all countries of the world. Germany: Greifswald University.

Leifeld J, Menichetti L. 2018. The underappreciated potential of peatlands in global climate change mitigation strategies. Nature Communication, 9: 1071.

Li Y, Qiu J H, Li Z. 2018. Assessment of blue carbon storage loss in coastal wetlands under rapid reclamation. Sustainability, 10: 1-13.

Liu D, Chen Y, Cai W W, et al. 2014. The contribution of China's Grain to Green Program to carbon sequestration. Landscape Ecology, 29: 1675-1688.

Lu N, Tian H Q, Fu B J, et al. 2022. Biophysical and economic constraints on China's natural climate solutions. Nature Climate Change, 12: 847-853.

Ma Z J, Melville D S, Liu J G, et al. 2014. Rethinking China's new great wall. Science, 346: 912-914.

Narayan C, Fernandes P M, van Brusselen J, et al. 2007. Potential for CO_2 emissions mitigation in Europe through prescribed burning in the context of the Kyoto Protocol. Forest Ecology and Management, 251: 164-173.

Nayak D, Saetnan E, Cheng K, et al. 2015. Management opportunities to mitigate greenhouse gas emissions from Chinese agriculture. Agriculture, Ecosystem & Environment, 209: 108-124.

Ntakirutimana L, Li F D, Huang X L, et al. 2019. Green manure planting incentive measures of local authorities and farmers' perceptions of the utilization of rotation fallow for sustainable agriculture in Guangxi, China. Sustainability, 11: 2723.

Pacala S W, Hurtt G C, Baker D, et al. 2001. Consistent land- and atmosphere-based US carbon sink estimates. Science, 292: 2316-2320.

Perman R, Ma Y, Common M, 2003. Natural resource and environmental economics, 3rd Edition. Gosport: Ashford Colour Press Ltd.

Piao S L, Fang J Y, Ciais P, et al. 2009. The carbon balance of terrestrial ecosystems in China. Nature, 458: 1009-1013.

Qin X B, Li Y, Wang B, et al. 2021. Nonlinear dependency of N_2O emissions on nitrogen input in dry farming systems may facilitate green development in China. Agriculture, Ecosystem & Environment, 317: 107456.

Ren Z B, Zheng H F, He X Y, et al. 2019. Changes in spatio-temporal patterns of urban forest and its above-ground carbon storage: implication for urban CO_2 emissions mitigation under China's rapid urban expansion and greening. Environment international, 129: 438-450.

Ricke K, Drouet L, Caldeira K, et al. 2018. Country-level social cost of carbon. Nature Climate Change, 8: 895-900.

Shcherbak I, Millar N, Robertson G P. 2014. Global metaanalysis of the nonlinear response of soil nitrous oxide (N_2O) emissions to fertilizer nitrogen. Proceedings of the National Academy of Sciences of the United States of America of the United States of America, 111: 9199-9204.

Smith B M, Aebischer N J, Ewald J, et al. 2020. The potential of arable weeds to reverse invertebrate declines and associated ecosystem services in cereal crops. Frontiers in sustainable food systems, 3: 118.

Song W, Liu M L. 2017. Farmland conversion decreases regional and national land quality in China. Land Degradation & Development, 28: 459-471.

Tao S, Ru M Y, Du W, et al. 2018. Quantifying the rural residential energy transition in China from 1992 to 2012 through a representative national survey. Nature Energy, 3: 567-573.

Tian B, Wu W T, Yang Z Q, et al. 2016. Drivers, trends, and potential impacts of long-term coastal reclamation in China from 1985 to 2010. Estuarine, Coastal and Shelf Science, 170: 83-90.

United States Environmental Protection Agency. 2013. Global mitigation of non-CO_2 greenhouse gases: 2010-2030. Washington: United States Environmetal Protection Agency Office of Atmospheric Program.

Wang D J, Li Y Q, Xia J Z, et al. 2023. How large is the mitigation potential of natural climate solutions in China? Environmental Research Letters, 18: 015001.

Wang W, Koslowski F, Nayak D R, et al. 2014. Greenhouse gas mitigation in Chinese agriculture: distinguishing technical and economic potentials. Global Environmental Change, 26: 53-62.

Wen Q K, Zhang Z X, Zhao X L, et al. 2015. Regularity and causes of grassland variations in China over the past 30 years using remote sensing data. International Journal of Image and Data Fusion, 6: 330-347.

Wiedinmyer C, Hurteau M D. 2010. Prescribed fire as a means of reducing forest carbon emission in western united states. Environmental Science & Technology, 44: 1926-1932.

Yang Q S, Masek O, Zhao L, et al. 2021. Country-level potential of carbon sequestration and environmental benefits by utilizing crop residues for biochar implementation. Applied Energy, 282: 116275.

Yang W S, Liu Y, Zhao J, et al. 2021. SOC changes were more sensitive in alpine grasslands than in temperate grasslands during grassland transformation in China: a meta-analysis. Journal of Cleaner Production, 308: 127430.

Yin Y, Zhao R, Yang Y, et al. 2021. A steady-state N balance approach for sustainable smallholder farming. Proceedings of the National Academy of Sciences of the United States of America of the United States of America, 118: e2106576118.

Yu Z, Zhao H, Liu S, et al. 2020. Mapping forest type and age in China's plantations. Science of the Total Environment, 744: 140790.

Yuan W, Liu D, Dong W, et al. 2014. Multi-year precipitation reduction strongly decreases carbon uptake over northern China. Journal of Geophysical Research: Biogeosciences, 119: 881-896.

Zhang J T, Tian H Q, Shi H, et al. 2020. Increased greenhouse gas emissions intensity of major croplands in China: implications for food security and climate change mitigation. Global Change Biology, 26: 6116-6133.

Zhang Y J, Qin D H, Yuan W P, et al. 2016. Historical trends of forest fires and carbon emissions in China from 1988 to 2012. Journal of Geophysical Research: Biogeoscience, 121: 2506-2517.

Zhou G Y, Zhou X H, He Y H, et al. 2017. Grazing intensity significantly affects belowground carbon and nitrogen cycling in grassland ecosystems: a meta-analysis. Globle Change Biology, 23: 1167-1179.

Zhu Y K, Wang D J, Smith P, et al. 2022. What can the Glasgow Declaration on forests bring to global emission reduction? Innovation, 3: 100307.

Zomer R J, Neufeldt H, Xu J C, et al. 2016. Global tree cover and biomass carbon on agricultural land: the contribution of agroforestry to global and national carbon budgets. Scitific Reports, 6: 29987.

7 甲烷源汇过程、排放核算方法及减排路径

王凡，苏娟

CH_4是地球大气中的重要痕量气体，对全球气候变暖的贡献仅次于CO_2，在地球大气辐射和化学平衡中发挥着重要作用。尽管大气中CH_4浓度远低于CO_2，但CH_4能显著吸收红外辐射，尤其是在波长3.3μm和7.7μm区域，大气停留时间为8～12年，二十年尺度内全球增温潜势是CO_2的84倍，百年尺度内全球增温潜势是CO_2的28倍（IPCC，2014）。同时，CH_4具有较强的化学活性，能与对流层大气中最重要的氧化剂——羟基自由基（OH）反应生成CO_2和水，因而影响大气的氧化清洁能力、地面臭氧浓度和平流层水汽含量（Kirschke et al.，2013）。

概念卡片：

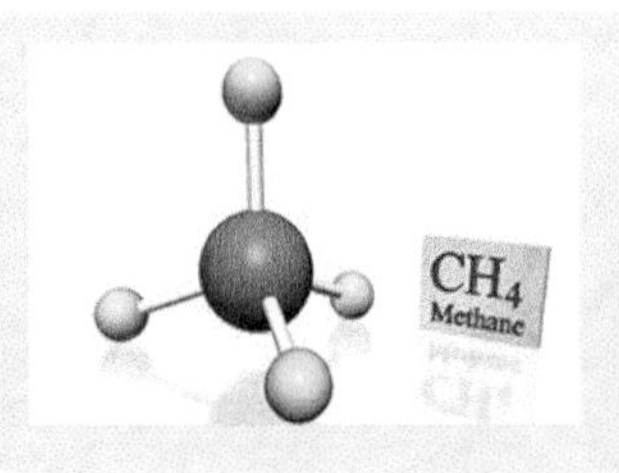

甲烷（CH_4）：最简单的有机物，分子呈正四面体结构，无色、无味、毒性低，高浓度会造成缺氧窒息；可燃性气体，是天然气、沼气、油田气及煤矿坑道气的主要成分；相对密度为0.554g/L，微溶于水，具有强扩散性；标准大气压下，沸点为−161℃。

自工业革命以来，全球大气CH_4浓度持续增加，从～700ppbv增加到目前的1920.34ppbv（2022年10月）（Lan et al.，2023）。CH_4浓度增加引起的辐射效应变化是0.54W/m^2，对全球温室气体辐射强度总增长的贡献约为17%（IPCC，2021）。另外，CH_4浓度增加导致的臭氧增加，已造成全球每年约50万人过早死亡，对各生态系统的作物生长和产量也产生了显著抑制作用（UNEP，2021）。国际社会近年对CH_4的关注明显上升，CH_4减排被视为是实现《巴黎协定》的温升控制目标的重要途径，成为国际气候变化政策的重要组成部分。同时，由于经过燃烧或氧化等化学反应会转化为CO_2，CH_4也是我国“双碳”工作的重点对象，CH_4控排被纳入我国“十四五”规划和2035远景目标纲要中。本章拟对现有CH_4源汇特征、排放核算方法和全球及中国收支进行整合，进而对我国人为源CH_4减排的方法和措施进行探讨，旨在助力于我国履行应对气候变化的承诺和实现“双碳”目标。

7.1 CH_4源汇过程

7.1.1 CH_4产生过程和排放源

CH_4的产生分为非生物成因和生物成因两大类，非生物成因CH_4产生没有生命体的参与，而生物成因CH_4产生是产CH_4菌作用的结果（图 7-1）。非生物成因CH_4产生过程主要包括火山作用、岩浆脱气、低温低压水-岩反应、变质作用、碰撞作用等（Etiope and Lollar，2013）。火山作用、岩浆脱气的CH_4产生过程主要发生在还原性地幔中，产生的部分CH_4会沿地壳薄弱带向上运移，直至释放。低温低压水-岩反应的CH_4产生过程主要发生在大洋中脊、深海热液喷口、俯冲带和大陆环境中，如蛇纹石化作用：$3FeO+H_2O \longrightarrow Fe_3O_4+H_2$，$4H_2+CO_2 \longrightarrow CH_4+2H_2O$。变质作用的$CH_4$产生过程主要发生在深层地下结晶基岩中，特别是在俯冲带和大陆环境中的蛇绿岩、造山带地块和前寒武纪基底等处，如$3FeCO_3+H_2O \longrightarrow Fe_3O_4+CO_2+CO+CH_4$+其他烃。另外，富含金属态或还原态铁的彗星或陨石的撞击等地外事件也可能产生CH_4。非生物成因CH_4产生通量比生物成因CH_4产生通量低多个数量级（Thompson et al.，2022）。

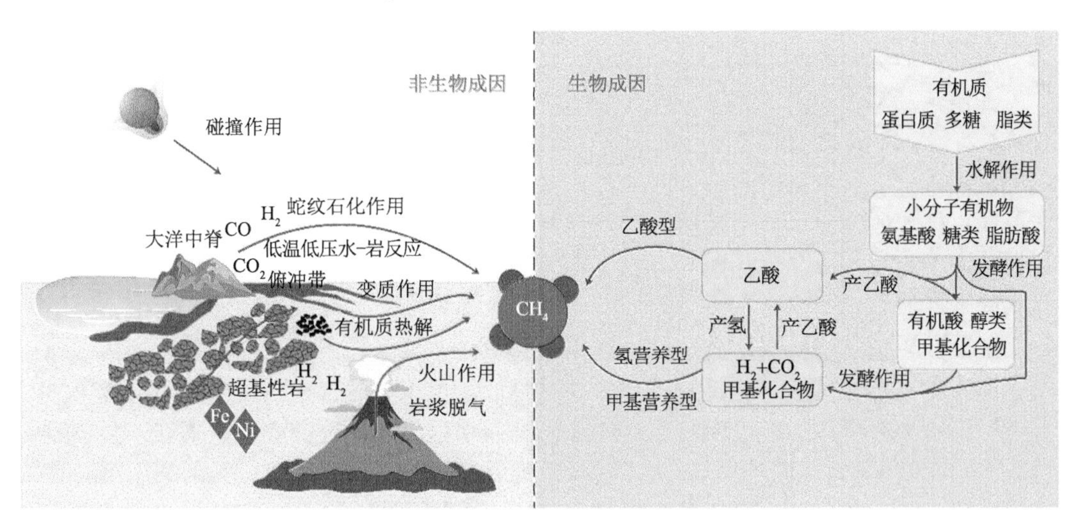

图 7-1 CH_4的生物成因和非生物成因产生过程示意图

生物成因的CH_4产生过程主要是产CH_4菌的作用结果。产CH_4菌是现今已知唯一能产生CH_4的原核生物，属古菌域广古菌门，已知分类包括七个目：甲烷杆菌目、甲烷球菌目、甲烷微菌目、甲烷八叠球菌目、甲烷火菌目、甲烷胞菌目、热原体目（Evans et al.，2019）。产CH_4菌通常严格厌氧，主要分布在湿地、沼泽、稻田、土壤、水体沉积物、动物消化道、垃圾填埋场等常年或季节性缺氧环境中（Thauer et al.，2008）。产CH_4菌代谢途径有三种类型（Liu and Whitman，2008；Evans et al.，2019）：①乙酸型，乙酸是微生物厌氧代谢过程的主要中间产物，乙酸的羧基被氧化为 CO_2 而甲基被还原为 CH_4，自然界中近 70%生物成因 CH_4 来自该途径，但目前仅发现甲烷八叠球菌属和甲烷鬃菌属能够利用乙酸产生 CH_4；②氢营养型，主要利用 H_2（或甲酸和 CO 等）作为电子供体还原 CO_2 生成 CH_4，绝大多数产 CH_4 菌可利用该途径；③甲基营养型，甲醇、甲基胺、甲基硫等化合物的甲基转移给辅酶（CoM）形成甲基-CoM 复合物，最终被还原为 CH_4。

CH_4 的排放源众多，可简单分为自然源和人为源（Kirschke et al.，2013；Saunois et al.，2020）。其中，自然源主要包括湿地、内陆水体、多年冻土和海洋等自然生态系统；人为源主要包括能源活动、农业活动、废弃物处理等。

湿地是最大的 CH_4 自然源，湖泊和河流等内陆水体是第二重要自然源，其次是海洋、永久冻土、野生反刍动物、火山活动等。湿地植物具有较高的生产力，湿地生态系统的碳储量丰富，长期或季节性处于厌氧淹水状态，有利于产 CH_4 菌的生存和 CH_4 产生（Bridgham et al.，2013）。内陆水体沉积物中通常有机质丰富，在厌氧条件下会分解产生 CH_4，随着水体富营养化加剧及高纬度寒冷地区湖泊的冰盖融化，内陆水体水-气界面 CH_4 排放量呈逐年增加趋势（Stanley et al.，2016）。全球海底以 CH_4 水合物（天然气、天然气水合物、石油、浅层气等）形式储集了大量束缚态 CH_4，部分“顽固”的 CH_4 分子会逃脱海洋系统（沉积物、海水和微生物等）进入大气层，但全球范围内尚未建立海洋 CH_4 观测网络，海洋的 CH_4 排放重要性可能被低估（Wallmann et al.，2012）。位于极地、亚极地和中高纬度的高山高原地区的多年冻土（土壤处于水冰点以下超过两年），占全球约 1/4 陆地面积，储存着大量的土壤有机碳，气候变暖会加剧多年冻土的融化和有机质分解，也会释放大量 CH_4（Wik et al.，2016）。

能源活动和农业活动是最重要的 CH_4 人为源（Jackson et al.，2020），其次是废弃物处理。石油行业的 CH_4 排放主要来自未利用油田气的直接排放，以及原油的生产、精炼、运输和储存过程；天然气的生产、加工、储存、传输和分配过程中，大量 CH_4 会排放到大气中；煤炭的开采、矿后活动和煤矿废弃过程中 CH_4 排放量相当可观，尤其是煤矿开采过程中的煤层气（又称瓦斯，主要成分为 CH_4）的泄漏。农业活动的 CH_4 排放主要来自畜牧业的家畜肠道发酵和畜禽粪便管理以及水稻种植业：反刍类动物（肉牛、奶牛、水牛等）瘤胃的生物代谢排放是畜牧业 CH_4 排放的主要来源，非反刍动物（如猪、马和骡）的 CH_4 代谢量很少，但动物数量多，总排放量也不可忽视；在畜牧业的畜禽粪便的储存和处理过程中，如在较深的粪便池或液态粪水里，有机物处于厌氧条件，会发酵产生大量 CH_4；水稻种植过程中，由于淹水灌溉形成的缺氧环境，产 CH_4 菌利用田间有机质转化成 CH_4，会通过水稻植物体或土壤排放。废弃物处理相关的 CH_4 排放主要来自固体废弃物填埋及废水处理过程中的厌氧发酵环节：固体废弃物的填埋有利于形成厌氧环境和提供有机质，有机质经分解会产生含 CH_4 的垃圾填埋气；废水处理过程中高浓度有机物经厌氧分解也会产生大量的 CH_4。

7.1.2　CH_4 去除过程和吸收汇

CH_4 的去除过程主要包括光化学反应和微生物氧化作用（Kirschke et al.，2013；Saunois et al.，2020）（图 7-2）。

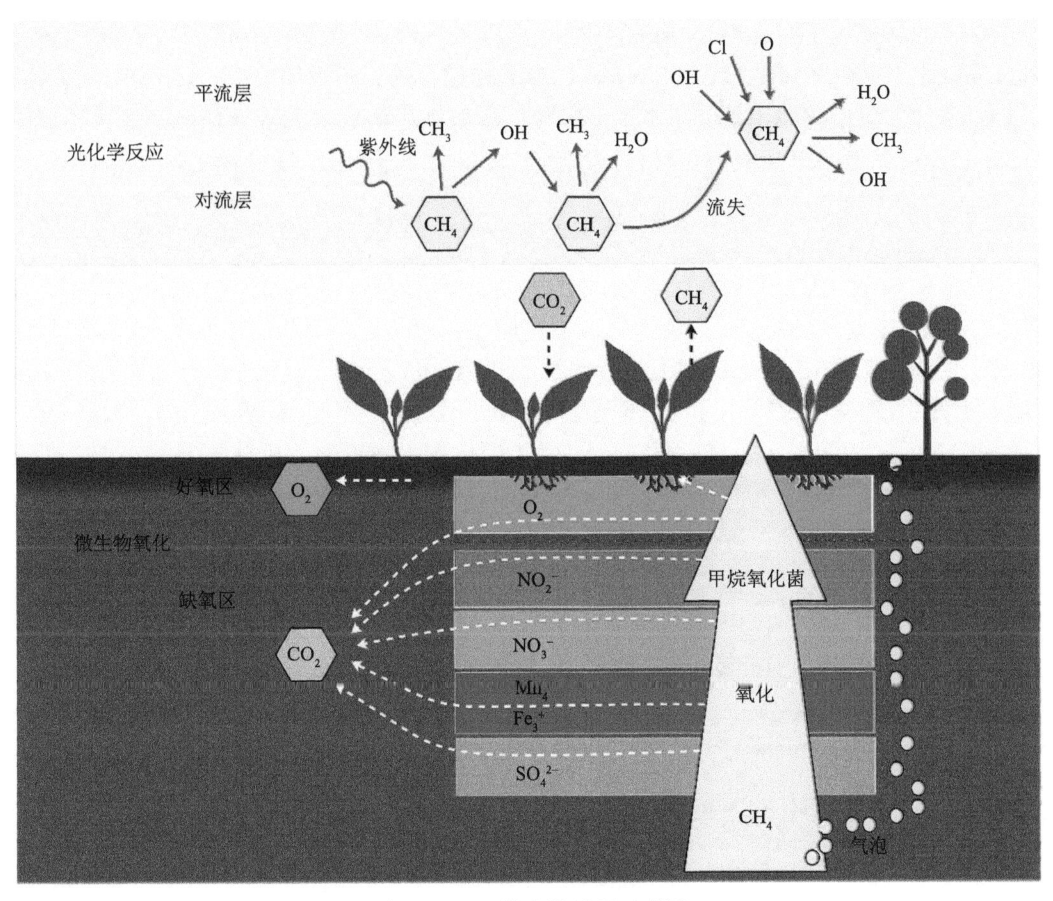

图 7-2　CH_4的去除过程示意图

大气层中 CH_4 会在紫外线作用下与羟基自由基（OH）、原子氯（Cl）、原子氧 O（1D）等发生光化学反应而损耗（Cicerone and Oremland，1988；Thompson et al.，2022），例如：

$$CH_4 + hv \longrightarrow CH_3 + H \tag{7-1}$$

$$CH_4 + OH \longrightarrow CH_3 + H_2O \tag{7-2}$$

$$CH_4 + Cl \longrightarrow CH_3 + HCl \tag{7-3}$$

$$CH_4 + O(1D) \longrightarrow CH_3 + OH \tag{7-4}$$

厌氧环境中产 CH_4 菌所产生的 CH_4 在进入大气的过程中，有相当一部分会在 CH_4 氧化菌作用下氧化为 CO_2（Evans et al.，2019）。CH_4 氧化菌，是一类以 CH_4 作为唯一碳源和能源的微生物，能将 CH_4 彻底氧化成 CO_2 和 H_2O，分为好氧 CH_4 氧化菌和厌氧 CH_4 氧化菌，广泛分布在河流、湖泊、稻田、泥土、湿地、森林和海洋等生态系统中，是地球系统 CH_4 排放的天然消减器（Hanson and Hanson，1996）。

好氧 CH_4 氧化菌，主要存在于 CH_4 与 O_2 共存的微小界面空间，可分为 γ-变形菌纲的 Type Ⅰ和 Type X 型、α-变形菌纲的 Type Ⅱ型和疣微菌门的极端嗜酸嗜热型（Hanson and Hanson，1996；Knief，2015）。好氧 CH_4 氧化过程为：利用环境中 O_2 作为电子受体，在 CH_4 单加氧酶催化作用下 CH_4 氧化为甲醇，甲醇在甲醇脱氢酶催化作用下氧化生成甲醛，甲醛通过丝氨酸途径或单磷酸核酮糖途径转化为细胞物质，最终转化为 CO_2 和 H_2O。

$$CH_4 + O_2 \longrightarrow CO_2 + H_2O \tag{7-5}$$

厌氧 CH_4 氧化菌，生活在厌氧条件下，以 CH_4 作为唯一电子供体，生长缓慢，不易培养；根据电子受体的不同，可分为硫酸盐还原型、硝酸盐/亚硝酸盐还原型、金属（MnO_4^- 和 Fe^{3+}）还原型等（Caldwell et al.，2008）。已发现的厌氧 CH_4 氧化菌属于古菌域的厌氧甲烷氧化古菌门（ANNE）和细菌域的 NC10 门，但随着蒽醌 2,6 二磺酸盐（anthraquinone-2,6-disulfonate，AQDS）、Cr（Ⅵ价）等新型电子受体不断被发现，厌氧 CH_4 氧化菌可能在环境中广泛存在（Glodowska et al.，2022）。厌氧 CH_4 氧化过程是缺氧环境中 CH_4 通量控制的关键，但机理尚不清楚，反应式示例如下：

$$CH_4 + SO_4^{2-} \longrightarrow HCO_3^- + HS^- + H_2O \tag{7-6}$$

$$5CH_4 + 8NO_3^- + 8H^+ \longrightarrow 5CO_2 + 4N_2 + 14H_2O \tag{7-7}$$

$$3CH_4 + 8NO_2^- + 8H^+ \longrightarrow 3CO_2 + 4N_2 + 10H_2O \tag{7-8}$$

$$5CH_4 + 8MnO_4^- + 19H^+ \longrightarrow 5HCO_3^- + 8Mn^{2+} + 17H_2O \tag{7-9}$$

$$CH_4 + 8Fe^{3+} + 3H_2O \longrightarrow HCO_3^- + 8Fe^{2+} + 9H^+ \tag{7-10}$$

CH_4 的主要吸收汇是对流层大气中羟基自由基（OH）的氧化，其次是森林、草原、农田、荒原和垃圾填埋场等生态系统中 CH_4 氧化菌的消耗，平流层的光化学反应（与原子氯和激发原子氧）和海洋边界层的光化学反应等过程也会导致 CH_4 的吸收。

7.2 CH_4 排放核算方法

CH_4 排放核算流程包括：确定核算边界和范围、界定排放源分类分级体系、选取核算方法、数据收集及计算、不确定性分析及清单报告编制。CH_4 排放核算方法可分为“自下而上”和“自上而下”两大类：“自下而上”方法是指将现场或网格的地面观测和模拟结果整合到区域核算中，包括排放因子法和生态系统过程模型法等；“自上而下”方法即基于大气浓度反演排放清单的大气反演方法。排放因子法是目前适用范围最广、应用最为普遍的国家或区域 CH_4 排放清单的核算方法，但排放因子通常基于有限的观测数据且活动水平资料难以快速更新，往往难以反映 CH_4 源汇的动态变化与空间分布。相比而言，生态系统过程模型法可克服排放因子法的上述不足，但模型构建、检验及数据准备难度较大，仅在农田、湿地等部分类型生态系统的 CH_4 排放核算中得到应用。“自上而下”

的大气反演方法可用来检验和验证排放因子法或生态系统过程模型法编制的CH_4排放清单，是逐渐兴起的CH_4排放核算的重要手段。

7.2.1 排放因子法

目前，我国国家、地方、城市或行业等宏观层面的CH_4排放核算主要使用排放因子法。基于排放因子法的CH_4排放核算是依照CH_4排放清单列表，针对每一种CH_4排放源i，以其生产或消费活动水平数据（AD_{CH_4-i}）和排放因子（EF_{CH_4-i}，单位生产或消费活动量的CH_4排放系数）的乘积作为该排放源i的CH_4排放量（E_{CH_4-i}）估算值，计算公式为

$$E_{CH_4-i} = AD_{CH_4-i} \times EF_{CH_4-i} \tag{7-11}$$

排放因子法介绍详见本书第3.3节，本节主要介绍我国能源和农业领域CH_4排放核算中应用的排放因子法。总体而言，我国能源和农业领域的CH_4排放因子获取涵盖3个层级方法，通常依据《2006年IPCC国家温室气体清单指南》(2019年修订版)(以下简称《IPCC指南》)(Tier 1)、《省级温室气体排放清单编制指南（试行）》(Tier 2）和24个行业指南（Tier 2）等，也采用部分模型及长期观测结果（Tier 3）；活动水平数据基本来源于最新的国家统计局数据、行业数据、企业数据及其他相关统计资料。

7.2.1.1 能源领域

1. *石油和天然气行业*

国际上，石油和天然气行业的CH_4排放因子基本采用固定因子，并根据油气生产企业每年上报的数据对部分排放因子开展更新。我国石油和天然气行业的CH_4排放因子主要采用《IPCC指南》的缺省值及2005年的加拿大油气行业排放因子。活动水平资料包括油气系统基础设施（如油气井、小型现场安装设备、主要生产和加工设备等）的数量和种类的详细清单、生产活动水平（如油气产量、放空及火炬气体量、燃料气消耗量等）、事故排放量（如井喷和管线破损等）、典型设计和操作活动及其对整体排放控制的影响等，主要来源于中国石油天然气集团有限公司和中国石油化工集团有限公司的企业统计数据。

2. *煤炭行业*

在实测CH_4排放量数据缺失或获取困难时，各煤矿开采和矿后活动的排放因子可根据煤矿的区域、井工和露天开采方式、所属关系（国有重点煤矿、地方国有煤矿、乡镇煤矿和个体煤矿）以及矿井类型（煤与瓦斯突出矿井、高瓦斯矿井、低瓦斯矿井）分别予以确定。井工开采方式煤矿的CH_4排放因子通常采用全国煤矿矿井瓦斯鉴定结果数据（包括通风速率、瓦斯含量和等级、瓦斯组分等）；露天开采方式煤矿的CH_4排放因子通常采用《IPCC指南》的缺省值；矿后活动的排放因子，按照行业标准《矿井瓦斯涌出量预测方法》中的相关公式计算；废弃矿井的排放因子采用《IPCC指南》的缺省值。活动水平资料的主要来源：井工开采及其矿后活动资料来自《中国煤炭工业年鉴》，废弃矿井

资料来自国家能源局统计数据，露天开采资料来自省级能源清单。

3. 化石燃料和生物质燃烧

化学燃料分为静止源和移动源，静止源化学燃料燃烧的 CH_4 排放因子以《IPCC 指南》的缺省值为主；移动源化石燃料燃烧的 CH_4 排放因子主要是基于模型的动态因子。生物质燃烧的 CH_4 排放因子与生物质种类、燃烧技术与设备类型等因素密切相关，即参考《IPCC 指南》的缺省排放值和国内相关研究的测试数据，优先采用当地的实测排放因子。化石燃料和生物质燃烧的活动水平数据主要依据国家统计局的能源统计，以行业数据、典型调研、专家估算等为辅。

7.2.1.2 农业领域

1. 畜牧业

家畜肠道发酵的 CH_4 排放估算：牛、羊、猪等关键排放源的排放因子通常采用国别参数或由当地特性参数计算获得，马、驴、骡等非关键排放源的排放因子采用《IPCC 指南》推荐缺省值。存栏量等活动水平资料来源于国家各类型统计年鉴、科学研究和联合国粮食及农业组织等。

畜禽粪便管理的 CH_4 排放估算：排放因子与畜禽品种、粪便特性及粪便管理方式等因素有关，可采用当地特性参数计算获得，或者参考《IPCC 指南》推荐的排放因子。畜禽存栏量主要来源于《中国畜牧兽医年鉴》、《中国农村统计年鉴》和《中国农业统计年鉴》等。

2. 水稻种植

水稻田的 CH_4 排放因子与有机肥施用水平、水分管理方式、气候条件、生产力水平等因素有关，可分类型（单季稻、双季早稻、双季晚稻）应用中国稻田 CH_4 模型进行计算。各类型水稻产量和播种面积等数据主要来源于国家统计局《中国农业统计年鉴》等相关资料。

7.2.2 生态系统过程模型法

自 20 世纪 80 年代以来，许多学者对 CH_4 产生、氧化和传输过程进行了深入研究，已开发了许多基于经验或过程的 CH_4 模型，主要包括 IBIS、ISBA-CH_4、JSBACH-methane、TECO_SPRUCE_ME、HIMMELI、CLM-Microbe、TRIPLEX-GHG、VISIT、CLM4Me、ORCHIDEE、TEM-CH_4、DLEM、LPJ-WHyMe、CH4MODwetland、IAP-RAS、PEATLAND-VU、Kettunen 模型、Wetland-DNDC、Walter 模型、ecosys、the Arah model 和 WMEM 等（Song et al.，2020；Xu et al.，2016；Li et al.，2010）。根据所述 CH_4 过程的复杂性，这些 CH_4 模型可分为三大类：第一类将 CH_4 生成直接与环境条件（温度和地下水位等）关联起来，用简单的经验公式去模拟 CH_4 通量，如 IAP-RAS 模型等；第二类以相对简单的方式考虑了 CH_4 生成、氧化和运输复杂机制中一个或两个过程（主要 CH_4 传输路径、DOC 的 CH_4 产生、大气 CH_4 的氧化等），如 HIMMELI、CLM4Me、

TEM-CH_4、DLEM 和 LPJ-WHyMe 等；第三类明确模拟了 CH_4 产生、氧化和传输过程及其环境控制，考虑了厌氧发酵、同型产乙酸、氢营养型和乙酸营养型的产 CH_4 等微生物过程，主要的模型包括 CLM-Microbe、Kettunen 模型、ecosys 和 IBIS 模型等。本节重点以 IBIS 模型为例，介绍最新湿地生态系统 CH_4 过程模型的理论框架和架构（Song et al.，2020）。

IBIS 模型是一个全面描述陆地表面过程、陆地碳平衡和植被动态的陆地生态系统模型，其主要过程包括陆地表面物理、冠层生理、物候、植被结构与竞争和陆地生物圈的碳氮循环等，并已被整合到一个单一的、物理一致的、具有不同时间尺度的模拟框架中（Yuan et al.，2014）。IBIS 模型的湿地 CH_4 排放模块涵盖了完整的湿地 CH_4 循环，包括溶解有机碳（DOC）分解、CH_4 产生、氧化和传输等关键过程（图 7-3）。CH_4 的产生主要是氢营养型和乙酸营养型产 CH_4 菌作用的结果：DOC 是土壤有机质分解的关键产物，是产 CH_4 菌的主要可利用碳源，DOC 分解最终生成乙酸、CO_2 和 H_2；在高温条件下，生成的 CO_2 和 H_2 是氢营养型产 CH_4 菌的合适底物，化学反应方程为 $4H_2+CO_2 \longrightarrow CH_4+2H_2O$；在低温条件下，生成的 CO_2 和 H_2 是同型产乙酸菌的合适底物，化学反应方程为 $4H_2+2CO_2 \longrightarrow CH_3COOH+2H_2O$；乙酸均可作为乙酸营养型产 CH_4 菌的底物，化学反应方程为 $CH_3COOH \longrightarrow CH_4+CO_2$。$CH_4$ 氧化是指 CH_4 氧化菌进行的 CH_4 氧化[式（7-5）]。CH_4 传输包括分子扩散、植物介质的传输和气泡传输等途径。

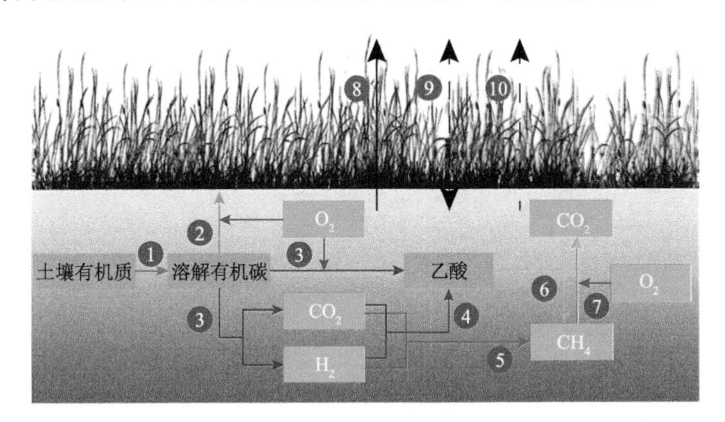

图 7-3　IBIS 模型湿地 CH_4 排放模块的关键过程示意图（Song et al.，2020）

①土壤有机质（soil organic matter，SOM）分解；②有氧呼吸；③DOC 分解（包括厌氧发酵和有氧分解）；④同型产乙酸过程；⑤氢营养型的产 CH_4 过程；⑥乙酸营养型的产 CH_4 过程；⑦CH_4 氧化；⑧分子扩散；⑨植物介质的传输；⑩气泡传输。红色箭头代表 O_2 参与的过程，包括有氧呼吸、DOC 的有氧分解和 CH_4 氧化

IBIS 模型的湿地 CH_4 排放模块划分了 9 个土壤层（前 5 层各层厚度为 0.1m，其余 4 层厚度分别为 0.2m、0.3m、0.5m 和 0.5m，总深度为 2m），采用实际地下水位观测来划分土壤有氧带和厌氧带，并假定 CH_4 产生在土壤厌氧带中，而主要在有氧带中发生氧化。基于生物地球化学过程及其动态的模拟，控制土壤中在时间 t 和土壤深度 z 处的组分 X（CH_4、O_2、CO_2、H_2 或乙酸 Ace）瞬态浓度$[C_X(z,t)]$的扩散方程可表示为

$$\frac{\partial}{\partial t}C_{CH_4}(z,t)=\frac{\partial}{\partial z}F_{diff,CH_4}-Q_{plant,CH_4}-Q_{ebull,CH_4}+R_{prod,CH_4}-R_{oxid,CH_4} \tag{7-12}$$

$$\frac{\partial}{\partial t}C_{O_2}(z,t)=\frac{\partial}{\partial z}F_{diff,O_2}-Q_{plant,O_2}-Q_{ebull,O_2}-R_{aero}-2R_{oxid,CH_4} \quad (7\text{-}13)$$

$$\frac{\partial}{\partial t}C_{CO_2}(z,t)=\frac{\partial}{\partial z}F_{diff,CO_2}-Q_{plant,CO_2}-Q_{ebull,CO_2}+R_{prod,CO_2}-R_{cons,CO_2} \quad (7\text{-}14)$$

$$\frac{\partial}{\partial t}C_{H_2}(z,t)=\frac{\partial}{\partial z}F_{diff,H_2}-Q_{plant,H_2}-Q_{ebull,H_2}+R_{prod,H_2}-R_{cons,H_2} \quad (7\text{-}15)$$

$$\frac{\partial}{\partial t}C_{Ace}(z,t)=R_{prod,Ace}-R_{cons,Ace} \quad (7\text{-}16)$$

式中，$F_{diff,X}$ 为组分 X 的分子扩散通量；$Q_{plant,X}$ 和 $Q_{ebull,X}$ 分别为通过植物通气组织和气泡的组分 X 的传输速率；$R_{prod,X}$ 为组分 X 的生成速率；R_{oxid,CH_4} 为 CH_4 的氧化速率；$R_{cons,X}$ 为组分 X 的消耗速率；R_{aero} 为有氧消耗速率。

其他重要中间产物的浓度、生成速率或参数计算公式为

（1）土壤中 DOC 浓度（mol/m^3）。

$$DOC=K_{cpool}\times\frac{cpool}{d_z}\times f_T(DOCprodQ_{10})\times f_{moist} \quad (7\text{-}17)$$

式中，K_{cpool} 为 DOC 与土壤有机碳的比例；cpool 为土壤有机碳库（mol/m^2）；d_z 为土壤层厚度（m）；DOCprodQ_{10} 为 DOC 生成的温度敏感性；f_T 和 f_{moist} 分别为土壤温度和湿度因子。

（2）DOC 分解过程的乙酸、CO_2 和 H_2 生成速率（$mol/m^3/d$）。

在厌氧条件下，产 CH_4 菌的底物 DOC 被发酵并转化为乙酸、CO_2 和 H_2，化学反应方程为：$DOC\longrightarrow 0.67Ace+0.33CO_2+0.11H_2$，发酵过程被计算如下：

$$DOCprodAce=V_{DOCprodAce,\,max}\times\frac{DOC}{K_{DOCprodAce}+DOC}\times f_T(AceprodQ_{10})\times f_{pH} \quad (7\text{-}18)$$

$$DOCprodCO_2=0.5\times DOCprodAce \quad (7\text{-}19)$$

$$DOCprodH_2=\frac{1}{6}\times DOCprodAce \quad (7\text{-}20)$$

而在有氧条件下，DOC 被分解为乙酸和 CO_2，其计算如下：

$$DOCprodAce=V_{DOCprodAce,\,max}\times\frac{DOC}{K_{DOCprodAce}+DOC}\times\frac{[O_2]}{K_{AceprodO_2}+[O_2]}\times f_T(AceprodQ_{10})\times f_{pH}$$

（7-21）

$$DOCprodCO_2=0.5\times DOCprodAce \quad (7\text{-}22)$$

式中，DOCprodAce，DOCprodCO_2 和 DOCprodH_2 分别为乙酸、CO_2 和 H_2 的生成速率

（mol/m^3/d）；$V_{DOCprodAce,\ max}$ 为最大乙酸生成速率（mol/m^3/d）；$[O_2]$ 为 O_2 浓度（mol/m^3）；$K_{DOCprodAce}$ 和 $K_{AceprodO_2}$ 分别为对应于 DOC 和 O_2 的半饱和系数（mol/m^3）；AceprodQ_{10} 为乙酸生成的温度敏感性；f_{pH} 为土壤 pH 因子。

（3）同型产乙酸菌的乙酸生成速率 H_2prodAce（mol/m^3/d）。

$$H_2\text{prodAce}=V_{H_2\text{prodAce, max}}\times \text{Homoacetogens}\times\frac{[H_2]}{K_{H_2\text{prodAce}}+[H_2]}\times\frac{[CO_2]}{K_{CO_2\text{prodAce}}+[CO_2]}\times f_{T1}\times f_{pH} \tag{7-23}$$

式中，$V_{H_2\text{prodAce, max}}$ 为最大的乙酸生成速率（mol/mol^3/d）；Homoacetogens 为同型产乙酸菌的微生物生物量（mol/m^3）；$[H_2]$ 和 $[CO_2]$ 分别为 H_2 和 CO_2 的浓度（mol/m^3）；$K_{H_2\text{prodAce}}$ 和 $K_{CO_2\text{prodAce}}$ 分别为对应于 H_2 和 CO_2 的半饱和系数（mol/m^3）；f_{T1} 为土壤温度因子。

（4）氢营养型产 CH_4 过程的 CH_4 生成速率（mol/mol^3/d）。

$$H_2\text{prodCH}_4=V_{H_2\text{prodCH}_4\text{, max}}\times H_2\text{methanogens}\times\frac{[H_2]}{K_{H_2\text{prodCH}_4}+[H_2]}\times\frac{[CO_2]}{K_{CO_2\text{prodCH}_4}+[CO_2]}\times f_{T2}\times f_{pH} \tag{7-24}$$

式中，$V_{H_2\text{prodCH}_4\text{, max}}$ 为最大的 CH_4 生成速率（mol/mol^3/d）；H_2methanogens 为氢营养型的产 CH_4 菌的微生物生物量（mol/m^3）；$K_{H_2\text{prodCH}_4}$ 和 $K_{CO_2\text{prodCH}_4}$ 分别为对应于 H_2 和 CO_2 的半饱和系数（mol/m^3）；f_{T2} 为土壤温度因子。

（5）乙酸营养型产 CH_4 过程的 CH_4 生成速率 AceprodCH$_4$（mol/mol^3/d）。

$$\text{AceprodCH}_4=K_{CH_4\text{prod}}\times(1-\text{Grow}_{\text{Acemethanogens}})\times\text{Acecons} \tag{7-25}$$

$$\text{Acecons}=V_{\text{Acecons, max}}\times\text{Acemethanogens}\times\frac{\text{Ace}}{K_{\text{AceprodCH}_4}+\text{Ace}}\times f_T(\text{CH}_4\text{prod}Q_{10})\times f_{pH} \tag{7-26}$$

式中，$K_{CH_4\text{prod}}$ 为 CH_4 生成比例；Grow$_{\text{Acemethanogens}}$ 为乙酸营养型的产 CH_4 菌的生长效率；Acecons 为乙酸消耗速率（mol/m^3/d）；$V_{\text{Acecons, max}}$ 为最大的乙酸消耗速率（mol/m^3/d）；Acemethanogens 为乙酸营养型的产 CH_4 菌的微生物生物量（mol/m^3）；Ace 为乙酸浓度（mol/m^3）；$K_{\text{AceprodCH}_4}$ 为对应于乙酸的半饱和系数（mol/m^3）；CH$_4$prodQ_{10} 为在乙酸消耗过程中 CH_4 生成的温度敏感性。

（6）CH_4 氧化速率 $R_{\text{oxid, CH}_4}$（mol/m^3/d）。

$$R_{\text{oxid, CH}_4}=V_{\text{CH}_4\text{oxid, max}}\times\text{Methanotrophs}\times\frac{[CH_4]}{K_{\text{CH}_4\text{oxidCH}_4}+[CH_4]}\times\frac{[O_2]}{K_{\text{CH}_4\text{oxidO}_2}+[O_2]}\times f_T(\text{CH}_4\text{oxid}Q_{10})\times f_{pH} \tag{7-27}$$

式中，$V_{CH_4oxid,max}$ 为最大的 CH_4 氧化速率（mol/mol³/d）；Methanotrophs 为 CH_4 氧化菌的微生物生物量（mol/m³）；$[CH_4]$ 为 CH_4 浓度（mol/m³）；$K_{CH_4oxidCH_4}$ 和 $K_{CH_4oxidO_2}$ 分别为对应于 CH_4 和 O_2 的半饱和系数（mol/m³）；CH_4oxidQ_{10} 为 CH_4 氧化的温度敏感性。

（7）有氧呼吸过程中 O_2 的消耗速率 K_{aer}（mol/m³/d）。

$$R_{aero}=K_{aer}\times\frac{DOC}{K_{aerDOC}+DOC}\times\frac{[O_2]}{K_{aerO_2}+[O_2]}\times f_T(DOCprodQ_{10})\times f_{pH} \tag{7-28}$$

式中，K_{aer} 为有氧呼吸过程中 O_2 的消耗速率（mol/m³/d）；K_{aerDOC} 和 K_{aerO_2} 分别为对应于 DOC 和 O_2 的半饱和系数（mol/m³）。

（8）土壤剖面内的分子扩散通量 $F_{diff,X}$（mol/m²/d）。

土壤不同层间的分子扩散通量采用菲克（Fick's）第一定律计算，即分子扩散通量 $F_{diff,X}$ 取决于组分 X 的垂直浓度梯度及其扩散系数：

$$F_{diff,X}=D_X\frac{\partial C_X}{\partial z} \tag{7-29}$$

式中，D_X 为组分 X 的实际扩散系数（m²/s）。采用 Crank-Nicholson 差分求解方法对公式予以求解。

水气交互界面上从土壤表层进入大气的分子扩散通量，主要基于 Wania 等（2010）的方法进行计算，为

$$F_{diff,X}=-\varphi_X\times(C_{surf,X}-C_{eq,X}) \tag{7-30}$$

式中，φ_X 为组分 X 的传输速率（cm/h）；$C_{surf,X}$ 为土壤表层组分 X 的浓度（mol/m³）；$C_{eq,X}$ 为组分 X 在大气中的等价浓度（mol/m³）。$C_{eq,X}$ 可通过气体分压 PP_X（Pa）换算得到。

（9）植物通气组织的组分 X 的传输通量 $Q_{plant,X}$（mol/m³/d）。

植物介质的传输是一个由气体浓度梯度驱动并通过通气组织的扩散过程（Riley et al.，2011）。参考 Stephen 等（1998）的方法，植物介质的传输通量计算如下：

$$Q_{plant,X}=\frac{D_{air,X}}{\tau}\times\varepsilon(z)\times\frac{C_X(z,t)-C_{eq,X}}{z} \tag{7-31}$$

式中，$Q_{plant,X}$ 为通过植物通气组织的组分 X 的传输通量（mol/m³/d）；$\varepsilon(z)$ 为在深度 z 处的根部横截面积密度（m²/m³）；τ 为根部曲折度。本研究亦将各气体在空气中的实际扩散系数作为各气体在根系中的扩散系数。

（10）组分 X 的气泡传输速率 $Q_{ebull,X}$（mol/m³/d）。

气泡传输是出现在水填充的土壤中的一个相对快速的过程，当溶解气体的总的分压超过大气和水文压力时，即 $\sum_X PP_X(z)>P_{atm}+P_{hyd}$，气泡传输出现。采用 Raivonen 等（2017），基于静水平衡而非浓度阈值的算法：

$$Q_{\mathrm{ebull},\,X}=k\times\frac{\sigma\times f_{\mathrm{ebull}}(z)\times \mathrm{PP}_X(z)}{RT} \tag{7-32}$$

式中，k 为气泡速率常数（1/d）；σ 为土壤孔隙度；R 为气体常数（J/mol/K）；T 为土壤温度（K）。

气泡传输的比例 $f_{\mathrm{ebull}}(z)$ 计算公式为

$$f_{\mathrm{ebull}}(z)=\frac{\sum_X \mathrm{PP}_X(z)-(P_{\mathrm{atm}}+P_{\mathrm{hyd}})}{\sum_X \mathrm{PP}_X(z)} \tag{7-33}$$

式中，P_{atm} 和 P_{hyd} 分别为大气和水文压力（Pa）。

7.2.3　大气反演方法

《2006 年 IPCC 国家温室气体清单指南》（2019 修订版）中首次完整地提出了基于大气浓度（遥感测量和地面基站）反演温室气体排放清单的方法，在实践中成为各国温室气体排放清单检验和校正的重要手段。地表 CH_4 排放清单的大气反演本质是基于先验地表 CH_4 排放清单数据和大气化学输送模型（chemical transport model，CTM），利用反演算法最小化地表 CH_4 排放清单先验估计的不确定性，求解后验地表 CH_4 排放通量（Brasseur and Jacob，2017；Lu et al.，2021），主要包括先验地表 CH_4 排放清单、大气 CH_4 浓度观测数据、前向模型和反演算法等模块（图 7-4）。大气 CH_4 浓度和地表 CH_4 排放清单的关系可表示为

$$y=F(x)+\varepsilon \tag{7-34}$$

式中，y 为大气 CH_4 浓度观测数据；F 为前向模型（即大气化学输送模型）；x 为待反演参量（即地表 CH_4 排放清单通量）；ε 为观测误差，包括随机误差和系统误差。

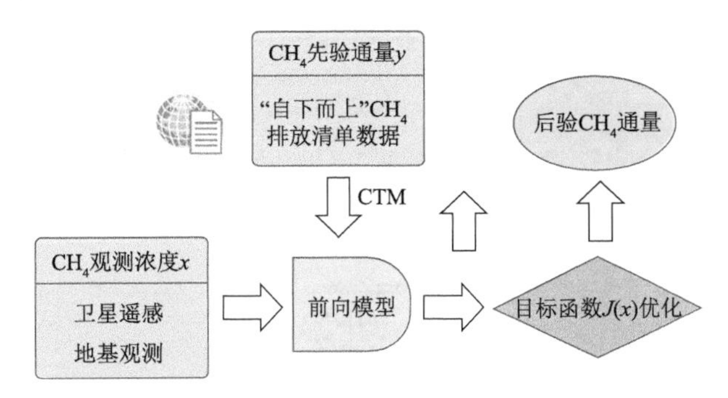

图 7-4　地表 CH_4 排放量的大气反演流程示意图

7.2.3.1　先验地表 CH_4 排放清单

在全球尺度的地表 CH_4 排放量的大气反演中，先验地表 CH_4 排放清单的数据大多来自排放因子法、生态系统过程模型等“自下而上”方法的估算，常用“自下而上”方法

估计的 CH_4 排放清单包括 EDGAR 全球源清单、WetCHARTs 湿地排放清单、GFED 火灾排放清单等。

7.2.3.2 大气 CH_4 浓度观测

大气 CH_4 浓度观测方式包括地表空气取样观测、地基遥感观测、塔基原位观测、飞机观测和卫星遥感观测（图 7-5），目前地表 CH_4 排放清单的大气反演所需要数据主要基于卫星遥感观测和地基遥感观测。地基遥感观测是最原始的大气成分探测方式，目前国际上基于数据标准化原则建立了高空间分辨率的地基观测网络：总碳柱观测网络（TCCON）、探测大气成分变化网络（NDACC）和协同碳柱观测网络（COCCON），为地表 CH_4 排放清单的反演提供了关键的基础和定标大气 CH_4 浓度数据。卫星遥感具有客观、连续、稳定、大范围、重复观测的优点。迄今，国际上欧盟、日本、美国、加拿大和中国相继发射了具备大气 CH_4 浓度观测能力的卫星（表 7-1），为全球 CH_4 浓度的时空分布及变化特征研究提供了大量数据资料。

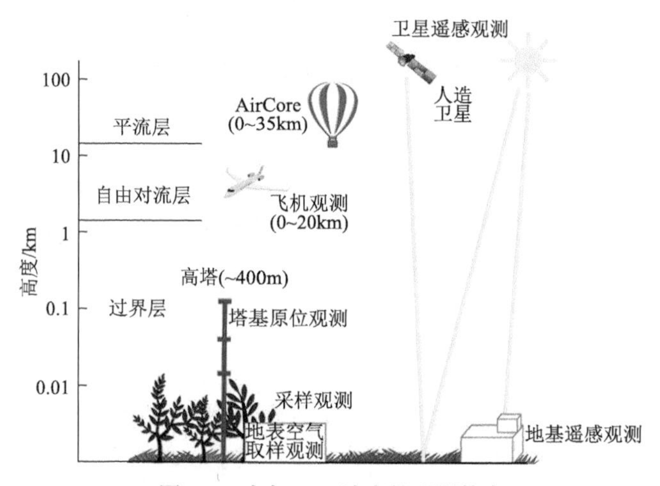

图 7-5 大气 CH_4 浓度的观测技术

表 7-1 大气 CH_4 浓度主要观测卫星信息

卫星名称	所属国家或组织	发射时间	轨道/km	浓度精度/ppbv	空间分辨率
Envisat	欧盟	2002 年（2012 年失联）	772		32 km×60km
GOSAT	日本	2009 年	666	34	10.5km × 10.5km
GHGSat	加拿大	2016 年，2020 年，2021 年	520	18	0.03km×0.03km
TROPOMI	欧盟	2017 年	824	5.6	7km×5.5km
FY-3D	中国	2017 年	836.4		10km × 10km
GF-5	中国	2018 年	708		10.5km × 10.5km
GOSAT-2	日本	2018 年	613	5	9.7km × 9.7km
GEOCARB	美国	2022 年	35400	10	3km×6km

7.2.3.3 前向模型

前向模型用于构建地表 CH_4 排放清单与大气 CH_4 浓度观测数据的关系，通常利用大气化学输送模型来构建，主要包括 GEOS-CHEM、TM5、CAM、TOMCAT、MOZART 以及 ACCESS 等。通过在前向模型（即大气化学输送模型）输入初始和边界条件、气象场和地表 CH_4 排放清单数据及其他信息，对 CH_4 在大气中的物理和化学行为进行模拟，从而获得大气 CH_4 浓度的时空分布动态，可用于与大气 CH_4 浓度的观测值进行比较。由于 CH_4 排放源以面源为主，CH_4 的大气化学输送模拟大部分采用的模式是欧拉模式，也称为场模式，可以模拟区域范围内每个网格的物质浓度随时间的变化，再计算每个网格单元内部的排放、沉降、化学和气溶胶过程，并计算网格单元之间的传输过程。不同大气化学输送模型的空间分辨率、边界层参数化、对流层平流层传输、跨南北半球的 CH_4 传输等方面不尽相同，各有不同的适用范围，不同大气化学输送模型的模拟偏差对 CH_4 传输模拟结果有显著影响。

7.2.3.4 反演算法

利用大气 CH_4 观测浓度通过大气化学输送模型反向优化地表 CH_4 排放清单先验估计的反演算法主要基于贝叶斯估计理论构建约束方法：对大气 CH_4 浓度实测数据和先验估计地表 CH_4 排放量进行高斯概率假设，以地表 CH_4 排放清单先验估计的不确定性和大气 CH_4 浓度实测值的不确定性为出发点，通过最小化上述两个不确定性的综合贡献（即代价函数）来获得后验地表 CH_4 排放清单的最优估计。基于贝叶斯估计理论的代价函数表示如下：

$$J(x)=\frac{1}{2}(x-x_{\mathrm{a}})^{\mathrm{T}}B^{-1}(x-x_{\mathrm{a}})+\frac{1}{2}(y-Hx)^{\mathrm{T}}R^{-1}(y-Hx) \tag{7-35}$$

式中，x_{a} 为地表 CH_4 排放清单先验估计向量；B 为先验误差协方差矩阵；R 为观测误差协方差矩阵；H 为模型算子（model operator），用于完成从 x 向量空间向 y 向量空间的转换，包含大气化学输送模型内部数据转化及输出结果和大气 CH_4 浓度实测数据间的时空分辨率转换。

通过求解 $\frac{\mathrm{d}J(x)}{\mathrm{d}x}=0$，得到最优化后验 CH_4 估计 x 的表达式：

$$x=x_{\mathrm{a}}+BH^{\mathrm{T}}(H^{\mathrm{T}}BH+R)^{-1}\left[y-H(x_{\mathrm{a}})\right] \tag{7-36}$$

随着大气 CH_4 浓度观测站的增加或卫星观测数据在时间上的积累，更多的大气 CH_4 浓度实测数据有利于进一步降低地面 CH_4 排放源估计的不确定性。为了将更多的大气 CH_4 浓度实测数据应用于地表 CH_4 排放清单的反演，最新研究会采用效率更高的数据同化技术，如四维变分（four-dimensional variational，4D-VAR）及集合卡尔曼滤波（ensemble kalman filter，EnKF），并通过利用递归迭代的数值计算方法取代解析求解的思路，使得

x 向量空间不仅包含地表 CH_4 排放清单的先验估计，更可以将初始场的各个分量以及大气化学输送模型的其他参数一并纳入。

7.3 全球和中国 CH_4 收支

7.3.1 全球 CH_4 收支

全球 CH_4 收支研究通常需要整合采用不同假设和不同评估方法、涵盖不同时间窗口的各项研究，各源汇过程的通量估算存在挑战。“全球碳计划”综合了大量“自下而上”（基于过程的模型、人为源排放清单等）和“自上而下”（大气反演）的 CH_4 排放核算方法，报告了 1980～2009 年期间的全球 CH_4 平均源和汇通量，并提供了各区域和部门的详细 CH_4 收支信息（Kirschke et al.，2013）。之后，Saunois 等（2016）报告了 2000～2012 年全球 CH_4 收支情况；Saunois 等（2020）报告了 2000～2017 年期间的全球 CH_4 收支情况。在 2000～2017 年期间，全球 CH_4 排放量每年平均增加 9%（约 50Tg CH_4/a），2017 年全球 CH_4 排放量达 596Tg CH_4/a，自然排放的最大来源是湿地，人类活动引起的排放约占 60%，其中农业和废弃物处理的年排放量占人为排放总量的 56%，畜牧业排放约占人为排放总量的 30%（表 7-2）；全球被划分为 19 个 CH_4 排放区域（18 个陆地生态系统和 1 个海洋生态系统）和 5 个关键来源地区，全球 CH_4 排放量有 65%来自热带，30%来自北半球中纬度地区，5 个关键地区（中国、东南亚、美国、南亚和巴西）的排放量占全球总排放量的 40%以上，中国和中东 CH_4 排放速率增幅最大，局部地区增幅超过 20%，而欧洲、韩国和日本 CH_4 排放速率稳步下降。IPCC（2021）发布的 2008～2017 年全球 CH_4 源汇收支情况与“全球碳计划”（GCP）报告大致相当，如图 7-6 所示。

表 7-2 全球甲烷源汇通量（Saunois et al.，2020）（单位：Tg CH_4 /a）

项目	2000～2009 年		2008～2017 年		2017 年	
	自下而上	自上而下	自下而上	自上而下	自下而上	自上而下
自然源	369 (245～485)	215 (176～243)	371 (245～488)	218 (183～248)	367 (243～489)	232 (194～267)
天然湿地	147 (102～179)	180 (153～196)	149 (102～182)	181 (159～200)	145 (100～183)	194 (155～217)
其他自然资源	222 (143～306)	35 (21～47)	222 (143～306)	37 (21～50)	222 (143～306)	39 (21～50)
其他土地资源	209 (134～284)					
淡水（湖泊和河流）	159 (117～212)					
地质源（陆地）	38 (13～53)					
野生动物	2 (1～3)					
白蚁	9 (3～15)					
永久冻土（不含湖泊和河流）	(0～1)					

续表

项目	2000～2009 年		2008～2017 年		2017 年	
	自下而上	自上而下	自下而上	自上而下	自下而上	自上而下
海洋资源	13 (9～22)					
地质源（海洋）	7 (5～12)					
水合物	6 (4～10)					
人为源	334 (321～358)	332 (312～347)	366 (349～393)	359 (336～376)	380 (359～407)	364 (340～381)
农业源和废弃物	192 (178～206)	202 (198～219)	206 (191～223)	217 (207～240)	213 (198～232)	227 (205～246)
肠道发酵和粪便	104 (93～109)		111 (106～116)		115 (110～121)	
垃圾填埋和废弃物	60 (55～63)		65 (60～69)		68 (64～71)	
水稻种植	28 (23～34)		30 (25～38)		30 (24～40)	
化石燃料	110 (94～129)	101 (71～151)	128 (113～154)	111 (81～131)	135 (121～164)	108 (91～121)
煤炭开采	32 (24～42)		42 (29～61)		44 (31～63)	
石油和天然气	73 (60～85)				84 (72～97)	
工业	2 (0～6)		3 (0～7)		3 (0～8)	
交通运输	4 (1～11)		4 (1～12)		4 (1～13)	
生物质和生物燃料燃烧	31 (26～46)	29 (23～35)	30 (26～40)	30 (22～36)	29 (24～38)	28 (25～32)
生物质燃烧	19 (15～32)		17 (14～26)			16 (11～24)
生物燃料燃烧	12 (9～14)		12 (10～14)			13 (10～14)
去除汇	625 (500～798)	540 (486～556)	625 (500～798)	556 (501～574)	625 (500～798)	571 (540～585)
总化学损失	595 (489～749)	505 (459～516)	595 (489～749)	518 (474～532)	595 (489～749)	531(502～540)
对流层 OH	553 (476～677)					
平流层损失	31 (12～37)					
对流层 Cl	11 (1～35)					
土壤吸收	30 (11～49)	34 (27～41)	30 (11～49)	38 (27～45)	30 (11～49)	40 (37～47)
总计 源	703 (566～842)	547 (524～560)	737 (594～881)	576 (550～594)	747 (602～896)	596 (572～614)
总计 汇	625 (500～798)	540 (486～556)	625 (500～798)	556 (501～574)	625 (500～798)	571 (540～585)
总计 源汇差额	78	3 (−10～38)	112	13 (0～49)	120	12 (0～41)
总计 大气增长率		5.8 (4.9～6.6)		18.2 (17.3～19.0)		16.8 (14.0～19.5)

注：表中数据括号外的为平均值，括号内的为最小值至最大值。

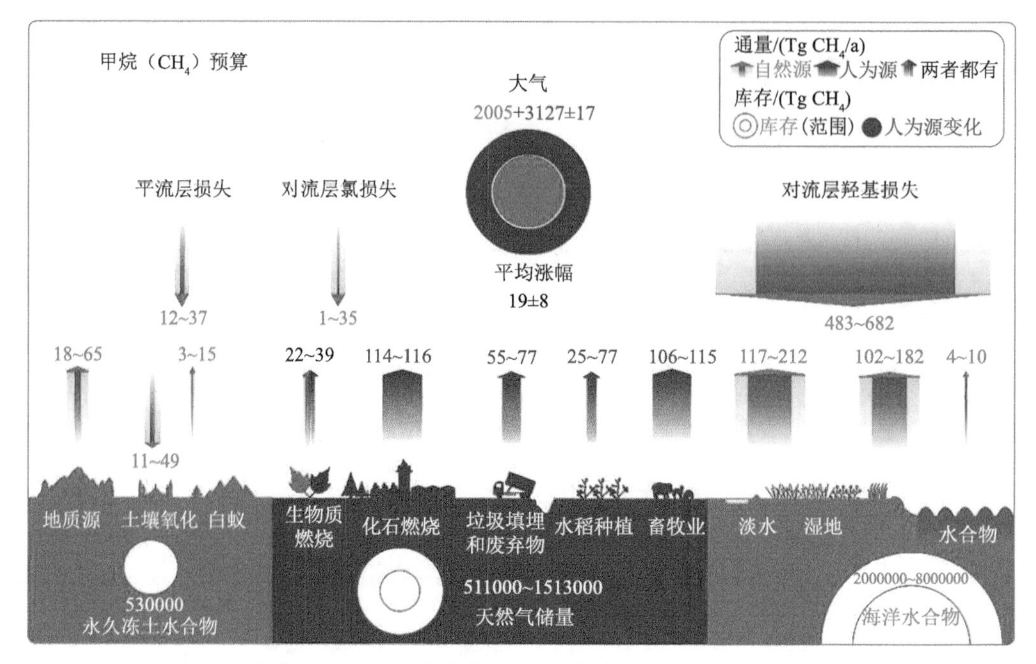

图 7-6　全球 2008～2017 年期间 CH_4 收支情况示意图（IPCC，2021）

7.3.2　中国 CH_4 排放清单

中国各源汇过程 CH_4 通量的准确估算和整合研究都较缺乏，人为源 CH_4 排放清单研究相对较多，但主要是基于“自下而上”排放因子法得出，尚存在较大不确定性。1994～2014 年期间，依据《联合国气候变化框架公约》要求，我国定期报告的国家温室气体清单中的 CH_4 排放量为 34.3～56.0Tg CH_4/a，人为源 CH_4 排放占 90%以上，其中能源和农业领域的排放最为重要（表 7-3）。Peng 等（2016）则发现我国 CH_4 排放量从 1980 年的 24.4Tg CH_4 /a 增加到 2010 年的 45.0Tg CH_4/a，2010 年后排放增长放缓，其中 2005 年前的 CH_4 最大来源部门为水稻种植，2005 年后煤炭开采是最重要的来源部门。然而，Lin 等（2021）发现基于不同“自下而上”方法清单得到的 2010 年 CH_4 排放量存在差异，为 44.4～57.5Tg CH_4/a，且个别部门的相对差异较大。

表 7-3　我国历年国家温室气体清单中的 CH_4 排放清单（单位：Tg CH_4/a）

项目	1994 年	2005 年	2010 年	2012 年	2014 年
废弃物处置	7.72	3.82	4.401	5.423	6.564
肠道发酵和粪便	11.049	17.24	13.377	14.074	13.011
水稻种植	6.147	7.93	8.729	8.458	8.911
农业废弃物田间焚烧			0.307	0.354	0.323
燃料燃烧		2.29	3	2.62	2.614
煤炭开采	7.10	12.92	22.87	23.847	21.015
石油和天然气	0.124	0.22	0.964	1.119	1.127

续表

项目	1994 年	2005 年	2010 年	2012 年	2014 年
工业			0.005	0.006	0.006
生物质燃烧	2.147				
土地利用变化和林业		0.031	1.74	0.14	1.72
总量	34.3	44.4	55.4	56.0	55.3

近年来，由于地基和卫星遥感大气 CH_4 浓度观测数据的增加及大气化学传输模型的开发，我国学者基于“自上而下”方法开展了多次全球或区域 CH_4 排放清单反演。例如，Chen 等（2022）基于哨兵-5P（Sentinel-5P）卫星上对流层观测仪（TROPOMI）数据的反演表明：我国 2019 年 CH_4 总排放量为 70.0（61.6～79.9）Tg CH_4/a，其中人为排放量为 65.0（57.7～68.4）Tg CH_4/a，包括煤炭 16.6（15.6～17.6）Tg CH_4/a、石油 2.3（1.8～2.5）Tg CH_4/a、天然气 0.29（0.23～0.32）Tg CH_4/a，畜牧业 17.8（15.1～21.0）Tg CH_4/a，废弃物处理 9.3（8.2～9.9）Tg CH_4/a，水稻种植 11.9（10.7～12.7）Tg CH_4/a，其他来源 6.7（5.8～7.1）Tg CH_4/a。总体而言，2010 年前，“自上而下”方法估计的我国 CH_4 排放量呈现持续增长趋势，与“自下而上”方法结果一致；2010 年后，“自上而下”方法估计的我国的人为源 CH_4 排放增长量高于“自下而上”的清单结果。

7.4 中国 CH_4 减排路径

2021 年 8 月，IPCC 第六次评估报告中特别强调了 CH_4 减排是减缓短期气候升温速度及改善空气质量的重要手段（IPCC，2021）。2021 年 11 月，《联合国气候变化框架公约》第二十六次缔约方大会（COP26）期间，美国与欧盟发起了由 100 多个国家共同签署的《全球甲烷承诺》，计划到 2030 年，将全球 CH_4 排放量较当前水平至少减少 30%（“3030 承诺”）。中国虽然未签署该承诺，但与美国达成并发布了《中美关于在 21 世纪 20 年代强化气候行动的格拉斯哥联合宣言》，提出两国特别认识到，甲烷排放对于升温的显著影响，认为加大行动控制和减少甲烷排放是 21 世纪 20 年代的必要事项。同时，我国历来重视 CH_4 排放的控制工作，自 2014 年以来已出台不少涵盖 CH_4 控排内容的政策文件（表 7-4），目前 CH_4 控排已被写入我国“十四五”规划和 2035 年远景目标纲要等一系列政策中，完善了国家层面 CH_4 减排的顶层设计。

表 7-4 我国 CH_4 减排行动概况（张博等，2022）

时间	部门	事件	内容
2014 年 6 月 7 日	国务院	《能源发展战略行动计划（2014—2020 年）》	重点突破页岩气和煤层气开发，加快实施大型油气田及煤层气开发国家科技重大专项
2014 年 12 月 3 日	国家发展和改革委员会	《中国石油天然气生产企业温室气体排放核算方法与报告指南》	开展碳排放权交易、实施企业温室气体排放报告制度、完善温室气体排放统计核算体系等相关工作

续表

时间	部门	事件	内容
2014年12月3日	国家发展和改革委员会	《中国煤炭生产企业温室气体排放核算方法与报告指南（试行）》	帮助煤炭生产企业准确核算和规范报告温室气体排放量，科学制定温室气体排放控制行动方案及对策
2016年11月4日	国务院	《"十三五"控制温室气体排放工作方案》	优化利用化石能源，积极开发利用天然气、煤层气、页岩气，加强放空天然气和油田伴生气回收利用
2016年11月24日	国家能源局	《煤层气（煤矿瓦斯）开发利用"十三五"规划》	加快煤层气（煤矿瓦斯）开发利用，对保障煤矿安全生产、增加清洁能源供应、减少温室气体排放具有重要意义
2019年10月30日	国家发展和改革委员会	《产业结构调整指导目录（2019年本）》	鼓励煤层气勘探、开发、利用和煤矿瓦斯抽采、利用
2020年11月4日	生态环境部、国家发展和改革委员会、国家能源局	《关于进一步加强煤炭资源开发环境影响评价管理的通知》	CH_4体积浓度大于等于8%的抽采瓦斯，在确保安全的前提下，应进行综合利用；鼓励对CH_4体积浓度在2%（含）至8%的抽采瓦斯以及乏风瓦斯，探索开展综合利用
2021年1月11日	生态环境部	《关于统筹和加强应对气候变化与生态环境保护相关工作的指导意见》	协同控制CH_4、氧化亚氮等温室气体。鼓励各地积极探索协同控制温室气体和污染物排放的创新举措和有效机制
2021年3月11日	第十三届全国人民代表大会第四次会议	《中华人民共和国国民经济和社会发展第十四个五年规划和2035年远景目标纲要》	落实2030年应对气候变化国家自主贡献目标，加大CH_4、氢氟碳化物、全氟化碳等其他温室气体控制力
2021年9月12日	中共中央办公厅、国务院办公厅	《关于深化生态保护补偿制度改革的意见》	将具有生态、社会等多种效益的林业、可再生能源、CH_4利用等领域温室气体自愿减排项目纳入全国碳排放权交易市场
2021年10月24日	中共中央、国务院	《关于完整准确全面贯彻新发展理念做好碳达峰碳中和工作的意见》	提到加强CH_4等非二氧化碳温室气体管控；加快推进页岩气、煤层气、致密油气等非常规油气资源规模化开发
2021年10月24日	国务院	《2030年前碳达峰行动方案》	加快推进页岩气、煤层气、致密油（气）等非常规油气资源规模化开发
2021年10月27日	国务院新闻办	《中国应对气候变化的政策与行动》	成立"中国油气企业CH_4控排联盟"，推进全产业链CH_4控排行动
2021年11月2日	中共中央、国务院	《关于深入打好污染防治攻坚战的意见》	落实2030年应对气候变化国家自主贡献目标，加强CH_4等非二氧化碳温室气体排放管控
2022年1月29日	国家发展和改革委员会、国家能源局	《"十四五"现代能源体系规划》	提出要加大油气田CH_4采收利用力度，推进化石能源减排
2022年5月7日	农业农村部、国家发展和改革委员会	《农业农村减排固碳实施方案》	部署在种植业、畜牧业和渔业三个领域降低稻田甲烷排放、降低反刍动物肠道CH_4排放强度、减少畜禽粪污管理的CH_4和氧化亚氮排放等重点任务，将稻田CH_4减排行动列为"十大行动"之一
2023年11月7日	生态环境部等11部门	《甲烷排放控制行动方案》	加强CH_4排放管理控制，处理好CH_4管控和能源安全、粮食安全、产业链供应链安全和保障人民生活等方面的关系，积极推动落实重点领域CH_4管控任务与措施，推动降碳、减污、扩绿、增长

续表

时间	部门	事件	内容
2022年11月17日	生态环境部办公厅	《气候投融资试点地方气候投融资项目入库参考标准》	将减少CH_4逃逸排放项目纳入气候投融资支持范围

美国、欧盟等发达国家或地区已积累了丰富的CH_4排放控制技术和实践经验，尤其是在能源领域，但我国CH_4减排主要以提高资源回收利用和保障煤矿安全为目的，其他领域的减排手段较为缺乏。因此，亟须建立适合我国国情的CH_4减排路径，如制定完善的CH_4排放技术标准，健全监测机制，进一步摸清排放底数；建立CH_4自愿减排交易体系，强化金融财税政策支持，实施经济激励；加强大气级、场地级和设备级CH_4排放监测、统计、校验、模拟等基础研究，强化科技攻关，研发先进的CH_4监测与控制技术和装备等；开展广泛的工程实践，识别具有成本效益的减排与利用技术，推动重大示范工程等。我国是最大的人为源CH_4排放国家，人为源CH_4的减排至关重要，针对CH_4人为源排放主要部门的具体减排措施可包括如下。

7.4.1 能源领域

煤炭行业的CH_4排放80%发生在煤矿开采环节，而油气行业的CH_4排放贯穿于上游、中游和下游环节。因此，煤炭行业的CH_4减排主要是通过煤矿CH_4和风排瓦斯的回收等措施，可实现50%～75%的减排。石油天然气行业的CH_4减排则可以通过不同时间和空间尺度的泄漏检测和修复来实现，约50%的油气设施CH_4减排可以在净负成本下（回收价格高于减排成本）实现。2021年10月，我国正式提交的国家自主贡献（NDCs）文件中，也首次明确了能源领域CH_4减排的方向：重点通过合理控制煤炭产能、提高瓦斯抽采利用率，以及控制石化行业挥发性有机物排放量、鼓励采用绿色完井、推广伴生气回收技术等举措，有效控制煤炭、油气开采甲烷排放，是我国能源领域CH_4减排的里程碑式事件。

7.4.2 农业领域

畜牧业的CH_4减排措施集中在家畜肠道发酵和畜禽粪便管理两方面。家畜肠道发酵方面的CH_4减排措施包括：改进养殖设施，调整养殖结构，推进规模化养殖；培育高生产性能品种，改善饲养管理，提高畜群生产力；提高饲草料品质，优化日粮配方；通过各类添加剂调控瘤胃微生物区系，抑制胃肠道产CH_4菌数量及阻断CH_4生成途径等。畜禽粪便管理方面的CH_4减排措施包括：推行粪便资源化，如将粪便进行堆肥或转换成沼气；采用干湿分离清理法，而干粪可作为蚯蚓等特种养殖的基质等。

水稻种植业的CH_4减排措施包括优选育种、改进耕作方式、改善农业废弃物处理、科学施肥及土壤修复等方面。例如，育种方面：选择产量高、稳产性好但CH_4排放量低的优良水稻品种等；耕作方面：采用间歇灌溉模式，免耕少耕；农业废弃物处理方面：减少秸秆燃烧，提高生物质利用率等；科学施肥方面：采用适当的施氮水平、减少有机肥或有机肥堆肥发酵后还田、配施生物抑制剂等；土壤修复方面：降低土壤 pH 和土壤湿度。

7.4.3 废弃物处理领域

废弃物处理领域的 CH_4 减排措施主要以环保和资源再利用为出发点。固体废弃物填埋处理中的 CH_4 减排措施包括：开展垃圾分类与回收利用从源头上减少填埋量，开展填埋气回收处理等；其中，末端垃圾填埋气经收集提纯后可以实现能源利用，而不具有利用价值的填埋气，可借助热点网格识别等技术发现，并采用生物氧化技术，对残留的 CH_4 进行中和；另外，也可以用焚烧或其他新技术替代填埋方式。废水处理中的 CH_4 减排措施主要包括使用具有 CH_4 回收和燃烧处理功能的厌氧系统替代传统的污水或污泥氧化处理系统。

课后思考

1. 简述 CH_4 的主要源汇过程。
2. 列举 CH_4 排放核算方法及其特点与适用范围。
3. 围绕我国 CH_4 排放特征，探讨现有 CH_4 减排技术与措施的可行性。

参 考 文 献

张博, 李蕙竹, 仲冰, 等. 2022. 中国甲烷控排面临的形势、问题与对策. 中国矿业, 31(2): 1-10.

Allan W, Lowe D C, Gomez A J, et al. 2005. Interannual variation of ^{13}C in tropospheric methane: implications for a possible atomic chlorine sink in the marine boundary layer. Journal of Geophysical Research-Atmosphere, 110: D11306.

Brasseur G, Jacob D. 2017. Inverse modeling for atmospheric chemistry. In Modeling of atmospheric chemistry. Cambridge: Cambridge University Press.

Bridgham S D, Cadillo-Quiroz H, Keller J K, et al. 2013. Methane emissions from wetlands: biogeochemical, microbial, and modeling perspectives from local to global scales. Global Change Biology, 19: 1325-1346.

Caldwell S L, Laidler J R, Brewer E A, et al. 2008. Anaerobic oxidation of methane: mechanisms, bioenergetics, and the ecology of associated microorganisms. Environmental Science & Technology, 42(18): 6791-6799.

Cicerone R J, Oremland R S. 1988. Biogeochemical aspects of atmospheric methane. Global Biogeochemical Cycles, 2(4): 299-327.

Chen Z C, Jacob D J, Nesser H, et al. 2022. Methane emissions from China: a high-resolution inversion of TROPOMI satellite observations. Atmospheric Chemistry and Physics, 22: 10809-10826.

Dean J F, Middelburg J J, Röckmann T, et al. 2018. Methane feedbacks to the global climate system in a warmer world. Reviews of Geophysics, 56: 207-250.

Evans P N, Boyd J A, Leu A O, et al. 2019. An evolving view of methane metabolism in the Archaea. Nature Reviews Microbiology, 17(4): 219-232.

Etiope G, Lollar B S. 2013. Abiotic methane on earth. Reviews of Geophysics, 51 (2) : 276-299.

Glodowska M, Welte C U, Kurth J M. 2022. Metabolic potential of anaerobic methane oxidizing archaea for a broad spectrum of electron acceptors. Advances in Microbial Physiology, 80: 157-201.

Hanson R S, Hanson T E. 1996. Methanotrophic bacteria. Microbiology Review, 60 (2) : 439-471.

IPCC. 2014. Climate Change 2013: The Physical Science Basis. Cambridge UK and New York, NY USA: Cambridge University Press.

IPCC. 2021. Climate Change 2022: The Physical Science Basis. Contribution of Working Group I to the Sixth Assessment Report of the Intergovernmental Panel on Climate Change. Cambridge, UK and New York, NY, USA: Cambridge University Press.

Jackson R B, Saunois M, Bousquet P, et al. 2020. Increasing anthropogenic methane emissions arise equally from agricultural and fossil fuel sources. Environmental Research Letters, 15 (7) : 071002.

Kirschke S, Bousquet P, Ciais P, et al. 2013. Three decades of global methane sources and sinks. Nature Geoscience, 6: 813-823.

Knief C. 2015. Diversity and habitat preferences of cultivated and uncultivated aerobic methanotrophic bacteria evaluated based on *pmoA* as molecular marker. Frontiers in Microbiology, 6: 1346.

Lan X, Thoning K W, Dlugokencky E J. 2023. Trends in globally-averaged CH_4, N_2O, and SF_6 determined from NOAA Global Monitoring Laboratory measurements. https://doi.org/10.15138/P8XG-AA10 [2023-10-23].

Li T, Huang Y, Zhang W, et al. 2010. CH_4MODwetland: a biogeophysical model for simulating methane emissions from natural wetlands. Ecological Modelling, 221 (4) : 666-680.

Lin X H, Zhang W, Crippa M, et al. 2021. A comparative study of anthropogenic CH_4 emissions over China based on the ensembles of bottom-up inventories. Earth System Science Data, 13: 1073-1088.

Liu Y, Whitman W B. 2008. Metabolic, phylogenetic, and ecological diversity of the methanogenic archaea. Annals of the New York Academy of Sciences, 1125 (1) : 171-189.

Lu X, Jacob D J, Zhang Y Z, et al. 2021. Global methane budget and trend, 2010–2017: complementarity of inverse analyses using in situ (GLOBALVIEWplus CH_4 ObsPack) and satellite (GOSAT) observations. Atmospheric Chemistry and Physics, 21: 4637-4657.

Peng S H, Piao S L, Bousquet P, et al. 2016. Inventory of anthropogenic methane emissions in mainland China from 1980 to 2010. Atmospheric Chemistry and Physics, 16: 14545-14562.

Raivonen M, Smolander S, Backman L, et al. 2017. HIMMELI v1.0: HelsinkI Model of MEthane buiLdup and emIssion for peatlands. Geoscientific Model Development, 10: 4665-4691.

Riley W J, Subin Z M, Lawrence D M, et al. 2011. Barriers to predicting changes in global terrestrial methane fluxes: analyses using CLM4Me, a methane biogeochemistry model integrated in CESM. Biogeosciences, 8: 1925-1953.

Saunois M, Bousquet P, Poulter B, et al. 2016. The global methane budget 2000–2012. Earth System Science Data, 8: 697-751.

Saunois M, Stavert A R, Poulter B, et al. 2020. The global methane budget 2000—2017. Earth System Science Data, 12: 1561-1623.

Song C, Luan J, Xu X, et al. 2020. A microbial functional group-based CH_4 model integrated into a terrestrial ecosystem model: model structure, site-level evaluation, and sensitivity analysis. Journal of Advances in Modeling Earth Systems, 12: e2019MS001867.

Stanley E H, Casson N J, Christel S T, et al. 2016. The ecology of methane in streams and rivers: patterns, controls, and global significance. Ecological Monographs, 86 (2) : 146-171.

Stephen K D, Arah J R, Daulat W, et al. 1998. Root-mediated gas transport in peat determined by argon diffusion. Soil Biology and Biochemistry, 30: 501-508.

Thauer R, Kaster A K, Seedorf H, et al. 2008. Methanogenic archaea: ecologically relevant differences in energy conservation. Nature Reviews Microbiology, 6: 579-591.

Thornton J A, Kercher J P, Riedel T P, et al. 2010. A large atomic chlorine source inferred from mid-continental reactive nitrogen chemistry. Nature, 464: 271-274.

Thompson M A, Krissansen-Totton J, Wogan N, et al. 2022. The case and context for atmospheric methane as an exoplanet biosignature. Proceedings of National Academy of Sciences, 119: e2117933119.

UNEP. 2021. Global Methane Assessment: Benefits and Costs of Mitigating Methane Emissions. Nairobi: UNEP.

Wallmann K, Pinero E, Burwicz E, et al. 2012. The global inventory of methane hydrate in marine sediments: a theoretical approach. Energies, 5(7): 2449-2498.

Wania R, Ross I, Prentice I C. 2010. Implementation and evaluation of a new methane model within a dynamic global vegetation model: LPJ-WHyMe v1.3.1. Geoscientific Model Development: 2010, 3: 565-584.

Wik M, Varner R K, Anthony K W, et al. 2016. Climate-sensitive northern lakes and ponds are critical components of methane release. Nature Geoscience, 9(2): 99-105.

Xu X, Yuan F, Hanson P J, et al. 2016. Reviews and syntheses: four decades of modeling methane cycling in terrestrial ecosystems. Biogeosciences, 13: 3735-3755.

Yuan W, Liu D, Dong W, et al. 2014. Multiyear precipitation reduction strongly decreases carbon uptake over northern China. Journal of Geophysical Research: Biogeosciences, 119: 881-896.

8 氧化亚氮源汇特征及其核算方法

魏静

如第 1 章所述，以 N_2O 为代表的非 CO_2 温室气体排放比例虽然少于 CO_2，但具有更强的温室效应，对全球变暖贡献了约 6%。因此，控制非 CO_2 温室气体排放，对于有效应对全球气候变化、实现温室气体净零排放具有重要作用。2021 年美国发布《迈向 2050 年净零排放长期战略》，表示在未来 30 年内，通过清洁电力投资、交通和建筑电气化、工业转型、减少非 CO_2 温室气体排放，使美国走在温控 1.5℃路径正确道路上，支撑构建更加可持续、更具韧性和更公平的发展愿景。我国在《"十三五" 控制温室气体排放工作方案》也提出了对非 CO_2 温室气体的应对措施，如减少农田 N_2O 排放，控制畜禽非 CO_2 温室气体排放等。《国家应对气候变化规划（2014—2020 年）》也提出了工业生产过程等非能源活动温室气体排放要得到有效控制，如改进硝酸行业生产工艺，采用控排技术显著减少工业 N_2O 排放。这些控制措施对于减缓我国非 CO_2 温室气体排放取得一定的成效。

工业革命以后，随着生产力的大幅提高，世界人口急剧上升，提高粮食生产率成为制约人类生存和发展的关键因素。氮是限制植物生长的关键矿质营养，然而尽管 78%的大气组分为氮气，但除豆科等少量固氮植物外，大部分植物只能利用铵态氮和硝态氮等生物可利用氮，而氮肥的人工生产一直是一个难题。1908 年德国科学家弗里茨・哈伯（Fritz Haber）成功在高温高压及铁化合物催化条件下用氮气和氢气合成氨气，成为人工合成氨的技术性突破。1910 年，德国巴斯夫股份公司工程师卡尔・博施（Carl Bosch）成功把这个实验商业化，并进一步将合成的氨转化为氮肥，自此农业生产进入了大量施用人工合成氮肥的时代。人们把这一人工合成氨工艺称为哈伯法（Haber-Bosch Process），哈伯和博施以此项发明获得 1918 年诺贝尔化学奖。自 1961～2020 年全球人口从 30.9 亿人增长到了 76.3 亿人，与此同时，农业生产中氮肥的施加量从 0.11 亿 t 增加到了 1.13 亿 t。大量氮肥施用显著加剧了全球氮循环，而 N_2O 作为氮循环中的副产物被排放到大气中，成为全球第三种最重要的温室气体。同时，N_2O 排放与气候变化之间存在一种正反馈机制，粮食作物生产中氮肥的使用增加了农业 N_2O 排放，加剧气候变暖，而全球气候变暖又反过来进一步加速 N_2O 排放过程（Tian et al.，2020）。本章将重点阐述：①N_2O 生成过程；②全球 N_2O 收支；③N_2O 排放核算方法；④全球 N_2O 排放特征及减排路径。

8.1 N_2O 生成过程及其主导因素

N_2O 排放过程包括 N_2O 的生成、消耗和物理扩散过程，目前已知的 N_2O 消耗过程以生物还原和光化学降解为主，而 N_2O 的产生机制可分为生物过程、化学过程和其他过程。本节将主要介绍这三种 N_2O 生成机制。

8.1.1 生物过程

微生物硝化和反硝化过程是被长期广泛关注的 N_2O 生物生成途径。在陆地和水生生态系统中，N_2O 作为硝化作用和反硝化作用等氮转化过程的副产物排放到大气中（图 8-1）：在有氧条件下，铵盐（NH_4^+）在氨氧化细菌（ammonia-oxidizing bacteria，AOB）和氨氧化古菌（ammonia-oxidizing archaea，AOA）作用下被依次氧化成羟胺（NH_2OH）和亚硝酸盐（NO_2^-），而 NO_2^- 进一步在 NO_2^- 氧化菌（nitrite-oxidizing bacteria，NOB）的作用下被氧化成硝酸盐（NO_3^-），这一系列的氮氧化过程被称为生物硝化作用（nitrification）；在 NH_4^+ 氧化成 NO_2^- 过程中，为避免 NO_2^- 在细胞中累积，NO_2^- 还原酶（NiR）将 NO_2^- 还原为 N_2O。另外，在厌氧环境下，反硝化微生物将 NO_3^- 还原为 NO_2^-，再将 NO_2^- 依次还原为 NO、N_2O 和 N_2，即生物反硝化作用（denitrification）；当 N_2O 还原酶（NOS）受到外界环境因素的抑制，或环境中本就缺少 N_2O 还原酶时，N_2O 无法完全被还原成 N_2，从而释放到大气中去（Butterbach-Bahl et al.，2013；Wei et al.，2022；Zhu et al.，2013）。根据进行生物硝化和反硝化过程的微生物的呼吸方式，又可将生物硝化分为自养硝化（autotrophic nitrification）和异养硝化（heterotrophic nitrification），将生物反硝化分为自养反硝化（autotrophic denitrification）和异养反硝化（heterotrophic denitrification）。此外，研究发现，环境中的有机氮可以和 NO_2^- 或 NH_2OH 发生反应生成 N_2O，这一 N_2O 生成过程称为耦合反硝化（co-denitrification）（Spott and Stange，2011）。

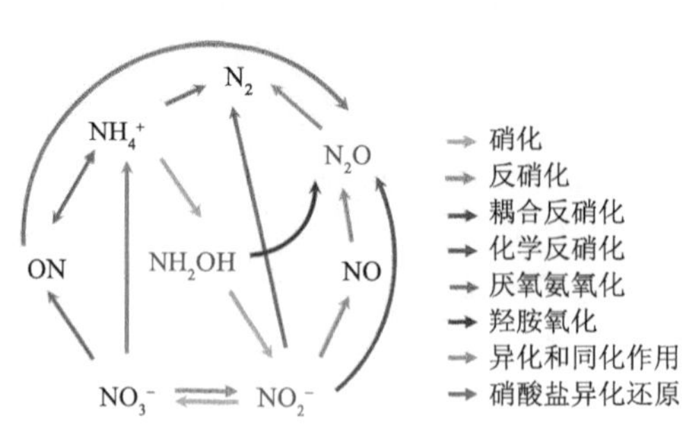

图 8-1 N_2O 生物化学生成过程

概念卡片：

异养硝化：异养硝化微生物（细菌、真菌和放线菌等）在好氧环境中，将还原态氮（无机氮或有机氮）转化为NO_2^-或NO_3^-的过程。

自养硝化：在好氧条件下自养微生物将氨（NH_4^+）氧化为硝酸（NO_3^-），N_2O是自养硝化过程的副产物。

异养反硝化：在厌氧条件下异养微生物将NO_3^-依次还原为NO_2^-、NO和N_2O的过程。异养反硝化过程以有机碳作为电子供体，氮氧化物作为电子受体，伴随CO_2生成，是细胞呼吸的一种形式。

自养反硝化：在微氧环境中自养硝化微生物（主要是氨氧化菌）将NO_2^-依次还原为NO、N_2O和N_2的过程。

环境因子，如温度、酸碱度（pH）、溶解氧（DO）、总有机碳（TOC）和过渡金属化合物等，可通过影响氮转化微生物的丰度和活性来调控N_2O生成过程。反硝化细菌的适宜生长温度为20～40℃，最适pH是6.5～7.5，当温度低于15℃，pH＜5时，反硝化速率明显降低。并且，高DO有利于硝化菌活性，却不利于反硝化菌活性，高TOC有利于异养硝化菌和异养反硝化菌活性，而低TOC/NO_3^-值则有利于反硝化菌活性。此外，金属化合物则是生物化学氧化还原过程中重要的电子传递体：铜离子（Cu_2^+）位于N_2O还原酶（NosZ）活性中心，调控着目前唯一已知的N_2O生物汇的强弱（Gaimster et al.，2017），低Cu_2^+含量不利于NosZ基因表达，进而增加N_2O生成和排放（Sullivan et al.，2013）。生物硝化和反硝化是污水除氮中广泛应用到的生物除氮工艺，通过调控环境因子可优化除氮工艺，降低污水除氮过程中N_2O的排放。

8.1.2 化学过程

近年来越来越多的研究发现，除了广泛被关注的生物硝化和反硝化过程，化学反硝化（chemodenitrification）和化学羟胺氧化（chemical hydroxylamine oxidization）也是重要的N_2O生成机制。

NO_2^-在酸性环境中可与质子结合生成具有高化学反应活性的亚硝酸（HNO_2，酸度系数pK_a=3.35），进而促进化学反硝化作用的发生（Wei et al.，2017）。在大量氮输入、冷冻、碱性pH等条件下，NO_2^-可在环境中累积，当NO_2^-进入环境中，就会被金属或有机质等氧化还原介质还原为N_2O（Wei et al.，2017），这一过程称为化学反硝化[式（8-1）]。最近的研究表明当森林生态系统中NO_2^-累积时，化学反硝化对总N_2O排放量的贡献可达40%（Wei et al.，2017），而在农田生态系统中可高达67.6%（Wang et al.，2020），在极端低温环境中微生物的生物活性被抑制，此时化学反硝化则几乎贡献了全部的N_2O来源（Ostrom et al.，2016）。

$$2NO_2^- + 4Fe^{2+} + 6H^+ \longrightarrow N_2O + 4Fe^{3+} + 3H_2O \qquad (8\text{-}1)$$

$$2NH_2OH + 4Fe^{3+} + 4OH^- \longrightarrow N_2O + 4Fe^{2+} + 5H_2O \quad (8\text{-}2)$$

概念卡片：

酸度系数(pK_a)：又名酸离解常数，是代表一种酸离解氢离子能力的平衡常数。一般，pK_a值越小，酸性越强。

与NO_2^-相反，NH_2OH（pK_a= 5.94）在碱性环境中具有极高的化学反应活性，而在酸性环境中相对稳定，因此碱性条件有利于化学羟胺氧化的发生（Heil et al.，2015）。海水中NH_2OH的含量为5～110nml/L（Gebhardt et al.，2004），而在土壤中为0～15μg/kg（Liu et al.，2016）。由于NH_2OH具有较高的还原性，其一旦进入环境中可迅速被氧化态过渡金属（Fe^{3+}、MnO_2等）氧化为N_2O，这一过程称为化学羟胺氧化[式（8-2）]。尽管环境中NH_2OH含量相对较低，其N_2O转化率非常高，故当NH_2OH作为主要N_2O前体物时，通过化学羟胺氧化生成的N_2O可高达总N_2O排放量的50%（Wei et al.，2022）。

8.1.3 其他过程

含氮化合物在燃烧过程中，一部分氮元素将会被氧化为N_2O排放到大气中，因此，化石燃料燃烧、生物质燃烧、汽车尾气等生活生产过程也是重要的N_2O来源。此外，硝酸、已二酸、尼龙等工业生产过程中，N_2O可作为硝酸催化还原的副产物排放到大气中。

8.2 全球N_2O收支

N_2O排放源可分为自然源和人为源。自然源包括森林、草地、河流、冰川、海洋等自然生态系统中通过生物化学作用所生成排放的N_2O。1980～2020年中，N_2O自然排放源的增长并不显著，贡献了全球总排放量的约57%。陆地自然生态系统和海洋生态系统是主要的N_2O自然源，陆地自然生态系统排放的N_2O约为5.6Tg N/a，而海洋生态系统排放的N_2O约为3.4Tg N/a（表8-1）。

表8-1 过去40多年来全球N_2O源汇（IPCC，2021）（单位：Tg N/a）

项目	1980～1989年	1990～1999年	2000～2009年	2007～2016年
人为源				
化石燃料燃烧和工业	0.9 （0.8～1.1）	0.9 （0.9～1.0）	1.0 （0.8～1.0）	1.0 （0.8～1.1）
农业（包括水产养殖）	2.6 （1.8～4.1）	3.0 （2.1～4.8）	3.4 （2.3～5.2）	3.8 （2.5～5.8）
生物质和生物燃料燃烧	0.7 （0.7～0.7）	0.7 （0.6～0.8）	0.6 （0.6～0.6）	0.6 （0.5～0.8）

续表

项目	1980～1989年	1990～1999年	2000～2009年	2007～2016年
人为源				
废水	0.2（0.1～0.3）	0.3（0.2～0.4）	0.3（0.2～0.4）	0.4（0.2～0.5）
内陆水域，河口，沿海地带	0.4（0.2～0.5）	0.4（0.2～0.5）	0.4（0.2～0.6）	0.5（0.2～0.7）
海洋大气氮沉降	0.1（0.1～0.2）	0.1（0.1～0.2）	0.1（0.1～0.2）	0.1（0.1～0.2）
陆地大气氮沉降	0.6（0.3～1.2）	0.7（0.4～1.4）	0.7（0.4～1.3）	0.8（0.4～1.4）
CO_2、气候和土地利用变化的其他间接影响	0.1（-0.4～0.7）	1（-0.5～0.7）	0.2（-0.4～0.9）	0.21（-0.6～1.1）
总人为源	**5.6（3.6～8.7）**	**6.2（3.9～9.6）**	**6.7（4.1～10.3）**	**7.3（4.2～11.4）**
自然源汇				
河流、河口和海岸区	0.3（0.3～0.4）	0.3（0.3～0.4）	0.3（0.3～0.4）	0.3（0.3～0.4）
开放海洋	3.6（3.0～4.4）	3.5（2.8～4.4）	3.5（2.7～4.3）	3.4（2.5～4.3）
天然植被下的土壤	5.6（4.9～6.6）	5.6（4.9～6.5）	5.6（5.0～6.5）	5.6（4.9～6.5）
大气化学	0.4（0.2～1.2）	0.4（0.2～1.2）	0.4（0.2～1.2）	0.4（0.2～1.2）
表面汇	-0.01（-0.3～0）	-0.01（-0.3～0）	-0.01（-0.3～0）	-0.01（-0.3～0）
总自然源	**9.9（8.5～12.2）**	**9.8（8.3～12.1）**	**9.8（8.2～12.0）**	**9.7（8.0～12.0）**
总 N_2O 源	15.5（12.1～20.9）	15.9（12.2～21.7）	16.4（12.3～22.4）	17.0（12.2～23.5）
观测的增长率			3.7（3.7～3.7）	4.5（4.3～4.6）
推测的平流层汇			12.9（12.2～13.5）	13.1（12.4～13.6）
大气逆温				
大气损失			12.1（11.4～13.3）	12.4（11.7～13.3）
总源			15.9（15.1～16.9）	16.9（15.9～17.7）
失衡			3.6（2.2～5.7）	4.2（2.4～6.4）

人为源分别贡献了全球 N_2O 排放的 43%。人为源包括农业、能源、工业生产、废弃物处理和处置等人类生产生活活动带来的 N_2O 排放（表 8-1）。其中农业施肥是最主要的人为 N_2O 排放源，且随着人们生活水平的日益提高，对于肉蛋奶的需求量也逐步增长，从而刺激了农业、畜牧业以及水产养殖业的发展，导致人为 N_2O 排放源占比以约每年 2%的速度迅速增长（Tian et al.，2020）。随着城市化进程的加速、工业的迅速发展和化石能源消耗的加剧，废弃物、工业和能源的 N_2O 排放量也逐渐增加。

目前已知的 N_2O 汇包括陆地和海洋的地表吸收，以及平流层的光化学氧化作用。地表吸收可去除 0.01Tg N/a 的 N_2O 排放，而平流层的光化学氧化作用则可去除 12.1～12.4Tg N/a 的 N_2O 排放（表 8-1）。但是平流层 N_2O 的光化学氧化作用伴随着平流层臭氧的消耗，将导致更为严重的环境破坏。

8.3　N_2O 排放核算方法

准确估算区域及全球 N_2O 排放量，并客观评价环境因子、人类活动及生物化学过程对 N_2O 排放的影响是制定 N_2O 减排策略的前提。早期由于观测数据的匮乏和对 N_2O 排放机制的了解不够深入，人们通过对有限点位的观测数据进行区域的外推，以得到区域的总排放量。随着对 N_2O 排放机理的深入认知及通量探测技术的发展，学者逐渐建立起基于 N_2O 排放过程和机理的统计经验方法以及过程机理模型来估算 N_2O 排放通量。

8.3.1　排放因子法

排放因子法建立的理论依据是：外源氮的输入量和土壤有机氮的矿化速率直接决定了 N_2O 产生过程中底物氮的多少。通过整合大量的观测数据，利用统计方法探求 N_2O 季节性或年际排放量和特定环境因子（气候、氮沉降、土壤类型等）或人类活动（施肥量、放牧量和土地耕作方式等）之间的线性关系，进而得出特定情境下的 N_2O 排放因子（emission factor，EF）这一经验系数。统计经验系数法是目前比较成熟的，也是 IPCC 推荐的 N_2O 排放核算方法。

用各类型 N_2O 排放因子这一经验系数乘以该类型的总氮源即得到 N_2O 排放总量：

$$E_S = \sum_S \left[AD_S \cdot EF_S \right] \tag{8-3}$$

式中，$AD_S(y)$ 为影响每个 N_2O 排放源的活动数据（如施肥量、放牧量、氮矿化量等），常用单位为 kg 或 t；EF_S 为相对应的该 N_2O 排放源的排放因子，常用单位为 kg N_2O-N/kg N。各类 N_2O 排放源的排放因子如表 8-2 所示。

表 8-2 各类 N_2O 排放源的排放因子

<table>
<tr><th>EF</th><th colspan="2">条件</th><th>数值</th><th>参考文献</th></tr>
<tr><td rowspan="6">EF_1/（kg N_2O-N/kg N）
用于农业化肥和粪肥的施用、氮沉降和氮矿化</td><td colspan="2">气候区 1（新疆，青海，甘肃，宁夏，陕西，山西，内蒙古，西藏）</td><td>0.0065</td><td rowspan="6">（Zhou et al.，2014）</td></tr>
<tr><td colspan="2">气候区 2（黑龙江，吉林，辽宁）</td><td>0.0149</td></tr>
<tr><td colspan="2">气候区 3（北京，天津，河北，河南，山东）</td><td>0.0079</td></tr>
<tr><td colspan="2">气候区 4（江苏，安徽，上海，浙江，江西，湖北，湖南，四川，重庆）</td><td>0.0157</td></tr>
<tr><td colspan="2">气候区 5（广东，广西，海南，福建，台湾）</td><td>0.0086</td></tr>
<tr><td colspan="2">气候区 6（云南，贵州）</td><td>0.0093</td></tr>
<tr><td rowspan="9">EF_3/（kg N_2O-N/kg N）
用于牲畜排泄、粪便管理</td><td rowspan="2">牧场</td><td>牛，猪，家禽</td><td>0.004</td><td rowspan="9">（IPCC，2019）</td></tr>
<tr><td>其他动物</td><td>0.003</td></tr>
<tr><td colspan="2">粪便液浆</td><td>0.005</td></tr>
<tr><td colspan="2">固态粪堆</td><td>0.01</td></tr>
<tr><td colspan="2">饲养场</td><td>0.02</td></tr>
<tr><td colspan="2">粪坑（牲畜居所地下）</td><td>0.002</td></tr>
<tr><td colspan="2">厌氧消化池</td><td>0.0006</td></tr>
<tr><td colspan="2">粪便燃料</td><td>0.001</td></tr>
<tr><td colspan="2">掺杂垃圾的家禽粪便</td><td>0.001</td></tr>
<tr><td>EF_{burn}/（g N_2O/kg 干燃料）
用于生物质燃烧过程</td><td colspan="2">农作物残余</td><td>0.07</td><td>（IPCC，2019）</td></tr>
<tr><td rowspan="14">EF_{fuel}/（kg N_2O/TJ）
用于燃料燃烧过程</td><td colspan="2">原油</td><td>0.6</td><td rowspan="14">（IPCC，2006）</td></tr>
<tr><td colspan="2">液态天然气</td><td>0.6</td></tr>
<tr><td colspan="2">汽油</td><td>0.6</td></tr>
<tr><td colspan="2">煤油</td><td>0.6</td></tr>
<tr><td colspan="2">柴油</td><td>0.6</td></tr>
<tr><td colspan="2">燃油</td><td>0.6</td></tr>
<tr><td colspan="2">液化石油气</td><td>0.1</td></tr>
<tr><td colspan="2">石脑油</td><td>0.6</td></tr>
<tr><td colspan="2">沥青</td><td>0.6</td></tr>
<tr><td colspan="2">润滑油</td><td>0.6</td></tr>
<tr><td colspan="2">炼厂气</td><td>0.1</td></tr>
<tr><td colspan="2">石蜡</td><td>0.6</td></tr>
<tr><td colspan="2">其他石油制品</td><td>0.6</td></tr>
<tr><td colspan="2">无烟煤</td><td>1.5</td></tr>
</table>

续表

EF	条件	数值	参考文献
EF_{fuel}/（kg N_2O/TJ）用于燃料燃烧过程	焦煤	1.5	（IPCC，2006）
	其他烟煤	1.5	
	褐煤	1.5	
	焦炉焦炭/褐煤焦炭	1.5	
	煤气厂煤气	0.1	
	焦炉煤气	0.1	
	高炉煤气	0.1	
	气态天然气	0.1	
EF_{fug}/（kg N_2O/Gg）用于散逸性排放	原油	7.60×10^{-7}	（IPCC，2006）
	气态天然气	2.50×10^{-8}	
EF_{ci}/（t N_2O/t）用于化学工业	硝酸生产	0.006	（IPCC，2001）
	己二酸生产	0.3	
EF_{solid}/（g N_2O/kg 废弃物）用于固体废物的生物处理	残余垃圾	0.6	（IPCC，2006）
	生活残余食物	0.2	
EF_{inc}/（g N_2O/Gg 湿垃圾）用于废物焚化	垃圾焚化	50	（IPCC，2006）
EF_{eff} /（kg N_2O-N/kg N）用于废水处理和排放	废水处理与排放	0.005	（IPCC，2006）

^{15}N 稳定性同位素标记法是研究氮转化过程和归趋的有效方法，也是测定 N_2O 排放因子的重要工具：对所施用的氮肥进行 ^{15}N 标记，用顶空法或箱式采样法测定 N_2O 排放速率及其 ^{15}N 丰度，最后通过所排放的 N_2O 分子中 ^{15}N 含量与所施用氮肥中总 ^{15}N 含量之比推算 N_2O 排放因子（Zhou et al.，2021）。^{15}N 稳定性同位素标记法可最大限度排除环境中氮本底值的干扰，提高 N_2O 排放因子计算的精度。

统计经验法是 IPCC 推荐的 N_2O 核算方法，考虑的影响因子少，计算过程相对简单，估算区域或全球 N_2O 排放量是比较简便可行的，但其忽略对 N_2O 产生和排放机理的探讨，且各 N_2O 排放因子受环境条件和人类活动影响较大，在较小的空间尺度上应用时，准确度较低，需要进行参数优化。例如，用统计经验法计算农田 N_2O 排放量时，IPCC 水田和旱地的氮肥 N_2O 排放比例分别为 0.3%和 1%，而根据中国 N_2O 排放数据库进行统计分析，水田和旱地中氮肥 N_2O 排放比例分别是 0.54%和 1.49%。

8.3.2 生态系统过程模型

N_2O 过程机理模型考虑氮循环过程及其生物地球化学行为特征，用数学方程模拟 N_2O 在自然界中的产生、消耗和扩散过程。相对于统计经验方法，过程机理模型强调模型结构的完整性和系统性，侧重于对 N_2O 产生与排放的各个生物地球化学动力过程的模拟（Ma et al.，2022）。根据 N_2O 模型的复杂程度，将 N_2O 过程机理模型划分为两类：简单的 N_2O 过程模型和复杂的 N_2O 过程模型。

简单的 N_2O 过程模型，首先根据土壤无机氮含量或土壤性质计算潜在硝化速率和反硝化速率，然后根据影响因子（如土壤温度、土壤湿度和土壤 pH 等）限制方程，将潜在硝化速率修正为实际硝化速率，将潜在反硝化速率修正为实际的反硝化速率，并根据硝化、反硝化速率和 N_2O 排放比例计算 N_2O 排放量：

$$N = N_{\max} \times F_{\mathrm{Nit}} \tag{8-4}$$

$$D = D_{\max} \times F_{\mathrm{Dnit}} \tag{8-5}$$

$$\mathrm{N_2O}_N = R_{\mathrm{N_2O}\_N} \times N \tag{8-6}$$

$$\mathrm{N_2O}_D = R_{\mathrm{N_2O}\_D} \times D \tag{8-7}$$

式中，N 为实际硝化速率；$N_{\max}$ 为潜在硝化速率；F_{Nit} 为硝化过程影响因子（NH_4^+浓度、土壤温度、土壤湿度和土壤 pH 等）的限制方程；D 为实际的反硝化速率；$D_{\max}$ 为潜在反硝化速率；F_{Dnit} 为反硝化过程影响因子的限制方程；$\mathrm{N_2O}_N$ 为硝化过程 N_2O 排放速率；$R_{\mathrm{N_2O}\_N}$ 为硝化过程的 N_2O 排放比例；$\mathrm{N_2O}_D$ 为反硝化过程 N_2O 排放速率；$R_{\mathrm{N_2O}\_D}$ 为反硝化过程 N_2O 排放比例（Ma et al.，2022）。

简单的 N_2O 过程模型有 NOE 模型、NGAS 模型和 DayCENT 模型等，其模型结构相似，但不同模型影响因子的限制方程差异很大，尤其是土壤湿度的限制方程。NOE 模型认为土壤充水孔隙度（WFPS）小于 80%时，硝化作用的水分限制随着 WFPS 的增加而减小；但 NGAS 模型认为硝化速率在 WFPS 为 60%时最大，土壤水分过低或过高都会抑制硝化过程的进行。且不同模型 N_2O 排放比例的计算方式不同，如 NOE 模型认为硝化和反硝化过程的 N_2O 排放比例是常数；DayCENT 模型认为硝化过程的 N_2O 排放比例是常数（0.02），但反硝化过程的 N_2O 排放系数受土壤碳氮比和土壤含水量影响。简单模型不模拟气体扩散过程，通过 N_2O 排放比例来表征不同要素对 N_2O 排放的影响。简单的 N_2O 模型根据特定站点或特定生态系统的观测数据构建环境因子限制方程和 N_2O 排放比例，这些公式往往是半经验方程。因此，简单的 N_2O 过程模型适用于模拟特定地点或特定生态系统 N_2O 排放强度及其季节趋势，当用于区域或者全球尺度时，简单模型的 N_2O 模拟误差非常大（Ma et al.，2022）。

复杂的 N_2O 过程模型不仅模拟 N_2O 的产生和消耗过程，也详细地描述了气体扩散过程。土壤氮循环过程是复杂的，硝化过程和反硝化过程同时进行，相互影响，根据土壤湿度或氧气含量分配土壤好氧区和厌氧区的比例，硝化过程在好氧区进行，反硝化过程在厌氧区进行。在复杂的 N_2O 过程模型中，某一时刻土壤 N_2O 排放量并不等于所有土壤层的 N_2O 产生量，某层土壤氮循环过程产生的 N_2O 被反硝化过程消耗或者扩散到下一个土壤层中直至进入大气。因此，复杂的 N_2O 过程模型应该包括 N_2O 产生、消耗和扩散过程。常见的复杂 N_2O 过程模型有 DNDC（denitrification and decomposition）模型、Ecosys 模型、MiCNiT 模型和 MicN(microbial nitrogen model)模型(Ma et al., 2022)。这里将以 MicN 模型为例介绍复杂 N_2O 过程模型的计算过程。

MicN 模型是一个全新的耦合了微生物过程的 N_2O 模型，模拟包括 N_2O 产生和消耗在内的氮循环过程。MicN 模型不但模拟了自养硝化和异养反硝化过程，还增加了异养硝化和自养反硝化过程，并描述了氮循环相关微生物动态及气体扩散过程。具体而言，MicN 模型模拟了 4 个 N_2O 产生和消耗过程：自养硝化、异养硝化、自养反硝化和异养反硝化（图 8-2）；3 个其他氮循环过程：氨挥发、硝酸淋溶和植物氮吸收；8 类微生物动态：氨氧化古菌（AOA）、氨氧化细菌（AOB）、亚硝酸盐氧化菌（NOB）、异养硝化微生物、异养硝酸还原微生物、异养亚硝酸还原微生物、异养一氧化氮还原微生物和异养氧化亚氮还原微生物。

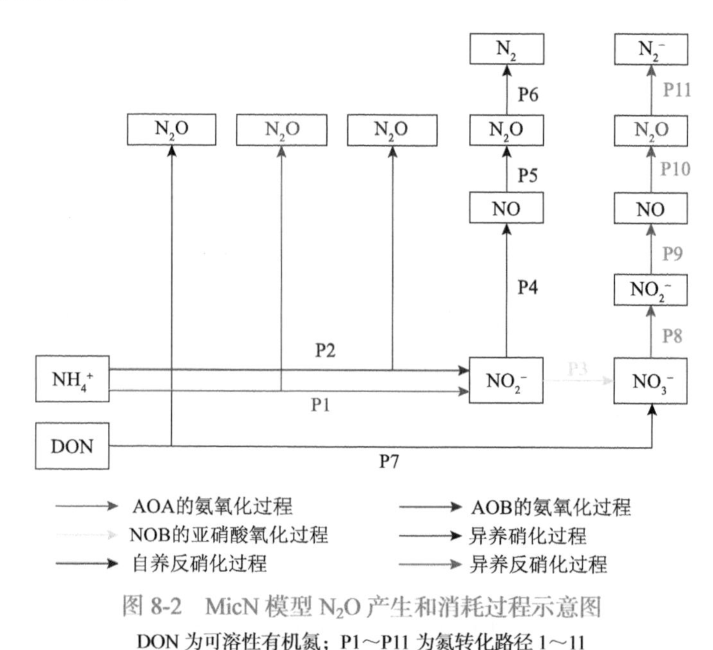

图 8-2　MicN 模型 N_2O 产生和消耗过程示意图

DON 为可溶性有机氮；P1～P11 为氮转化路径 1～11

自养硝化、异养硝化、自养反硝化和异养反硝化 4 个过程的氧化/还原速率 R（g N/m³/h）的计算公式如下：

$$R = K_{\max} \times \frac{[\text{substrate}]}{K + [\text{substrate}]} \times B \times F_{t} \times F_{\text{WFPS}} \times F_{\text{pH}} \tag{8-8}$$

式中，$K_{\max}$ 为微生物的最大氧化/还原速率（g N/m³/h）；[substrate]为底物浓度（g N/m³）；K 为微生物的底物半饱和浓度（g N/m³）；B 为微生物的生物量（g C/m³）；F_t、F_{WFPS}、F_{pH} 分别为对应的氧化/还原速率的温度、水分和 pH 的限制方程。

自养硝化微生物（AOA、AOB 和 NOB）生物量 B_{antr}（g C/m³）的计算公式如下：

$$\frac{dB_{\text{antr}}}{dt} = R_{\text{antr}} \times e_{\text{ntra}} \times E_{\max} - U_{d_{\text{antr}}} \times B_{\text{antr}} \tag{8-9}$$

式中，R_{antr} 为自养硝化过程的氧化速率（g N/m³/h）；e_{ntra} 为 1g 的被氧化物氧化释放的能量（kJ/g N）；E_{max} 为微生物最大能量利用率（g C/MJ）；$U_{d_{antr}}$ 为微生物的相对死亡率（1/h）。

异养硝化和异养反硝化微生物生物量 B_{ntrh} 和 B_{dntr}（g C/m³）的计算公式如下：

$$\frac{dB_{ntrh}}{dt}=\left(U_{gmax_{ntrh}}\times\frac{[DOC]}{K_{DOC_{ntrh}}+[DOC]}\times F_{pH_{ntrh}}\times F_{WFPS_{ntrh}}\times F_{t_{ntrh}}-U_{d_{ntrh}}\right)\times B_{ntrh} \quad (8\text{-}10)$$

$$\frac{dB_{dntr}}{dt}=\left(U_{gmax_{dntr}}\times\frac{[DOC]}{K_{DOC_{dntr}}+[DOC]}\times F_{pH_{dntr}}\times F_{WFPS_{dntr}}\times F_{t_{dntr}}-U_{d_{dntr}}\right)\times B_{dntr} \quad (8\text{-}11)$$

式中，$U_{gmax_{ntrh}}$ 和 $U_{gmax_{dntr}}$ 分别为异养硝化和异养反硝化微生物的最大相对生长速率（1/h）；$K_{DOC_{ntrh}}$ 和 $K_{DOC_{dntr}}$ 分别为异养硝化和异养反硝化微生物的 DOC 半饱和浓度（g C/m³）；$U_{d_{ntrh}}$ 和 $U_{d_{ntr}}$ 分别为异养硝化和异养反硝化微生物的相对死亡速率（1/h）。

土壤中 N_2O 的净生成速率计算公式如下：

$$\begin{aligned}\frac{d[N_2O]}{dt}&=F_{N_2O\_AOA}\times R_{AOA}+F_{N_2O\_AOB}\times R_{AOB}+F_{N_2O\_ntrh}\\&\times R_{ntrh}+R_{NO\_dntr}+R_{NO\_AOB}-R_{N_2O\_dntr}-R_{N_2O\_AOB}\end{aligned} \quad (8\text{-}12)$$

式中，$F_{N_2O\_AOA}$、$F_{N_2O\_AOB}$ 和 $F_{N_2O\_ntrh}$ 分别为 AOA 和 AOB 的 NH_4^+ 氧化过程中 N_2O 生成比例以及异养硝化过程中 N_2O 生成比例；R_{AOA} 和 R_{AOB} 分别为 AOA 和 AOB 的 NH_4^+ 氧化速率（g N/m³/h）；R_{NO_dntr} 为异养反硝化过程的 N_2O 生成速率（g N/m³/h）；R_{NO_AOB} 为自养反硝化过程 N_2O 生成速率（g N/m³/h）；$R_{N_2O\_dntr}$ 为异养反硝化过程 N_2O 还原速率（g N/m³/h）；$R_{N_2O\_AOB}$ 为自养反硝化过程 N_2O 还原速率（g N/m³/h）。

8.4 全球 N_2O 排放特征及减排路径

8.4.1 全球 N_2O 排放特征

如 1.2.3 节所述，2018 年大气中 N_2O 浓度较工业革命之前增加了 22.6%，并且增速还在持续增加中，农业氮肥施用为主要的增长源，其次为工业、能源、废弃物处理等。全球 N_2O 排放量最高的地区在东亚、南亚、非洲和南美洲，在东亚的热点地区 N_2O 排放量最高可达 4kg N/（hm²·a）以上，而沙漠、南北极、高原以及海洋等受人类活动干扰较少的地区的 N_2O 排放量相对较低，一般不超过 0.5kg N/（hm²·a）（Tian et al.，2020）。

从排放总量上看，1995 年以前欧盟和北美洲为最主要的两大 N_2O 排放体[图 8-3(a)]。而欧盟主要国家多年来进行了多种综合措施以减少 N_2O 排放，如引入碳排放交易计划、引导尼龙等行业自愿从烟气中去除 N_2O、在农业生产中提高化肥利用率，以及减少地下

水和地表水污染等，因此欧盟农业和化学工业的 N_2O 排放量有所减少。而东亚由于人口的激增和工农业的粗犷式发展，N_2O 排放的增速远高于全球其他国家和地区，并于 1995 年之后成为全球最大的 N_2O 排放地区，2015 年东亚的 N_2O 排放总量超过了 1.5Mt N[图 8-3（a）]。除东亚外，北美洲和非洲为当前的第二和第三大 N_2O 排放地区，但每个地区的 N_2O 排放源存在差异。例如，在中国、印度和美国等农业和工业发达国家，农业生产中合成肥料的施用是 N_2O 排放的主要诱因，而在非洲和南美洲等工业极不发达地区，牲畜粪便的施用为主要 N_2O 排放源。以巴西、中国和印度为主的新兴经济体的作物产量和牲畜饲养量都在不断增加，因此其 N_2O 排放量的增长速率最高。

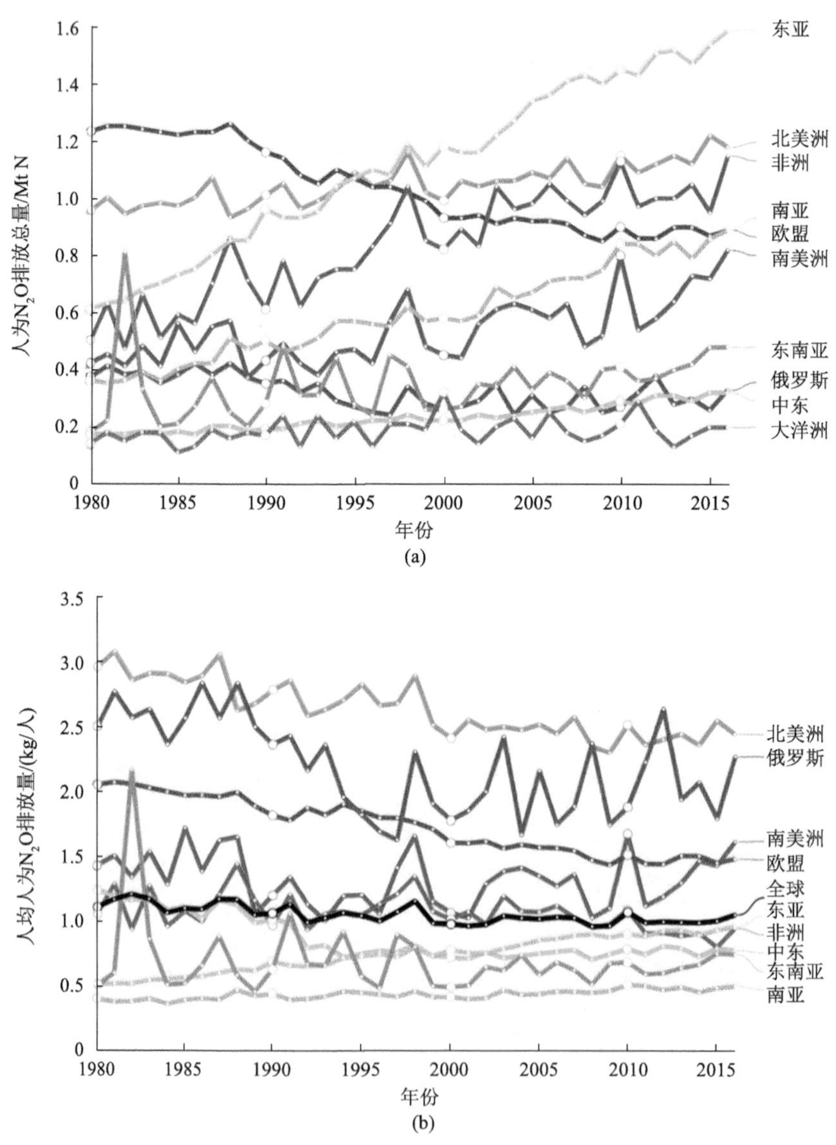

图 8-3　全球主要地区的人为 N_2O 排放总量（a）和人均人为 N_2O 排放量（b）（修改自 Tian et al.，2020）

然而从人均人为 N_2O 排放量来看，北美洲、俄罗斯、南美洲和欧盟为全球人均 N_2O

排放量最高的四大地区和经济体，而 N_2O 排放总量最高的东亚的人均人为 N_2O 排放量却低于全球平均水平[图 8-3（b）]。北美洲的人均人为 N_2O 排放量自 1980～2010 年显著下降，之后处于基本稳定状态，而俄罗斯的人均人为 N_2O 排放量自 1980～2000 年下降明显，自 2000 年至今处于波动状态。欧盟的人均人为 N_2O 排放量在 2015 年以前一直高居全球第三位，且呈现稳定下降趋势，直至 2015 年被南美洲超越，成为全球第四位高人均人为 N_2O 排放地区。

8.4.2 中国 N_2O 排放特征

国家统计数据发现，1980～2020 年中，中国 N_2O 排放量至少增加了 1100kt N_2O/a，成为全球最主要的 N_2O 排放国之一，其重要原因为农业氮肥的施用。中国农田氮肥用量在 2001～2007 年呈上升趋势，之后趋于稳定，2014 年开始下降，与之相对应，中国 N_2O 排放总量也于 2015 年达到最高点，之后出现下降态势。农业、能源和施氮导致的间接排放为主要 N_2O 排放源，分别贡献了全国 N_2O 总排放量的 44%～76%、8%～29%和 10%～18%（Zhou et al.，2014）。

中国的 N_2O 排放呈现明显的区域特征，排放热点区域主要分布在华北平原、东北平原、长江中下游平原，以及东南部的主要粮食产区，总体呈现南高北低的分布特征（图 8-4）。在东北地区、中部和西南地区等农业发达地区，农业源对总 N_2O 排放量的贡献率高达 70%以上，而在农业不发达的北部，农业源的贡献率只有 44%。东北地区不仅拥有大量的农田面积和较高的粮食产量，并且由于其特殊的气候和环境因素，农业生产中氮肥施用产生的 N_2O 排放因子远高于其他地区，因此，东北地区为我国农业 N_2O 排放量最高的地区（Zhou et al.，2014）。能源是中国除了农业之外的第二大 N_2O 排放源，在以火力发电为主的北部地区，化石燃料燃烧排放的 N_2O 高达总排放量的 29%，远高于其他地区的 8%～18%。氮施用导致的氮沉降和氮溶淋等 N_2O 间接排放，在各地区间的差异较小，不超过 5%。随着人口的增长和城市化进程的加快，废弃物和废水处理过程导致的 N_2O 排放也在稳步增长中，在人口密集的南部和东部地区可分别高达总排放量的 10%和 7%（图 8-4）。

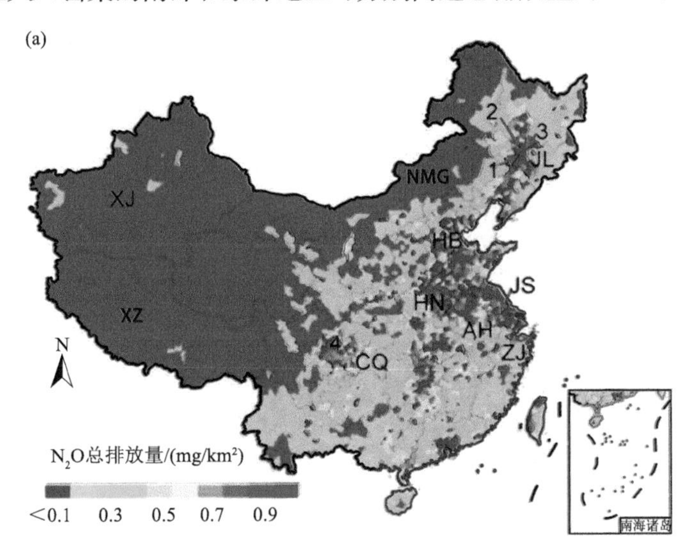

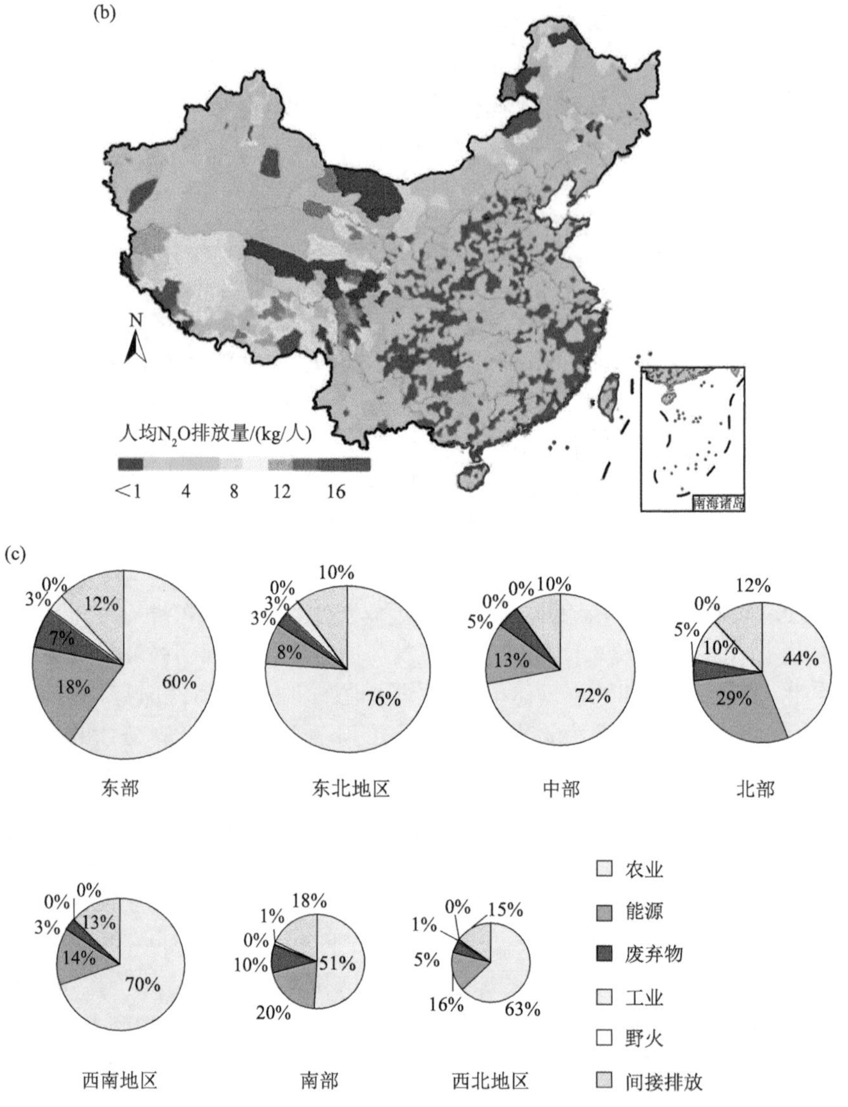

图 8-4 2008 年中国县级 N_2O 总排放量和人均排放量的地理分布（Zhou et al.，2014）

（a）N_2O 总排放量；（b）人均 N_2O 排放量；（c）农业、能源、废弃物、工业、野火、间接排放对各区域 N_2O 总排放量的相对贡献。

AH. 安徽；HB. 河北；CQ. 重庆；HN. 河南；NMG. 内蒙古；JL. 吉林；JS. 江苏；TB. 西藏；XJ. 新疆；ZJ. 浙江。

1. 长春市；2. 农安县；3. 九台区；4. 成都市

8.4.3 N_2O 减排路径

观测结果表明，过去 20 年全球 N_2O 实际排放量远远超出预期值。为了将全球变暖限制在《巴黎协定》2℃升温目标下，在全球范围内减少 N_2O 排放是非常紧迫的，人们必须迅速制定行之有效的 N_2O 减排策略。近一个世纪以来，氮肥施用增加的粮食产量养活了全球约一半的人口，同时也贡献了人为 N_2O 排放的 60%。中国作为农业大国，化学氮肥是我国农业生态系统中氮素的主要补充源。世界粮食及农业组织 2004 年统计资料表明，中国化学氮肥年消耗量约占全球的 25%。提高氮肥利用率、减少氮素损失是农业 N_2O 减排的必要途径。在农田氮肥施用量和 N_2O 排放较高的地区，可依据作物不同生长阶段需肥特性，优化施肥时间与方式。例如，在华东地区，由于作物生长前期需肥量少，可调整 N、P、K 的施肥比例，分次撒施，以及选用长效氮肥和缓控释肥等，通过科学施肥来提高氮肥利用效率，减少氮素在土壤中的累积，进而降低农田 N_2O 排放。而在华北等蔬菜广泛种植或水分调控程度高的地区，可通过合适的土壤水分以及水肥一体化的管理措施，改变土壤充水孔隙度（WFPS）、土壤通气性和 O_2 浓度等，影响硝化和反硝化菌的活性，进而影响土壤 N_2O 排放。

依据农田 N_2O 排放关键过程及其主要影响因素，结合农田氮肥施用和 N_2O 排放特征，选用氮高效利用及低土壤 N_2O 排放的作物品种、实施保护性耕作、合理使用硝化抑制剂、调节土壤 pH 等也是降低农业 N_2O 排放的有效举措。如果全球农田采用深施添加硝化抑制剂尿素的技术，N_2O 排放能够减少 0.41～0.50Tg N/a（Zhang et al.，2022）。值得注意的是，由于稻田是甲烷（CH_4）产生和排放的重要源，在降低农田 N_2O 排放的同时不能以增加 CH_4 排放为代价，应考虑减排技术的综合温室效应。考虑到农田排放的面源性，且存在持久性、不确定性和精准监测难等问题，需发展简单易行且适用范围更广的农田 N_2O 减排理论、创新智慧农业及高效施肥技术，完善和健全碳监测评价体系以及碳减排激励政策与机制。同时，建立农田减排相关的政策法律法规，加强科普宣传，进行适度政府干预，推出可持续的碳减排激励和碳排放约束措施，激励社会多元主体参与，共同促进碳减排。科技和经营方式等需要创新，在粮食安全的前提下，完善农田 N_2O 减排技术措施，构建相对简单易行的减排行动方案，提高小农户的绿色低碳意识和组织化程度，发展绿色低碳作物生产模式。另外，创新智慧农业技术，提高农业气象灾害预报预警，提升作物生产系统的气候韧性，完善计量、监测和评估方法，也可以助力农田 N_2O 减排行动（严圣吉等，2022）。

动物粪便在进行储存、处理和利用过程中，含氮物质在硝化或反硝化反应过程中产生相当量的 N_2O 排放。2014 年中国畜牧业 N_2O 排放量为 23.3 万 t，占畜牧业温室气体排放总量的 20.9%（董红敏，2022）。畜牧业 N_2O 排放量受动物粪便处理方式影响很大，槽式堆肥的 N_2O 直接排放因子高达 0.1kg N_2O-N/kg N，而厌氧沼气处理的 N_2O 直接排放因子仅为 0.0006kg N_2O-N/kg N。因此优化动物粪便处理方式，促进畜禽粪污以厌氧沼气为主要使用方向，是畜牧业 N_2O 减排的重要措施。

工业上 N_2O 的减排主要是 N_2O 减排系统的应用。减排系统的设计主要涉及三种减排技术：一是优化催化反应工艺，抑制氨氧化反应炉中 N_2O 的生成；二是对已经在氨氧化炉的催化剂网中产生的 N_2O，通过反应分解为 N_2 和 O_2；三是利用催化剂在排放的尾气中分解 N_2O。2007～2011 年间，欧盟通过催化技术将工业 N_2O 排放降低了近 70%。单纯地通过分解或者选择性催化还原的方法来消除 N_2O，并不去除工业生成过程中产生的全部 N_2O，N_2O 的回收利用也是工业减排的举措之一。例如，己二酸的排放尾气中 N_2O 的体积分数在 30%左右，有学者提出可将如此高含量的 N_2O 进行回收利用，将 N_2O 作为一种氧化剂与苯反应生成苯酚，N_2O 氧化苯得到的苯酚又可以加氢制得环己醇，而环己醇正是生产己二酸的原料。

在废弃物处理和废水除氮等过程中，可通过改进生物除氮工艺，优化 pH、溶解氧（DO）、碳源类型等环境因子降低 N_2O 排放。在中试规模的厌氧好氧工艺法（A/O）中，当曝气速率由 $4.0m^3/h$ 提高至 $5.5m^3/h$ 时，N_2O 排放量可由 $0.47 \sim 0.64g/m^3$ 降至 $0.09g/m^3$。研究发现，序列间歇式活性污泥法（SBR 工艺）中不同碳源类型对 N_2O 释放量的影响发现，使用淀粉为碳源时，N_2O 的释放量和转化率最小，与乙酸钠相比，N_2O 转化率由 7.80% 降至 2.59%。这是由于碳源不同会导致 AOB 菌群的差异及其反硝化能力的不同，造成了 N_2O 释放的差异（闫旭等，2017）。

课后思考

1. N_2O 的主要生成过程有哪些？
2. 中国主要 N_2O 排放源包括哪些？
3. 如何进行 N_2O 源汇核算？

参 考 文 献

董红敏. 2022. 畜牧业温室气体监测、报告和核证方法指南. 北京：科学出版社.

方靖云，朱江玲，岳超，等. 2018. 中国及全球碳排放——兼论碳排放与社会发展的关系. 北京：科学出版社.

刘巧辉. 2017. 基于 IPCC 排放因子方法学的中国稻田和菜地氧化亚氮直接排放量估算. 南京：南京农业大学.

马敏娜. 2023. 耦合微生物过程的陆地生态系统氧化亚氮模型构建与应用. 海珠：中山大学.

闫旭，郭东丽，刘礼涛，等. 2017. 不同污水处理工艺 N2O 减排方法研究进展. 环境工程，35(9)：24-28.

严圣吉，尚子吟，邓艾兴，等. 2022. 我国农田氧化亚氮排放的时空特征及减排途径. 作物杂志，3：1-8.

Butterbach-Bahl K, Baggs E M, Dannenmann M, et al. 2013. Nitrous oxide emissions from soils: how well do we understand the processes and their controls? Philosophical Transactions of the Royal Society B-Biological Sciences: 368.

Editorial. 2021. Net-zero carbon pledges must be meaningful. Nature, 592: 8.

Gaimster H, Alston M, Richardson D J, et al. 2017. Transcriptional and environmental control of bacterial denitrification and N_2O emissions. FEMS Microbiology Letters, 365: 5.

Gebhardt S, Walter S, Nausch G, et al. 2004. Hydroxylamine (NH_2OH) in the Baltic Sea. Biogeosciences Discuss, 1: 709-724.

Gruber N, Galloway J N. 2008. An Earth-system perspective of the global nitrogen cycle. Nature, 451: 293-296.

Heil J, Liu S, Vereecken H, et al. 2015. Abiotic nitrous oxide production from hydroxylamine in soils and their dependence on soil properties. Soil Biology and Biochemistry, 84: 107-115.

IPCC. 2001. Good practice guidance and uncertainty management in national greenhouse gas 368 inventories. Switzerland: IPCC.

IPCC. 2006. IPCC guidelines for national greenhouse gas inventories. Switzerland: IPCC.

IPCC. 2019. 2019 Refinement to the 2006 IPCC Guidelines for National Greenhouse Gas Inventories. Cambridge, United Kingdom and New York, NY, USA: Cambridge University Press.

IPCC. 2021. Climate Change 2021: The Physical Science Basis. Cambridge, United Kingdom and New York, NY, USA: Cambridge University Press.

Liu S, Herbst M, Bol R, et al. 2016. The contribution of hydroxylamine content to spatial variability of N_2O formation in soil of a Norway spruce forest. Geochimica et Cosmochimica Acta, 178: 76-86.

Ma M, Song C, Fang H, et al. 2022. Development of a Process-Based N_2O Emission Model for Natural Forest and Grassland Ecosystems. Journal of Advances in Modeling Earth Systems, 14(3): e2021MS002460.

Ostrom N E, Gandhi H, Trubl G, et al. 2016. Chemodenitrification in the cryoecosystem of Lake Vida, Victoria Valley, Antarctica. Geobiology, 14: 575-587.

Rees R M, Maire J, Florence A, et al. 2020. Mitigating nitrous oxide emissions from agricultural soils by precision management. Frontiers of Agricultural Science and Engineering, 7(1): 75-80.

Spott O, Stange C F. 2011. Formation of hybrid N_2O in a suspended soil due to co-denitrification of NH_2OH. Journal of Plant Nutrition and Soil Science, 174: 554-567.

Sullivan M J, Gates A J, Appia-Ayme C, et al. 2013. Copper control of bacterial nitrous oxide emission and its impact on vitamin B12-dependent metabolism. Proceedings of the National Academy of Sciences, 110(49): 19926-19931.

Tian H, Xu R, Canadell J G, et al. 2020. A comprehensive quantification of global nitrous oxide sources and sinks. Nature, 586: 248-256.

Wang M, Hu R, Ruser R, et al. 2020. Role of Chemodenitrification for N_2O Emissions from Nitrate Reduction in Rice Paddy Soils. ACS Earth and Space Chemistry, 4: 122-132.

Wei J, Amelung W, Lehndorff E, et al. 2017. N_2O and NO_x emissions by reactions of nitrite with soil organic matter of a Norway spruce forest. Biogeochemistry, 132: 325-342.

Wei J, Zhang X, Xia L, et al. 2022. Role of chemical reactions in the nitrogenous trace gas emissions and nitrogen retention: a meta-analysis. Science of the Total Environment, 808: 152141.

Zhang C, Song X, Zhang Y, et al. 2022. Using nitrification inhibitors and deep placement to tackle the trade-offs between NH_3 and N_2O emissions in global croplands. Global Change Biology, 28(14): 4409-4422.

Zhou F, Shang Z, Ciais P, et al. 2014. A new high-resolution N_2O emission inventory for China in 2008. Environmental science & technology, 48(15): 8538-8547.

Zhou W, Xi D, Fang Y, et al. 2021. Microbial processes responsible for soil N_2O production in a tropical rainforest, illustrated using an in situ ^{15}N labeling approach. CATENA, 202: 105214.

Zhu X, Burger M, Doane T A, et al. 2013. Ammonia oxidation pathways and nitrifier denitrification are significant sources of N_2O and NO under low oxygen availability. Proceedings of the National Academy of Sciences, 110: 6328-6333.